光盘界面

案例欣赏

案例欣赏

素材下载

视频文件

拼接合成视频

制作校园景色视频

制作风景相册

制作放大镜效果

制作望远镜效果

制作公益宣传片

制作混合字幕效果

制作梦幻艺术相册

制作旅游宣传片

从新手到高手 Search

ABOUT US　　SERVICES　　CONTACTS　　SUPPORT　　SEARCH

Premiere Pro CC 2015

影视编辑从新手到高手

Home
START MISSION

Company
WHO WE ARE

Services
WHAT WE DO

张书艳　张亚利　编著

清华大学出版社

北京

内 容 简 介

本书由浅入深地介绍了 Premiere Pro CC 2015 影视后期合成和制作的基础知识和实用技巧,全书共分为17章,内容涵盖了初识 Premiere Pro CC 2015、创建与管理项目、素材管理、视频编辑基础、视频高级编辑基础、设置视频过渡效果、设置视频效果、设置色彩基础、校正和调整色彩、创建字幕、编辑字幕、设置运动特效、应用遮罩与抠像、设置音频特效、应用音频混合器、输出影片等。本书秉承了基础知识与实例相结合的特点,具有图文并茂,实例丰富、结构清晰、实用性强等优点,配书光盘还提供了语音视频教程和素材资源。本书适合 Premiere Pro CC 初学者、影视后期制作人员、高校师生及计算机培训人员使用,同时也是 Premiere Pro CC 爱好者的必备参考书。

图书在版编目(CIP)数据

Premiere Pro CC 2015 影视编辑从新手到高手/张书艳,张亚利编著.—北京:清华大学出版社,2016(2022.1重印)

(从新手到高手)

ISBN 978-7-302-43358-3

Ⅰ.①P… Ⅱ.①张… ②张… Ⅲ.①视频编辑软件 Ⅳ.①TN94

中国版本图书馆 CIP 数据核字(2016)第 074873 号

责任编辑:冯志强 薛 阳
封面设计:杨玉芳
责任校对:徐俊伟
责任印制:杨 艳

出版发行:清华大学出版社
   网 址:http://www.tup.com.cn, http://www.wqbook.com
   地 址:北京清华大学学研大厦 A 座   邮 编:100084
   社 总 机:010-62770175   邮 购:010-62786544
   投稿与读者服务:010-62776969,c-service@tup.tsinghua.edu.cn
   质量反馈:010-62772015,zhiliang@tup.tsinghua.edu.cn
印 装 者:三河市天利华印刷装订有限公司
经 销:全国新华书店
开 本:190mm×260mm 印 张:25.5 插 页:2 字 数:738 千字
     附光盘 1 张
版 次:2016 年 10 月第 1 版   印 次:2022 年 1 月第 11 次印刷
定 价:59.80 元

产品编号:068304-01

前　言

Premiere Pro CC 2015 是 Adobe 公司最新推出的一款视频后期处理的专业非线性编辑软件，它是一个功能强大的实时视频和音频编辑工具，具有采集、剪辑、调色、美化音频、字幕添加、输出、DVD刻录等功能，被广泛地应用于电影、电视、多媒体、网络视频、动画设计等领域的后期制作中。

本书以 Premiere Pro CC 2015 中的实用知识点出发，配以大量实例，采用知识点讲解与动手练习相结合的方式，详细介绍了 Premiere Pro CC 2015 中的基础应用知识与高级使用技巧。每一章都配合了丰富的插图说明，生动具体、浅显易懂，使用户能够迅速上手，轻松掌握功能强大的 Premiere Pro CC 2015 在影视后期制作中的应用，为工作和学习带来事半功倍的效果。

1．本书内容介绍

全书系统全面地介绍 Premiere Pro CC 2015 的应用知识，每章都提供了丰富的实用案例，用来巩固所学知识。本书共分为 17 章，内容概括如下：

第 1 章：全面介绍数字视频编辑基础，包括视频基础、数字视频基本概念、数字视频应用基础理论、线性与非线性编辑、影视创作基础理论等内容。

第 2 章：全面介绍初识 Premiere Pro CC，包括 Premiere Pro CC 概述、Premiere Pro CC 常用面板、自定义工作空间、设置 Premiere Pro CC 首选项等内容。

第 3 章：全面介绍创建与管理项目，包括创建项目、打开与保存项目、导入素材、查看素材、采集素材等内容。

第 4 章：全面介绍素材管理，包括显示及查找素材、归类素材、编辑素材、管理元数据、创建素材等内容。

第 5 章：全面介绍视频编辑基础，包括使用【时间轴】面板、使用监视器面板、编辑素材片段、调整播放时间与速度等内容。

第 6 章：全面介绍视频高级编辑技术，包括三点编辑、四点编辑、使用标记、插入和覆盖编辑、提升与提取编辑、嵌套序列等内容。

第 7 章：全面介绍设置视频过渡效果，包括影视过渡概述、设置划像效果、设置擦除效果、设置滑动效果、设置页面剥落效果、设置 3D 运动效果、设置溶解效果等内容。

第 8 章：全面介绍设置视频效果，包括变换视频效果、扭曲视频效果、杂色与颗粒、模糊与锐化、生成、风格化、过渡等内容。

第 9 章：全面介绍设置色彩基础，包括颜色模式概述、应用 Lumetri 类面板、设置图像控制效果等内容。

第 10 章：全面介绍校正和调整色彩，包括颜色校正效果、亮度调整类、饱和度调整类、复杂颜色调整类、光照效果、Lumetri 预设效果等内容。

第 11 章：全面介绍创建字幕，包括创建文本字幕、创建动态字幕、使用字幕模板、应用图形字幕对象等内容。

第 12 章：全面介绍编辑字幕，包括设置基本属性、设置填充属性、设置描边属性、设置阴影属性、设置背景属性、设置字幕样式等内容。

第 13 章：全面介绍设置运动特效，包括设置关键帧、设置运动效果、设置缩放效果、设置旋转效果、预设动画效果等内容。

第 14 章：全面介绍应用遮罩与抠像，包括合成概述、添加遮罩、跟踪遮罩、差异类遮罩效果、颜色类遮罩效果等内容。

第 15 章：全面介绍设置音频特效，包括音频效果基础、添加音频、声道映射、增益和均衡、添加音频过渡等内容。

第 16 章：全面介绍应用音频混合器，包括音频混合器概述、摇动和平衡、设置效果与发送、设置声道音量、设置关键帧、自动化控制、创建子混音轨道、混合音频等内容。

第 17 章：全面介绍输出影片，包括设置输出范围、设置输出参数、设置视频和音频参数、输出为常用视频格式、导出为交换文件等内容。

2．本书主要特色

❑ **系统全面，超值实用**。全书提供了 38 个练习案例，通过示例分析、设计过程讲解 Premiere Pro CC 2015 的应用知识。每章穿插大量提示、分析、注意和技巧等栏目，构筑了面向实际的知识体系。采用了紧凑的体例和版式，相同的内容下，篇幅缩减了 30%以上，实例数量增加了 50%。

❑ **串珠逻辑，收放自如**。统一采用三级标题灵活安排全书内容，摆脱了普通培训教程按部就班讲解的窠臼。每章都配有扩展知识点，便于用户查阅相应的基础知识。内容安排收放自如，方便读者学习图书内容。

❑ **全程图解，快速上手**。各章内容分为基础知识和实例演示两部分，全部采用图解方式，图像均做了大量的裁切、拼合、加工，信息丰富，效果精美，阅读体验轻松，上手容易。让读者在书店中翻开图书的第一感就获得强烈的视觉冲击，与同类书在品质上拉开距离。

❑ **书盘结合，相得益彰**。本书使用 Director 技术制作了多媒体光盘，提供了本书实例完整素材文件和全程配音教学视频文件，便于读者自学和跟踪练习图书内容。

❑ **新手进阶，加深印象**。全书提供了 60 多个基础实用案例，通过示例分析、设计应用全面加深 Premiere Pro CC 2015 的基础知识应用方法的讲解。在新手训练营部分，每个案例都提供了操作简图与操作说明，并在光盘中配以相应的基础文件，以帮助用户完全掌握案例的操作方法与技巧。

3．本书使用对象

本书从 Premiere Pro CC 2015 的基础知识入手，全面介绍了 Premiere Pro CC 2015 面向应用的知识体系。本书制作了多媒体光盘，图文并茂，能有效吸引读者学习。本书适合作为高校学生学习使用，也可作为计算机办公应用用户深入学习 Premiere 参考资料。

参与本书编写的人员除了封面署名人员之外，还有于伟伟、王翠敏、吕咏、冉洪艳、刘红娟、谢华、夏丽华、谢金玲、张振、卢旭、王修红、扈亚臣、程博文、方芳、房红、孙佳星、张彬、张慧、马海霞、王志超、张莹等人。

编 者

目　　录

第1章

数字视频编辑基础

　　视频编辑技术随着近代数字化技术的快速发展，已由起初的模拟线性编辑发展到目前流行的数字化非线性编辑。而非线性编辑在进行视频编辑的过程中，不仅可以将捕获到的素材进行剪切、随意组接镜头，而且还可以为其添加特殊效果，以及背景音乐及旁白等影视效果。

　　在视频的编辑过程中，最主要的是对视频镜头进行组接，而这些镜头画面主要由哪些画面构成，怎样组接这些镜头才能符合人们的逻辑思维，并具有艺术性，这就需要了解视频的基础知识。本章主要介绍模拟视频和数字视频的基础知识、线性编辑、非线性编辑，以及在影视作品中蒙太奇效果的使用方法和技巧等。

1.1 视频基础

在对视频进行编辑之前,首先应当了解一下视频的一些基础知识。例如画面的景别、视频编辑术语等。

1.1.1 画面的景别

简单地讲,景别就是被摄主体所占画面大小的不同。景别的首要功能就是描述,通过大小不同的位置变换使观众看清影片的内容;其次,景别还能通过营造特定的环境气氛,来使观众产生某一方面的心理效果。

景别一般分为远景、全景、中景、近景和特写。有时根据需要,它们中间又有更加细致的划分,如大远景、中近景、大特写等。

1. 远景

远景是视距最远的景别。它视野广阔,景深悠远,主要表现远距离的人物和周围广阔的自然环境和气氛,内容的中心往往不明显。远景以环境为主,可以没有人物,有人物也仅占很小的部分。它的作用是展示巨大的空间,介绍环境,展现事物的规模和气势,拍摄者也可以用它来抒发自己的情感。使用远景的持续时间应在 10 秒以上,这样有利于展示宏大的场面,引发一种豪迈的情感。

2. 全景

全景包括被摄对象的全貌和它周围的环境。与远景相比,全景有明显的作为内容中心、结构中心的主体。在全景画面中,无论人还是物体,其外部轮廓线条以及相互间的关系,都能得到充分的展现,环境与人的关系更为密切。

全景的作用是确定事物、人物的空间关系,展示环境特征,表现节目某一段的发生地点,为后续情节定向,同时全景有利于表现人和物的动势。使用全景时,持续时间应在 8 秒以上。

3. 中景

中景是指表现成年人膝盖以上或有典型意义的局部场景的电视画面。中景包括对象的主要部分和事物的主要情节。在中景画面中,主要的人和物的形象及形状特征占主要成分。使用中景画面,可以清楚地看到人与人之间的关系和感情交流,也能看清人与物、物与物的相对位置关系。因此,中景是拍摄中常用的景别。使用中景时,持续时间应在 5 秒以上。

4．近景

近景包括被摄对象更为主要的部分（如表现成年人胸部以上或局部的部分），用以细致地表现人物的精神和物体的主要特征。使用近景，可以清楚地表现人物心理活动的面部表情和细微动作，容易产生交流。使用近景时，持续时间应在 3 秒以上。

5．特写

特写是表现拍摄主体对象某一局部（如人肩部以上及头部）的画面，它可以做更细致的展示，揭示特定的含义。特写反映的内容比较单一，起到形象放大、内容深化、强化本质的作用，主要用于表达、刻画人物的心理活动和情绪特点，起到震撼人心、引起注意的作用。在使用特写时，持续时间应在 1 秒以上。

1.1.2　视频编辑术语

在对影片进行编辑时，首先要了解一些视频编辑时的技术名词，这样有助于用户更快了解视频编辑过程，并且还可以更快掌握各种视频编辑软件的使用方法。

1．帧

帧是构成动画的最小单位。在动画中，每一幅静态图像就称为一帧。

2．帧速率

帧速率是指每秒播放的帧数，它的大小决定了视频播放的平滑程度。帧速率越高越平滑，反之就有阻塞。

3．捕捉

视频编辑中的捕捉就是将摄像机拍摄下来的视频素材，使用采集卡将其保存到计算机中，以便编辑成影片。

4．场景

一个场景也可以称为一个镜头，它是视频作品的基本元素。大多数情况下它是摄像机一次拍摄的一小段内容。对专业人员来说一个场景大多不会超过十几秒。

5．转场过渡

两个场景之间如果直接连起来的话，许多情况会感觉有些突兀。这时使用一个切换效果在两个场景进行过渡就会显得自然很多。

6．滤镜

通过在场景上使用滤镜（Filter）可以调整影片的亮度、色彩、对比度等。

1.1.3　常用数字视频格式

视频编码技术的不断发展，使得视频文件的格式种类也变得极为丰富。一般情况下，经常使用的数字视频格式包括下列 6 种。

1．MPEG/MPG/DAT

MPEG/MPG/DAT 类型的视频文件都是由 MPEG 编码技术压缩而成的视频文件，被广泛应用于 VCD/DVD 和 HDTV 的视频编辑与处理等方面。其中，VCD 内的视频文件由 MPEG-1 编码技术压缩而成（刻录软件会自动将 MPEG-1 编码的视频文件转换为 DAT 格式），DVD 内的视频文件则由 MPEG-2 压缩而成。

2．AVI

AVI 是由微软公司所研发的视频格式，其优点是允许影像的视频部分和音频部分交错在一起同步播放，调用方便、图像质量好，缺点是文件体积过于庞大。

3．MOV

MOV 是由 Apple 公司所研发的一种视频格式，是基于 QuickTime 音视频软件的配套格式。在 MOV 格式刚刚出现时，该格式的视频文件仅能够在 Apple 公司所生产的 Mac 机上进行播放。此后，Apple 公司推出了基于 Windows 操作系统的 QuickTime 软件，MOV 格式也逐渐成为使用较为频繁的视频文件格式。

4．RM/RMVB

RM/RMVB 是按照 Real Networks 公司所制定的音频/视频压缩规范而创建的视频文件格式。其中，RM 格式的视频文件只适于本地播放，而 RMVB 除了能够本地播放外，还可通过互联网进行流式播放，从而使用户只需进行极短时间的缓冲，便可不间断地长时间欣赏影视节目。

5．WMV

WMV 是一种可在互联网上实时传播的视频文件类型，其主要优点在于：可扩充的媒体类型、本地或网络回放、可伸缩的媒体类型、流的优先级化、多语言支持、扩展性等。

6．ASF

ASF（Advanced Streaming Format，高级流格式）是 Microsoft 为了和 Real Networks 竞争而发展出来的一种可直接在网上观看视频节目的文件压缩格式。ASF 使用了 MPEG-4 压缩算法，其压缩率和图像质量都很不错。

1.1.4　常用视频音频格式

在影视作品中，除了使用影视素材外，还需要大量的音频文件来增加影视作品的听觉效果。一般情况下，经常使用的数字音频格式包括下列 4 种。

1．WAV

WAV 音频文件也称为波形文件，是 Windows 本身存放数字声音的标准格式。WAV 音频文件是目前最具通用性的一种数字声音文件格式，几乎所有的音频处理软件都支持 WAV 格式。由于该格式文件存放的是没有经过压缩处理，而直接对声音信号进行采样得到的音频数据，所以 WAV 音频文件的音质在各种音频文件中是最好的，同时它的体积也是最大的，1 分钟 CD 音质的 WAV 音频文件大约 10MB。由于 WAV 音频文件的体积过于庞大，所以不适合在网络上进行传播。

2．MP3

MP3（MPEG-AudioLayer3）是一种采用了有损压缩算法的音频文件格式。由于 MP3 在采用心理声学编码技术的同时结合了人们的听觉原理，因此剔除了将某些人耳分辨不出的音频信号，从而实现了高达 1∶12 或 1∶14 的压缩比。

此外，MP3 还可以根据不同需要采用不同的采样率进行编码，如 96kb/s、112kb/s、128kb/s 等。其中，使用 128kb/s 采样率所获得 MP3 的音质非常接近 CD 音质，但其大小仅为 CD 音乐的 1/10，因此成为目前最为流行的一种音乐文件。

3．WMA

WMA（Windows Media Audio）是微软公司为了与 Real Networks 公司的 RA 以及 MP3 竞争而研发的新一代数字音频压缩技术，特点是同时兼顾了高保真度和网络传输需求。从压缩比来看，WMA 比 MP3 更优秀，同样音质 WMA 文件的大小是 MP3 的一半或更少，而相同大小的 WMA 文件又比 RA 的质量要好。总体来说，WMA 音频文件既适合在网络上用于数字音频的实时播放，同时也适用于在本地计算机上进行音乐回放。

4．MIDI

严格来说，MIDI 并不是一种数字音频文件格式，而是电子乐器与计算机之间进行通信的一种通信标准。在 MIDI 文件中，不同乐器的音色都被事先采集下来，每种音色都有一个唯一的编号，当所有参数都编码完毕后，就得到了 MIDI 音色表。在播放时，计算机软件即可通过参照 MIDI 音色表的方式将 MIDI 文件数据还原为电子音乐。

1.2 数字视频基本概念

由于视频编辑过程中的主要工作是对视觉镜头的组接，而这些镜头画面所要构成的逻辑思维性必须符合人们的常用逻辑思维，否则将无法展现视频的艺术性和欣赏性。因此，在进行视频编辑和学习视频编辑软件之前，用户还需要先了解一些视频编辑过程中的基本概念。

1.2.1 模拟信号与数字信号

现如今，数字技术正以异常迅猛的速度席卷全球的视频编辑与处理领域，数字视频正逐步取代模拟视频，成为新一代视频应用的标准。然而，什么是数字视频？它与传统模拟视频的差别又是什么呢？要了解这些问题，便需要首先了解模拟信号与数字信号，以及两者之间的差别。

1. 模拟信号

从表现形式上来看，模拟信号由连续且不断变化的物理量来表示信息，其电信号的幅度、频率或相位都会随着时间和数值的变化而连续变化。模拟信号的这一特性，使得信号所受到的任何干扰都会造成信号失真。长期以来的应用实践也证明，模拟信号会在复制或传输过程中，不断发生衰减，并混入噪波，从而使其保真度大幅降低。

2. 数字信号

与模拟信号不同的是，数字信号的波形幅值被限制在有限个数值之内，因此其抗干扰能力强。除此之外，数字信号还具有便于存储、处理和交换，以及安全性高（便于加密）和相应设备易于实现集成化、微型化等优点，其信号波形如下图所示。

3. 数字音频

声音是影片中不可分割的一部分，同样，在数字视频领域，音频的数字化也起着至关重要的作用，数字视频与数字音频是相辅相成的整体。

声音是由振动产生的。比如，弦乐器的弦或人的声带产生振动，会带动周围的空气随之振动，振动通过空气分子波浪式地进行传播。当振动波传到人的耳朵时，人便听到了声音，通常可以用波形表示声音。波形中的 0 线位置表示空气压力和外界大气压相同，当曲线上升时，表明空气压力加强，曲线降低时，表明空气压力下降。声音的波形实际上等同于空气压力变化的波形，声音就是这样在高低气压产生的波动中进行传播的。

计算机可以将声音信息数字化存储，原来的声音波形被分解成独立的样点，即音频的数字化采样，也称模拟—数字转换。采样的速率决定了数字音频的品质。采样率越高，数字化音频的波形越接近原始声音的波形，声音品质越好；而采样率越低，数字化音频的波形与原始声音的波形相差越大，声音品质就越差。

1.2.2 帧速率和场

帧、场和扫描方式这些词汇都是视频编辑中常常会出现的专业术语，它们之间的共同点是都与视频播放息息相关。

1. 帧

帧是构成视频的最小单位。视频是由一幅幅静态画面所组成的图像序列，而组成视频的每一幅静态图像，便被称之为"帧"。也就是说，帧是视频（包含动画）内的单幅影像画面，相当于电影胶片上的每一格影像，以往我们常常说到的"逐帧播放"指的便是逐幅画面地查看视频。

上图中是由一幅 8 帧 GIF 动画逐帧分解而来，当快速、连续地播放这些图像时（即播放 GIF 动画文件），我们便可以在屏幕上看到一只不断奔跑的兔子。

而在播放视频的过程中，播放效果的流畅程度取决于静态图像在单位时间内的播放数量，即"帧速率"，其单位为 fps（帧/秒）。目前，电影画面的帧速率为 24fps，而电视画面的帧速率则为 30fps 或 25fps。

> **注意**
>
> 要想获得动态的播放效果，显示设备至少应以 10fps 的速度进行播放。

2. 扫描方式

电视机在工作时，电子枪会不断地快速发射电子，而这些电子在撞击显像管后便会引起显像管内壁的荧光粉发光。在"视觉滞留"现象与电子持续不断撞击显像管的共同作用下，发光的荧光粉便会在人眼视网膜上组成一幅幅图像。

而电子枪扫描图像的方法被称为扫描方式，因此扫描方式又指电视机在播放视频画面时所采用的播放方式，该播放方式分为隔行扫描方式与逐行扫描两种方式。

其中，隔行扫描是指电子枪首先扫描图像的奇数行（或偶数行），当图像内所有的奇数行（或偶数行）全部扫描完成后，再使用相同方法逐次扫描偶数行（或奇数行）。

而逐行扫描则是在显示图像的过程中，采用每行图像依次扫描的方法来播放视频画面。

早期由于技术的原因，逐行扫描整幅图像的时间要大于荧光粉从发光至衰减所消耗的时间，因此会造成人眼的视觉闪烁感。在不得已的情况下，只好采用一种折中的方法，即隔行扫描。在视觉滞留现象的帮助下，人眼并不会注意到图像每次只显示一半，因此很好地解决了视频画面的闪烁问题。

随着显示技术的不断增强，逐行扫描会引起视觉不适的问题已经解决。此外由于逐行扫描的显示质量要优于隔行扫描，因此隔行扫描技术已被逐渐淘汰。

3．场

在采用隔行扫描方式进行播放的显示设备中，每一帧画面都会被拆分开进行显示，而拆分后得到的残缺画面即称为"场"。也就是说，视频画面播放为 30fps 的显示设备，实质上每秒需要播放 60 场画面；而对于 25fps 的显示设备来说，其每秒需要播放 50 场画面。

在这一过程中，一幅画面内被首先显示的场称为"上场"，而紧随其后进行播放的、组成该画面的另一场则称为"下场"。

注意

"场"的概念仅适用于采用隔行扫描方式进行播放的显示设备（如电视机），对于采用胶片进行播放的显示设备（胶片放映机）来说，由于其显像原理与电视机类产品完全不同，因此不会出现任何与"场"相关的内容。

需要指出的是，通常人们会误认为上场画面与下场画面由同一帧拆分而来。事实上，DV 摄像机采用的是一种类似于隔行扫描的拍摄方式。也就是说，摄像机每次拍摄到的都是依次采集到的上场或下场画面。例如，在一个每秒采集 50 场的摄像机中，第 123 行和 125 行的采集是在第 122 行和 124 行采集完成大约 1/50 秒后进行。因此，将上场画面和下场画面简单地拼合在一起时，所拍摄物体的运动往往会造成两场画面无法完美拼合。

1.2.3　分辨率和像素宽高比

分辨率和像素都是影响视频质量的重要因素，与视频的播放效果有着密切联系。

1．像素与分辨率

在电视机、计算机显示器及其他相类似的显示设备中，像素是组成图像的最小单位，而每个像素则由多个（通常为 3 个）不同颜色（通常为红、绿、蓝）的点组成。

而分辨率则是指屏幕上像素的数量，通常用"水平方向像素数量×垂直方向像素数量"的方式来表示，例如 720×480、720×576 等。

提示

显示设备通过调整像素内不同颜色点之间的强弱比例，来控制该像素点的最终颜色。理论上，通过对红、绿、蓝 3 种不同颜色因子的控制，像素点可显示出任何色彩。

每幅视频画面的分辨率越大、像素数量越多，整个视频的清晰度也就越高。这是因为，一个像素在同一时间内只能显示一种颜色，因此在画面尺寸相同的情况下，拥有较大分辨率（像素数量多）图像的显示效果也就越为细腻，相应的影像也就越为清晰；反之，视频画面便会模糊不清。

在实际应用中，视频画面的分辨率会受到录像设备和播放设备的限制。例如，在传统电视机中，视频画面的垂直分辨率表现为每帧图像中水平扫描线的数量，即电子束穿越荧屏的次数。至于水平分辨率，则取决于录像设备、播放设备和显示设备。例如，老式 VHS 格式录像带的水平分辨率为 250 线，而 DVD 的水平分辨率则为 500 线。

2. 帧宽高比与像素宽高比

帧宽高比即视频画面的长宽比例，目前电视画面的宽高比通常为 4：3，电影则为 16：8。至于像素宽高比，则是指视频画面内每个像素的长宽比，具体比例由视频所采用的视频标准所决定。

但是，由于不同显示设备在播放视频画面时的像素宽高比也有所差别，因此当某一显示设备在播

放与其像素宽高比不同的视频时，就必须对图像进行矫正操作。否则，视频画面的播放效果便会较原效果产生一定的变形。

> **提示**
>
> 一般来说，计算机显示器使用正方形像素来显示图像，而电视机等视频播放设备则使用矩形像素进行显示。

1.2.4 视频色彩系统

色彩本身没有情感，但它们却会对人们的心理感受产生一定的影响。例如，红、橙、黄等暖色调往往会使人联想到阳光、火焰等，从而给人以炽热、向上的感觉；对于青、蓝、蓝绿、蓝紫等冷色调则会使人联想到水、冰、夜色等，给人以凉爽、宁静、平和的感觉。

提示

在色彩的应用中，冷暖色调只是相对而言。譬如说，在画面整体采用红色系颜色，且大红与玫瑰红同时出现时，大红就是暖色，而玫瑰红则会被看作是冷色；但是，当玫瑰红与紫罗蓝同时出现时，玫瑰红便是暖色。

在实际拍摄及编辑视频的过程中，尽管每个画面内都可能包含多种不同色彩，但总会有一种色彩占据画面主导地位，从而成为画面色彩的基调。因此，在操作时便应根据需要来突出或淡化、转移该色彩对表现效果的影响。

1.2.5 视频压缩

数字视频压缩技术是指按照某种特定算法，采用特殊记录方式来保存数字视频信号的技术。目前，使用较多的数字视频压缩技术有 MPEG 系列技术和 H.26X 系列技术，下面将对其分别进行介绍。

1. MPEG

MPEG（Moving Pictures Experts Group，动态图像专家组）标准是由 ISO（International Organization for Standardization，国际标准化组织）所制定并发布的视频、音频、数据压缩技术，目前共有 MPEG-1、MPEG-2、MPEG-4、MPEG-7 及 MPEG-21 等多个不同版本。

其中，MPEG 标准的视频压缩编码技术利用了具有运动补偿的帧间压缩编码技术以减小时间冗余度，利用 DCT 技术以减小图像空间冗余度，并在数据表示上解决了统计冗余度的问题，因此极大地增强了视频数据的压缩性能，为存储高清晰度的视频数据奠定了坚实的基础。

MPEG-1 是专为 CD 光盘所定制的一种视频和音频压缩格式，采用了块方式的运动补偿、离散余弦变换（DCT）、量化等技术，其传输速率可达 1.5Mb/s。MPEG-1 的特点是随机访问，拥有灵活的帧率、运动补偿可跨越多个帧等；不足之处在于，压缩比还不够大，且图像质量较差，最大清晰度仅为 352×288。

MPEG-2 制定于 1994 年，其设计目的是为了提高视频数据传输率。MPEG-2 能够提供 3~10Mb/s 的数据传输率，在 NTSC 制式下可流畅输出 720×486 分辨率的画面。

与 MPEG-1 和 MPEG-2 相比，MPEG-4 不再只是一种具体的数据压缩算法，而是一种为满足数字电视、交互式绘图应用、交互式多媒体等多方面内容整合及压缩需求而制定的国际标准。MPEG-4 标准将众多的多媒体应用集成于一个完整框架内，旨在为多媒体通信及应用环境提供标准的算法及工具，从而建立起一种能够被多媒体传输、存储、检索等应用领域普遍采用的统一数据格式。

2. H.26X

H.26X 系列压缩技术是由 ITU（国际电信联盟）所主导，旨在使用较少的带度传输较多的视频数据，以便用户获得更为清晰的高质量视频画面。

H.263 是国际电联 ITU-T 专为低码流通信而设计的视频压缩标准，其编码算法与之前版本的 H.261 相同，但在低码率下能够提供较 H.261 更好的图像质量，两者之间存在如下差别。

- ❑ H.263 的运动补偿使用半像素精度，而 H.261 则用全像素精度和循环滤波。
- ❑ 数据流层次结构的某些部分在 H.263 中是可选的，使得编解码可以拥有更低的数据率或更好的纠错能力。
- ❑ H.263 包含 4 个可协商的选项以改善性能。
- ❑ H.263 采用无限制的运动向量以及基于语法的算术编码。
- ❑ 采用事先预测和与 MPEG 中的 P-B 帧一样的帧预测方法。
- ❑ H.263 支持更多的分辨率标准。

此后，ITU-T 又于 1998 年推出了 H.263+（即 H.263 第 2 版），该版本进一步提高了压缩编码性能，并增强了视频信息在易误码、易丢包异构网络环境下的传输。由于这些特性，使得 H.263 压缩技术很快取代了 H.261，成为主流视频压缩技术之一。

H.264 是目前 H.26X 系列标准中最新版本的压缩技术，其目的是为了解决高清数字视频体积过大的问题。H.264 由 MPEG 组织和 ITU-T 联合推出，因此它既是 ITU-T 的 H.264，又是 MPEG-4 的第 10 部分，因此无论是 MPEG-4 AVC、MPEG-4 Part 10，还是 ISO/IEC 14496-10，实质上与 H.264 都完全相同。

与 H.263 及以往的 MPEG-4 相比，H.264 最大的优势在于拥有很高的数据压缩比率。在同等图像质量条件下，H.264 的压缩比是 MPEG-2 的 2 倍以上，是原有 MPEG-4 的 1.5~2 倍。这样一来，观看 H.264 数字视频将大大节省用户的下载时间和数据流量费用。

1.3 数字视频应用基础理论

视频（Video）泛指一切将动态影像静态化后，以图像形式加以捕捉、记录、储存、传送、处理，并进行动态重现的技术。而现如今，数字技术正以异常迅猛的速度席卷全球的视频编辑与处理领域，数字视频开始取代模拟视频，并逐渐成为新一代视频应用标准。

1.3.1 电视制式

在电视系统中，发送端将视频信息以电信号形式进行发送，电视制式便是在其间实现图像、伴音及其他信号正常传输与重现的方法与技术标准，因此也称为电视标准。电视制式的出现，保证了电视机、视频及视频播放设备之间所用标准的统一或兼容，为电视行业的发展做出了极大的贡献。目前，应用最为广泛的彩色电视制式主要有 NTSC、PAL 和 SECAM 三种类型。

1．NTSC 制式

NTSC 制式由美国国家电视标准委员会（National Television System Committee）制定，主要应用于美国、加拿大、日本、韩国、菲律宾，以及中国台湾等国家和地区。由于采用了正交平衡调幅的技术方式，因此 NTSC 制式也称为正交平衡调幅制电视信号标准，优点是视频播出端的接收电路较为简单。不过，由于 NTSC 制式存在相位容易失真、色彩不太稳定（易偏色）等缺点，因而此类电视都会提供一个手动控制的色调电路供用户选择使用。

符合 NTSC 制式的视频播放设备至少拥有 525 行扫描线，分辨率为 720×480 电视线，工作时采用隔行扫描方式进行播放，帧速率为 29.97fps，因此每秒约播放 60 场画面。

2．PAL 制式

PAL 制式是由前联邦德国在 NTSC 制式基础上研制出来的一种改进方案，其目的主要是为了克服 NTSC 制式对相位失真的敏感性。PAL 制式的原理是将电视信号内的两个色差信号分别采用逐行倒相和正交调制的方法进行传送。这样，当信号在传输过程中出现相位失真时，便会由于相邻两行信号的相位相反而起到互相补偿作用，从而有效地克服了因相位失真而引起的色彩变化。此外，PAL 制式在传输时受多径接收而出现彩色重影的影响也较小。不过，PAL 制式的编/解码器较 NTSC 制式的相应设备要复杂许多，信号处理也较麻烦，接收设备的造价也较高。

PAL 制式也采用了隔行扫描的方式进行播放，共有 625 行扫描线，分辨率为 720×576 电视线，帧速度为 25fps。目前，PAL 彩色电视制式广泛应用于德国、中国、中国香港、英国、意大利等国家和地区。然而即便采用的都是 PAL 制，不同国家的 PAL 制式电视信号也有一定的差别。例如，我国采用的是 PAL-D 制式，英国、中国香港、中国澳门使用的是 PAL-I 制式，新加坡使用的是 PAL-B/G 或 D/K 制式等。

3．SECAM 制式

SECAM 是法语 Sequentiel Couleur A Memoire（顺序传送彩色与存储）的缩写。它是为了克服 NTSC 制式的色调失真而出现的另一种彩色电视制式。SECAM 制式的主要特点是逐行顺序传送色差信号 R－Y 和 B－Y。由于在同一时间内传输通道中只传送一个色差信号，因而从根本上避免了两个色差发量的相互串扰。亮度信号 Y 仍是每行都必须传送的，所以 SECAM 制是一种顺序同时制。

因为在接收机中必须同时存在 Y、R−Y 和 B−Y 三个信号才能解调出三基色信号 R、G、B，所以在 SECAM 制中也采用了超声延时线。它将上一行的色差信息储存一行的时间，然后与这一行传送的色差信息使用一次；这一行传送的信息又被储存下来，再与下一行传送的信息使用一次。这样，每行所传送的色差信息均使用两次，就把两个顺序传送的色差信号变成同时出现的色差信号。将两个色差信号和 Y 信号送入矩阵电路，就解出了 R、G、B 信号。

1.3.2 高清数字视频

近年来，随着视频设备制造技术、存储技术以及用户需求的不断提高，"高清数字电视""高清电影/电视"等概念逐渐流行开来。接下来将介绍部分与"高清"相关的名词与术语等内容。

1. 高清的概念

高清，是人们针对视频画质而提出的一个名词，英文为"High Definition"，意为"高分辨率"。由于视频画面的分辨率越高，视频所呈现出的画面也就越为清晰，因此"高清"代表的便是高清晰度、高画质的视觉享受。

目前，将视频从画面清晰度来界定的话，大致可分为"普通清晰度""标准清晰度"和"高清晰度"这 3 种层次，各部分之间的标准如下表所示。

项目名称	普通视频	标清视频	高清视频
垂直分辨率	400i	720p 或 1080i	1080p
播出设备类型	LDTV 普通清晰度电视	SDTV 标准清晰度电视	HDTV 高清晰度电视
播出设备参数	480 条垂直扫描线	720~1080 条可见垂直扫描线	1080 条可见垂直扫描线
部分产品	DVD 视频盘等	HD DVD、Blu-ray 视频盘等	HD DVD、Blu-ray 视频盘等

> **提示**
>
> 一般情况下，用户在描述视频分辨率时，通常都会在分辨率乘法表达式后添加 p 或 i 的标识，以表明视频在播放时会采用逐行扫描（p）还是隔行扫描（i）。

2. 高清电视

高清电视，又叫"HDTV"，是由美国电影电视工程师协会确定的高清晰度电视标准格式。一般所说的高清，通常指的就是高清电视。目前，常见的电视播放格式主要有以下几种：

- **D1（480i 格式）** 该格式与 NTSC 模拟电视清晰度相同，525 条垂直扫描线，480 条可见垂直扫描线，帧宽高比为 4∶3 或 16∶9，隔行/60Hz，行频为 15.25kHz。
- **D2（480p 格式）** 该格式与逐行扫描 DVD 规格相同，525 条垂直扫描线，480 条可见垂直扫描线，帧宽高比为 4∶3 或 16∶9，分辨率为 640×480，逐行/60Hz，行频为 31.5kHz。
- **D3（1080i 格式）** 该格式是标准数字电视显示模式，1125 条垂直扫描线，1080 条可见垂直扫描线，帧宽高比为 16∶9，分辨率为 1920×1080，隔行/60Hz，行频为 33.75kHz。
- **D4（720p 格式）** 该格式是标准数字电视显示模式，750 条垂直扫描线，720 条可见垂直扫描线，帧宽高比为 16∶9，分辨率为 1280×720，逐行/60Hz，行频为 45kHz。
- **D5（1080p 格式）** 该格式是标准数字电视显示模式，1125 条垂直扫描线，1080 条可见垂直扫描线，帧宽高比为 16∶9，分辨率为 1920×1080 逐行扫描，专业格式。
- **其他** 此外还有 576i，是标准的 PAL 电视显示模式，625 条垂直扫描线，576 条可见垂直扫描线，帧宽高比为 4∶3 或 16∶9，隔行/50Hz，记为 576i 或 625i。

其中，所有能够达到 D3/4/5 播放标准的电视机，都可纳入"高清电视"的范畴。不过，只支持 D3 或 D4 标准的产品只能算作"标清"设备，而只有达到 D5 播出标准的产品才能称为"全高清 (Full HD)"设备。

提示

行频也称水平扫描率，是指电子枪每秒在荧光屏上扫描水平线的数量，以 kHz 为单位，属于显示设备的固定工作参数。显示设备的行频越大，其工作越为稳定。

1.3.3 流媒体与移动流媒体

所谓流媒体是指采用流式传输的方式在 Internet 播放的媒体格式。流媒体又叫流式媒体，它是指商家用一个视频传送服务器把节目当成数据包发出，传送到网络上。用户通过解压设备对这些数据进行解压后，节目就会像发送前那样显示出来。

流媒体是指以流的方式在网络中传输音频、视频和多媒体文件的形式。流媒体文件格式是支持采用流式传输及播放的媒体格式。流式传输方式是将视频和音频等多媒体文件经过特殊的压缩方式分成一个个压缩包，由服务器向用户计算机连续、实时传送。在采用流式传输方式的系统中，用户不必像非流式播放那样等到整个文件全部下载完毕后才能看到当中的内容，而是只需要经过几秒钟或几十秒的启动延时即可在用户计算机上利用相应的播放器对压缩的视频或音频等流式媒体文件进行播放，剩余的部分将继续进行下载，直至播放完毕。

这个过程的一系列相关的包称为"流"。流媒体实际指的是一种新的媒体传送方式，而非一种新的媒体。流媒体技术全面应用后，人们在网上聊天可直接语音输入；如果想彼此看见对方的容貌、表情，只要双方各有一个摄像头就可以了；在网上看到感兴趣的商品，点击以后，讲解员和商品的影像就会跳出来；更有真实感的影像新闻也会出现。

常用流媒体格式如下。

- ❏ **RA** 实时声音。
- ❏ **RM** 实时视频或音频的实时媒体。
- ❏ **RT** 实时文本。
- ❏ **RP** 实时图像。
- ❏ **SMIL** 同步的多重数据类型综合设计文件。
- ❏ **SWF** Macromedia（现已被 Adobe 收购）的 real flash 和 Shock Wave Flash 动画文件。
- ❏ **RPM** HTML 文件的插件。
- ❏ **RAM** 流媒体的元文件，是包含 RA、RM、SMIL 文件地址（URL 地址）的文本文件。

移动流媒体是在移动设备上实现的视频播放功能，一般情况下移动流媒体的播放格式是 3GPP 格式，现在的智能手机（S60 Windows Mobile 等）越来越多地可以下载流媒体播放器实现流媒体播放。

另外，有些非智能手机也可以实现流媒体播放，诺基亚大多数非智能机都有流媒体播放器。

移动流媒体播放的视频一般是 rtsp:// 开头，这种网站还不是很多，因为国内网络不是很完善，只有少数网站有，用户可登录移动梦网或 wap.cctv.com 收看这种网络视频，不过网络包月流量相对看电影的话，是远远不够的，不过相信不久的将来人们都可以实现手机看电视。

1.4 线性与非线性编辑

在电影电视的发展过程中，视频节目的制作先后经历了"物理剪辑""电子编辑"和"数字编辑" 3 个不同发展阶段，其编辑方式也先后出现了线性编辑和非线性编辑。

1.4.1　线性编辑

线性编辑技术是一种早期的、传统的编辑手法，它属于磁带编辑方式中的一种，主要以一维时间轴为基础并按照时间顺序从头至尾进行编辑的一种制作方式。

由于传统的磁带和电影胶片是由录像机通过机械运动将 24 帧/秒的视频信号顺序记录在磁带中，因此在线性编辑过程中用户无法删除、缩短或加长其中的某一段内容，只能以插入编辑的方式对某一段进行等长度替换。

线性编辑技术要求编辑人员必须按照时间顺序依次编辑，也就是先编辑第一个镜头，最后编辑结尾的镜头。由于线性编辑技术的特殊要求，编辑人员对编辑带的任何一点改动，都会影响到从改变点至结尾点的所有部分，只能重新编辑或进行复制。因此，编辑人员必须对一系列镜头的组接做出可行性计划和精确的构思，防止编辑后的再次更改。

1．线性编辑的优点

线性编辑技术作为传统的一种编辑手法，存在保护素材、降低成本、连续平稳性等优点。

- ❑ **保护素材**　线性编辑技术可以很好地保护影片中的原素材，可以保证原素材重复使用。
- ❑ **降低成本**　由于线性编辑技术属于磁带编辑方式，并不损伤磁带，并能随意刻录和抹掉磁带内容，因此可以反复使用同一磁带，具有降低成本的优点。
- ❑ **迅速准确地查找编辑点**　线性编辑技术可以迅速且准确地查找到最恰当的编辑点，以方便编辑人员预览、检查、观看和修改编辑效果。
- ❑ **自由编辑声音和图像**　线性编辑技术既可以使声音和图像完全吻合在一起，又可以分别对声音和图像进行单独修改。

2．线性编辑的缺点

线性编辑除了具有上述优点之外，还具有以下缺点，在很大程度上降低了编辑人员的创造性。

- ❑ **无法自由搜索素材**　由于线性编辑技术是以磁带为记录载体，并以一维时间轴为基础按照顺序搜索素材，既不能跳跃搜索也不能随机搜索某一段；因此在选择素材时比较浪费时间，既影响了编辑效率又磨损磁头和机械伺服系统。
- ❑ **模拟信号衰减严重**　由于传统的编辑方式是以复制的方式进行的，而模拟信号会随着复制次数的增加而衰减，从而增加了图像的劣化程度。
- ❑ **操作的局限性**　线性编辑技术一般只能按照编辑顺序进行记录，无法对素材进行随意的插入和删除，也就是无法改变影片的长度，只能替换同等长度的部分内容。
- ❑ **设备和调试复杂**　线性编辑技术需要多种设备和多种系统，而各种设备各自具有独特的作用和性能参数，当它们彼此相连时不仅会造成视频信号的衰减，而且因其操作过程比较复杂，还需要众多操作人员，从而增加了编辑成本。

1.4.2　非线性编辑基础

非线性编辑是相对于线性编辑而言的。狭义上的非线性编辑是指无须在存储介质上重新排列素材，并可以随意剪切、复制和粘贴素材。而广义上的非线性编辑是指使用计算机随意编辑视频，以及在编辑过程中实现动画、淡入淡出、蒙版等处理效果。

与线性编辑相比，非线性编辑的特点主要集中体现在以下方面。

1．浏览素材

在查看素材时，不仅可以瞬间开始播放，还可以使用不同速度进行播放，或实现逐幅播放、反向播放等。

2．编辑点定位

在确定编辑点时，用户既可以手动操作进行粗略定位，也可以使用时码精确定位编辑点。由于不再需要花费大量时间来搜索磁带，因此大大地提高了编辑效率。

3．调整素材长度

非线性编辑允许用户随时调整素材长度，并可通过时码标记实现精确编辑。此外，非线性编辑方式还吸取了电影剪接时简便直观的优点，允许用户参考编辑点前后的画面，以便直接进行手工剪辑。

4．随意组接素材

在非线性编辑系统中，各段素材间的相互位置可随意调整。因此，用户可以在任何时候删除节目中的一个或多个片段，或向节目中的任意位置插入一段新的素材。

5．复制和重复使用素材

在非线性编辑系统中，由于用到的所有素材全都以数字格式进行存储，因此在复制素材时不会引起画面质量的下降。此外，同一段素材可以在一个或多个节目中反复使用，而且无论使用多少次，都不会影响画面质量。

6．便捷的效果制作功能

在非线性编辑系统中制作特技时，通常可以在调整特技参数的同时观察特技对画面的影响。

提示

非线性编辑系统中的特技效果独立于素材本身出现。也就是说，用户不仅可以随时为素材添加某种特殊效果，还可随时去除该效果，以便将素材还原至最初的样式。

此外，根据节目需求，人们可随时扩充和升级软件的效果模块，从而方便地增加新的特技功能。

7．声音编辑

基于计算机的非线性编辑系统能够方便地从CD 唱盘、MIDI 文件中采集音频素材。而且，在使用编辑软件进行多轨声音的合成时，也不会受到总音轨数量的限制。

8．动画制作与合成

由于非线性编辑系统的出现，动画的逐帧录制设备已被淘汰。而且，非线性编辑系统除了可以实时录制动画以外，还能够通过抠像的方法实现动画与实拍画面的合成，从而极大地丰富了影视节目制作手段。

1.4.3　非线性编辑系统构成

非线性编辑的实现，要靠软件与硬件的支持，这就构成了非线性编辑系统。

1．硬件构成

一个非线性编辑系统从硬件上看，可由计算机、视频卡或 IEEE 1394 卡、声卡、高速 AV 硬盘、专用板卡（如特技加卡）以及外围设备构成。

视频卡用于采集和输出模拟视频，担负着模拟视频与数字视频之间相互转换的功能。

理软件和音频处理软件等外围软件构成，如下图所示为使用三维软件制作的子弹飞效果。

随着计算机硬件性能的提高，视频编辑处理对专用器件的依赖越来越小，软件的作用则更加突出。因此，掌握像 Premiere Pro 之类的非线性编辑软件，就成为了视频编辑的关键。

1.4.4 非线性视频采集流程

无论是在哪种非线性编辑系统中，其视频编辑工作流程都可以简单地分为输入、编辑和输出等步骤。当然，由于不同非线性编辑软件在功能上的差异，上述步骤还可进一步细化。接下来，将以 Premiere Pro 为例，简单介绍非线性编辑视频时的整个工作流程。

1. 素材采集与输入

素材是视频节目的基础，因此收集、整理素材后将其导入编辑系统，便成为正式编辑视频节目前的首要工作。利用 Premiere Pro 的素材采集功能，用户可以方便地将磁带或其他存储介质上的模拟音/视频信号转换为数字信号后存储在计算机中，并将其导入至编辑项目，使其成为可以处理的素材。

除此之外，Premiere Pro 还可以将其他软件处理过的图像、声音等素材直接纳入到当前的非线性编辑系统中，并将上述素材应用于视频编辑的过程中。

2. 素材编辑

多数情况下，并不是素材中的所有部分都会出现在编辑完成的视频中。很多时候，视频编辑人员

由于非线性编辑系统是基于计算机的，因此，非线性编辑系统常见的有以下 3 种类型。

- ❑ **基于工作站平台的系统** 该系统大多建立在 SGI 图形工作站基础上，一般图形、动画和特技功能较强，但价格昂贵，软硬件支持不充分。
- ❑ **基于 Mac 平台的系统** 该系统在非线性编辑发展的早期应用得比较广泛，未来的发展在一定程度上受到苹果硬件平台的制约。
- ❑ **基于 PC 平台的系统** 这类系统以 Intel 及其兼容芯片为核心，型号丰富，性价比高，装机量大，发展速度也非常快，是当今的主导型系统。另外，这类非线性编辑系统正在向网络化发展，大大提高了电视台内部的制作播出效率。

2. 软件系统

从软件上看，非线性编辑系统主要由非线性编辑软件以及二维动画软件、三维动画软件、图像处

需要使用剪切、复制、粘贴等方法，选择素材内最合适的部分，然后按一定顺序将不同素材组接成一段完整视频，而上述操作便是编辑素材的过程。如下图所示，即为视频编辑人员在对部分素材进行编辑时的软件截图。

3. 特技处理

由于拍摄手段与技术及其他原因的限制，很多时候人们都无法直接得到所需要的画面效果。例如，在含有航空镜头的影片中，很多镜头便无法通过常规方法来获取。此时，视频编辑人员便需要通过特技处理的方式，来向观众呈现此类很难拍摄或根本无法拍摄到的画面效果。

4. 添加字幕

字幕是影视节目的重要组成部分，在该方面

Premiere Pro 拥有强大的字幕制作功能，操作也极其简便。除此之外，Premiere Pro 还内置了大量的字幕模板，很多时候用户只需借助字幕模板，便可以获得令人满意的字幕效果。

5. 输出影片

视频节目在编辑完成后，就可以输出回录到录像带上。当然，根据需要也可以将其输出为视频文件，以便发布到网上，或者直接刻录成 VCD 光盘、DVD 光盘等。

1.5 影视创作基础理论

对于一名影视节目编辑人员来说，除了需要熟练掌握视频编辑软件的使用方法外，还应当掌握一定的影视创作基础知识，使其能够更好地进行影视节目的编辑工作。

1.5.1 影视节目制作的基本流程

一部完整的影视节目从策划、前期拍摄、后期编辑到最终完成，其间需要进行众多的繁杂的步骤。下面将对其进行简单介绍。

1. 准备素材

在使用非线性编辑系统制作节目时，需要首先向系统中输入所要用到的素材。多数情况下，编辑人员要做的工作是将磁带上的音视频信号转录到磁盘中。在输入素材时，应该根据不同系统的特点和不同的编辑要求，决定使用的数据传输接口方式和压缩比，一般来说应遵循以下原则。

- ❏ 尽量使用数字接口，如 QSDI 接口、CSDI 接口、SDI 接口和 DV 接口。
- ❏ 对同一种压缩方法来说，压缩比越小，图像质量越高，占用的存储空间越大。
- ❏ 采用不同压缩方式的非线性编辑系统，在录制视频素材时采用的压缩比可能不同，但却有可能获得同样的图像质量。

2. 节目制作

节目制作是非线性编辑系统中最为重要的一个环节，编辑人员在该环节需要进行的工作主要集中在以下方面。

- ❏ **素材浏览**　在非线性编辑系统中查看素材拥有极大的灵活性，因为既可以让素材以正常速度播放，也可在实现快速重放、慢放和单帧播放等。
- ❏ **定位编辑点**　可实时定位是非线性编辑系统的最大优点，这为编辑人员节省了大量卷带搜索的时间，从而极大地提高了编辑效率。
- ❏ **调整素材长度**　通过时码编辑，非线性编辑系统能够提供精确到帧的编辑操作。
- ❏ **组接素材**　通过使用计算机，非线性编辑系统的工作人员能够快速、准确地在节目中的任一位置插入一段素材，也可以实现磁带编辑中常用的插入和组合编辑。
- ❏ **应用特技**　通过数字技术，为影视节目应用特技变得异常简单，而且能够在应用特技的同时观看到应用效果。
- ❏ **添加字幕**　字幕与视频画面的合成方式

有软件和硬件两种。其中，软件字幕使用的是特技抠像方法，而硬件字幕则是通过视频硬件来实现字幕与画面的实时混合叠加。

- ❏ **声音编辑**　大多数基于计算机的非线性编辑系统都能够直接从 CD 唱盘、MIDI 文件中录制波形声音文件，并利用同样数字化的音频编辑系统进行处理。
- ❏ **动画制作与合成**　非线性编辑系统除了可以实时录制动画外，还能通过抠像实现动画与实拍画面的合成，极大地丰富了节目制作的手段。

3. 非线性编辑节目的输出

在非线性编辑系统中，节目在编辑完成后主要通过以下 3 种方法进行输出。

- ❏ **输出到录像带**　这是联机非线性编辑时最常用的输出方式，操作要求与输入素材时的要求基本相同，即优先考虑使用数字接口，其次是分量接口、S-Video 接口和复合接口。
- ❏ **输出 EDL 表**　在某些对节目画质要求较高，即使非线性编辑系统采用最小压缩比仍不能满足要求时，可以考虑只在非线性编辑系统上进行初编。然后，输出 EDL 表至 DVW 或 BVW 编辑台进行精编。
- ❏ **直接用硬盘播出**　该方法可减少中间环节，降低视频信号的损失。不过，在使用时必须保证系统的稳定性，有条件的情况下还应准备备用设备。

1.5.2　蒙太奇与影视剪辑

蒙太奇是法文 montage 的译音，意为文学、音乐与美术的组合体，原本属于建筑学用语，用来表现装配或安装等。在电影创作过程中，蒙太奇是导演向观众展示影片内容的叙述手法和表现手段。

在视频编辑领域，蒙太奇的含义存在狭义和广义之分。其中，狭义的蒙太奇专指对镜头画面、声音、色彩等诸元素编排、组合的手段。也就是说，是在后期制作过程中，将各种素材按照某种意图进行排列，从而使之构成一部影视作品。由此可见，蒙太奇是将摄影机拍摄下来的镜头，按照生活逻辑、推理顺序、作者的观点倾向及其美学原则连接起来的手段，是影视语言符号系统中的一种修辞手法。

在现代影视作品中，一部影片通常由 500～1000 个左右的镜头组成。每个镜头的画面内容、运动形式，以及画面与音响组合的方式，都包含着蒙太奇因素，主要体现在以下 5 个方面。

1．概括与集中

通过镜头、场景、段落的分切与组接，可以对素材进行选择和取舍，选取并保留主要的、本质的部分，从而强调特征显著且富有表现力的细节，以达到高度概括和集中画面内容的目的。

2．吸引注意力，激发联想

在编排影视节目之前，视频素材中的每个独立镜头都无法向人们表达出完整的寓意。然而，通过蒙太奇手法将这些镜头进行组接后，便能够达到引导观众注意力、影响观众情绪与心理，并激发观众丰富想象力的目的。这样一来，便使得原本无意义的镜头成为观众更好理解影片的工具，此外还能够激发观众的参与心理，从而形成主客体间的共同"创造"。

3．创造独特的画面时空

通过对镜头的组接，运用蒙太奇的方法可以对影片中的时间和空间进行任意的选择、组织、加工和改造，从而形成独特的画面时空。与早期的影视作品相比，画面时空的运用使得影片的表现领域变得更为广阔，素材的选择取舍也异常灵活，因此更适于表现丰富多彩的现实生活。

4．形成不同的节奏

节奏是情节发展的脉搏，是画面表现形式与内容是否统一的重要表现，也是对画面情感和气氛的一种修饰和补充。它不仅关系到镜头造型，还涉及影片长度与分配问题，因此其发展过程不仅要根据剧情的进展来确定，还要根据拍摄对象的运动速度和摄像机的运动方式来确定。

在后期编辑过程中，蒙太奇正是通过对镜头的造型形式、运动形式，以及影片长度的控制，实现画面表现形式与内容的密切配合，从而使画面在观众心中留下深刻印象。可以看出，人们不仅可以利用蒙太奇来增强画面的节奏感，还可将自己（创作者）的思想融入到故事中去，从而创造或改变画面中的节奏。

5．表达寓意，创造意境

在对镜头进行分切和组接的过程中，蒙太奇可以利用多个镜头间的相互作用产生新的含义，从而产生一种单个画面或声音所无法表述的思想内容。这样一来，创作者便可以方便地利用蒙太奇来表达抽象概念、特定寓意，或创造出特定的意境。

1.5.3　组接镜头的基础知识

无论是怎样的影视作品，结构上都是将一系列镜头按一定次序组接后所形成的。然而，这些镜头之所以能够延续下来，并使观众将它们接受为一个完整融合的统一体，是因为这些镜头间的发展和变化秉承了一定的规律。

1. 镜头组接规律

为了清楚地向观众传达某种思想或信息，组接镜头时必须遵循一定的规律，归纳后可分为以下几点。

❏ 符合观众的思想方式与影片表现规律

镜头的组接必须要符合生活与思维的逻辑关系。如果影片没有按照上述原则进行编排，必然会由于逻辑关系的颠倒，使观众难以理解。

❏ 景别的变化要采用"循序渐进"的方法

通常来说，一个场景内"景"的发展不宜过分剧烈，否则便不易与其他镜头进行组接。相反，如果"景"的变化不大，同时拍摄角度的变换亦不大，也不利于同其他镜头的组接。

例如，在编排同一机位、同景物，恰巧又是同一主体的两个镜头时，由于画面内景物的变化较小，因此将两镜头简单组接后会给人一种镜头不停重复的感觉。在这种情况下，除了重新进行拍摄外，还可采用过渡镜头，使表演者的位置、动作发生变化后再进行组接。

综上所述，在拍摄时"景"的发展变化需要采取循序渐进的方法，并通过渐进式地变换不同视觉距离进行拍摄，以便各镜头间的顺利连接。在应用这一技巧的过程中，人们逐渐发现并总结出一些典型的组接句型，其具体情况如下表所述。

名　称	含　义
前进式句型	该叙述句型是指景物由远景、全景向近景、特写过渡的方法，多用来表现由低沉到高昂向上的情绪或剧情的发展
后退式句型	该叙述句型是由近到远，表示由高昂到低沉、压抑的情绪，在影片中的表现为从细节画面扩展到全景画面的过程
环行句型	这是一种将前进式和后退式句型结合使用的方式。在拍摄时，通常会在全景、中景、近景、特写依次转换完成后，再由特写依次向近景、中景、远景进行转换。在思想上，该句型可用于展现情绪由低沉到高昂，再由高昂转向低沉的过程

❏ 镜头组接中的拍摄方向与轴线规律

所谓"轴线规律"，是指在多个镜头中，拍摄机的位置应始终位于主体运动轴线的同一线，以保证不同镜头内的主体在运动时能够保持一致的运动方向。否则，在组接镜头时，便会出现主体"撞车"的现象，此时的两组镜头便互为跳轴画面。在视频的后期编辑过程中，跳轴画面除了特殊需要外基本无法与其他镜头相组接。

❏ 遵循"动接动"、"静接静"的原则

当两个镜头内的主体始终处于运动状态，且动作较为连贯时，可以将动作与动作组接在一起，从而达到顺畅过渡、简洁过渡的目的，该组接方法称为"动接动"。

此外，在将运动镜头和固定镜头相互组接时，同样需要遵循这个规律。例如，一个固定镜头需要与一个摇镜头相组接时，摇镜头开始要有"起幅"；当摇镜头要与固定镜头组接时，摇镜头结束时必须要有"落幅"，否则组接后的画面便会给人一种跳动的视觉感。

2. 镜头组接的节奏

在一部影视作品中，作品的题材、样式、风格，以及情节的环境气氛、人物的情绪、情节的起伏跌宕等元素都是确定影片节奏的依据。然而，要想让观众能够很直观地感受到这一节奏，不仅需要通过演员的表演、镜头的转换和运动，以及场景的时空变化等前期制作因素，还需要运用组接的手段，严格掌握镜头的尺寸、数量与顺序，并在删除多余枝节后才能完成。也就是说，镜头组接是控制影片节奏的最后一个环节。

然而在实施上述操作的过程中，影片内每个镜头的组接，都要以影片内容为出发点，并在以此为基础的前提下来调整或控制影片节奏。例如，在一个宁静祥和的环境中，如果出现了快节奏的镜头转换，往往会让观众感觉到突兀，甚至心理上难以接受，而这显然并不合适。相反，在一些节奏强烈、激荡人心的场面中，如果猛然出现节奏极其舒缓的画面，便极有可能冲淡画面的视觉冲击效果。

3. 镜头组接的时间长度

在剪辑、组接镜头时，每个镜头停滞时间的长短，不仅要根据内容难易程度和观众的接受能力来决定，还要考虑到画面构图及画面内容等因素。例如，在处理远景、中景等包含内容较多的镜头时，便需要安排相对较长的时间，以便观众看清这些画面上的内容；对于近景、特写等空间较小的画面，由于画面内容较少，因此可适当减少镜头的停留时间。

此外，画面内的一些其他因素，也会对镜头停留时间的长短起到制约作用。例如，画面内较亮的部分往往比较暗的部分更能引起人们的注意，因此在表现较亮部分时可适当减少停留时间；如果要表现较暗的部分，则应适当延长镜头的停留时间。

1.5.4 镜头组接蒙太奇简介

在镜头组接的过程中，蒙太奇具有叙事和表意两大功能，并可分为叙事蒙太奇、表现蒙太奇和理性蒙太奇3种基本类型，并且在此基础上还可对其进行进一步的划分。

1. 叙事蒙太奇

叙事蒙太奇的特征是以交代情节、展示事件为主旨，按照情节发展的时间流程、因果关系来分切组合镜头、场面和段落，从而引导观众理解剧情。在叙事蒙太奇的应用过程中，根据具体情况的不同，还可将其分为以下几种情况。

❏ 平行蒙太奇

这种蒙太奇的表现方法是将不同时空（或同时异地）发生的两条或两条以上的情节线并列表现，虽然是分头叙述但却统一在一个完整的结构之中。因此，具有情节集中、节省篇幅、扩大影片信息量，以及增强影片节奏等优点。

❏ 交叉蒙太奇

交叉蒙太奇又称交替蒙太奇，是一种将同一时间不同地域所发生的两条或数条情节线，迅速而频繁地交替组接在一起的剪辑手法。在组织的各条情节线中，其中一条情节线的变化往往影响其他情节的发展，各情节线相互依存，并最终汇合在一起。

❏ 重复蒙太奇

这是一种类似文学复叙方式的影片剪辑手法，其方式是在关键时刻反复出现一些包含寓意的镜头，以达到刻画人物、深化主题的目的。

❏ 连续蒙太奇

该类型蒙太奇的特点沿着一条情节线索进行发展，并且会按照事件的逻辑顺序，有节奏地连续叙事，而不像平行蒙太奇或交叉蒙太奇那样同时处理多条情节线。

2. 表现蒙太奇

表现蒙太奇是以镜头对列为基础，通过关联镜头在形式或内容上的相互对照、冲击，从而产生单个镜头本身所不具有的丰富含义，以表达某种情绪或思想，从而达到激发观众进行联想与思考的目的。

❏ 抒情蒙太奇

这是一种在保证叙事和描写连贯性的同时，通过与剧情无关的镜头来表现人物思想和情感，以及事件发展的手法。最常见、最易被观众所感受到的抒情蒙太奇，往往是在一段叙事场面之后，恰当地切入象征情绪情感的其他镜头。

❏ 心理蒙太奇

该类型的剪辑手法是进行人物心理描写的重要手段，能够通过画面镜头组接或声画有机结合，形象而生动地展示出人物的内心世界。常用于表现人物的梦境、回忆、闪念、幻觉、遐想、思索等精神活动。

❏ 隐喻蒙太奇

通过镜头或场面的对列进行类比，含蓄而形象地表达创作者的某种寓意。这种手法往往将不同事物之间某种相似的特征突显出来，以引起观众的联想，领会导演的寓意和领略事件的情绪色彩。

❏ 对比蒙太奇

类似文学中的对比描写，即通过镜头或场面之间在内容（如贫与富、苦与乐、生与死、高尚与卑下、胜利与失败等）或形式（如景别大小、色彩冷暖、声音强弱、动静等）间的强烈对比，从而产生相互冲突的作用，以表达创作者的某种寓意及其他思想。

3．理性蒙太奇

这是通过画面之间的思想关联，而不是单纯通过一环接一环的连贯性叙事来表情达意的蒙太奇手法。理性蒙太奇与连贯性叙事的区别在于，即使所采用的画面属于实际经历过的事实，但这种事实所表达的总是主观印象。其中，理性蒙太奇又包括杂耍蒙太奇、反射蒙太奇和思想蒙太奇等类别。

1.5.5　声画组接蒙太奇简介

人类历史上最早出现的电影是没有声音的，画面主要是以演员的表情和动作来引起观众的联想，以及来完成创作思想的传递。随后，人们通过幕后语言配合或者人工声响（如钢琴、留声机、乐队伴奏）的方式与屏幕上的画面相互结合，从而提高了声画融合的艺术效果。

1．影视语言

影视艺术是声音与画面艺术的结合物，两者离开其中之一都不能称为现代影视艺术。在声音元素里，包括了影视的语言因素。在影视艺术中，对语言的要求不同于其他的艺术形式，有着自己特殊的要求和规则。

❑ 语言的连贯性、声画和谐

在影视节目中，如果把语言分解开来，会发现它不像一篇完整的文章，出现语言断续，跳跃性大，而且段落之间也不一定有严密的逻辑性。但是，如果将语言与画面相配合，就可以看出节目整体的不可分割性和严密的逻辑性。这种逻辑性表现在语言和画面不是简单的相加，也不是简单的合成，而是互相渗透、互相溶解、相辅相成的。

❑ 语言的口语化、通俗化

影视节目面对的观众具有多层次化，除了一些特定影片外，都应该使用通俗语言。所谓的通俗语言，就是影片中使用的口头语言。如果语言出现费解、难懂的问题，便会让观众造成听觉上的障碍，并妨碍到视觉功能，从而直接影响观众对画面的感受和理解，当然也就不能取得良好的视听效果。

❑ 语言简练概括

影视艺术是以画面为基础的，所以影视语言必须简明扼要，点明即止。影片应主要由画面来表达，让观众在有限的时空里展开遐想，自由想象。

❑ 语言准确贴切

由于影视画面是展示在观众眼前的，任何细节对观众来说都是一览无余的，因此要求影视语言必须相当精确。每句台词，都必须经得起观众的考验。这就不同于广播语言，即便在有些时候不够准确也能混过听众的听觉。在视听画面的影视节目前，观众既看清画面，又听声音效果，互相对照，一旦有所差别，便很容易被观众发现。

2．语言录音

影视节目中的语言录音包括对白、解说、旁白、独白、杂音等。为了提高录音效果，必须注意解说员的素质、录音技巧以及录音方式。

❑ 解说员的素质

一个合格的解说员必须充分理解稿本，对稿本的内容、重点做到心中有数，对一些比较专业的词语必须理解；在读的时候还要抓准主题，确定语音的基调，也就是总的气氛和情调。在配音风格上要表现爱憎分明，刚柔相济，严谨生动；在台词对白上必须符合人物形象的性格，解说的语音还要流畅、流利，而不能含混不清。

❑ 录音

录音在技术上要求尽量创造有利的物质条件，保证良好的音质音量，能够尽量在专业录音棚进行。在录音的现场，要有录音师统一指挥，默契配合。在进行解说录音的时候，需要先将画面进行编辑，然后再让配音员观看后做配音。

❑ **解说的形式**

在影视节目的解说中，解说的形式多种多样，因此需要根据影片内容而定。不过大致上可以将其分为3类：第一人称解说、第三人称解说以及第一人称解说与第三人称交替解说的自由形式。

3. 影视音乐

在日常生活中，音乐是一种用于满足人们听觉欣赏需求的艺术形式。不过，影视节目中的音乐却没有普通音乐中的独立性，而是具有一定的目的性。也就是说，由于影视节目在内容、对象、形式等方面的不同，决定了影视节目音乐的结构和目的在表现形式上各有特点。

第 2 章

初识 Premiere Pro CC

    Adobe Premiere Pro CC 是 Adobe 公司推出最新版本的非线性编辑软件,是一个功能强大的实时视频和音频编辑工具。它不仅提供了采集、剪辑、调色、美化音频、字幕添加、输出、DVD 刻录的一整套流程,而且还可以和其他 Adobe 软件高效集成,被广泛地应用于电影、电视、多媒体、网络视频、动画设计等领域的后期制作中。在本章中,将详细介绍 Premiere Pro CC 版本的工作界面、新增功能、首选项等基础知识。

2.1 Premiere Pro 简介

Premiere Pro 是由 Adobe 公司所开发的一款易学、高效、精确的非线性视频编辑软件,是视频编辑爱好者和专业人士必不可少的视频编辑工具,主要用于视频段落的组合和拼接。

2.1.1 Premiere Pro 版本介绍

Premiere Pro 是一款常用于视频组合和拼接的非线性视频编辑软件,具有较好的兼容性,可以与 Adobe 公司推出的其他软件相互协作。目前这款软件广泛应用于广告制作和电视节目制作中,其常用版本包括 CS4、CS5、CS6、CC 以及 CC 2014 版本,其最新版本则为 Adobe Premiere Pro CC 2014。

Premiere Pro 的具体版本系列比较繁多,在此将详细介绍一些具有重要功能和转折意义的版本功能。

版本	功　能
Premiere Pro 2.0	历史性的版本飞跃,不仅奠定了 Premiere 的软件构架和全部主要功能;而且还第一次提出了 Pro(专业版)的概念,从此 Premiere 多了 "Pro" 的后缀并且一直沿用至今
Premiere Pro CS3	该版本首次加入了 Creative Suite(缩写 CS)Adobe 软件套装,其版本号名称被更换为(CSx),并整合了动态链接
Premiere Pro CS5	该版本为首个原生 64 位程序,具有大内存多核心极致发挥、水银加速引擎(仅限 Nvida 显卡)、支持加速特效无渲染实时播放等特点
Premiere Pro CS6	该版本为原生 64 位程序,其软件界面被重新规划,去繁从简,删掉了大量的按钮和工具栏
Premiere Pro CC	该版本为原生 64 位程序,具有创意云 CreativeCloud、内置动态链接、水银加速新增支持 AMD 显卡、原生官方简体中文语言支持等特点

如果用户当前的操作系统为 32 位,则只能安装 Premiere Pro 2.0、CS3 或 CS4 版本。而在安装过程中则最好不要安装绿色版和精简版,否则会出现一些输出问题。

如果用户当前系统配置过低,则推荐使用 Vegas、Edius 版本。但 32 位版本的 Premiere 性能优化比较低,相对于要求配置系统比较高的 Premiere 来讲,除了无法充分利用高于 4GB 内存和多核处理器之外,还容易出现白屏、卡机和崩溃等现象。

如果用户当前的操作系统为 64 位的 Windows 7 或 Windows 8 系统,则推荐使用 CC 版本。Adobe 在 CS6 版本后重新改良了软件的内核,带来了非常明显的性能优化和硬件提速,如果用户的显卡支持水银加速或破解了水银加速,则会获得更优秀的实时性能。

2.1.2 Premiere Pro 常用功能

Premiere Pro 作为一款应用广泛的视频编辑软件,具有从前期素材采集到后期素材编辑与效果制作等一系列功能。其中,最常用的功能包括剪辑与编辑素材、制作效果、添加过渡、创建与编辑字幕等。

1. 剪辑与编辑素材

Premiere Pro 拥有多种素材编辑工具,让用户能够轻松剪除视频素材中的多余部分,并对素材的播放速度、排列顺序等内容进行调整。

2. 制作效果

Premiere Pro 预置有多种不同效果、不同风格的音、视频效果滤镜。在为素材应用这些效果滤镜后,视频素材可实现曝光、扭曲画面、立体相册等众多效果。

3．编辑、处理音频素材

声音也是现代影视节目中的一个重要组成部分，为此 Premiere Pro 也为用户提供了强大的音频素材编辑与处理功能。在 Premiere Pro 中，用户不仅可以直接修剪音频素材，还可制作出淡入淡出、回声等不同的音响效果。

4．为相邻素材添加过渡

Premiere Pro 拥有闪白、黑场、淡入淡出等多种不同类型、不同样式的视频过渡效果，能够让各种样式的镜头实现自然过渡。

> **注意**
>
> 在实际编辑视频素材的过程中，在两个素材片段间应用过渡时必须谨慎，以免给观众造成突兀的感觉。

5．创建与编辑字幕

Premiere Pro 拥有多种创建和编辑字幕的工具，灵活运用这些工具能够创建出各种效果的静态字幕和动态字幕，从而使影片内容更加丰富。

6．影片输出

当整部影片编辑完成后，Premiere Pro 可以将编辑后的众多素材输出为多种格式的媒体文件，如 AVI、MOV 等格式的数字视频。或者，将素材输出为 GIF、TIFF、TGA 等格式的静态图片后，再借助其他软件做进一步的处理。

2.1.3　Premiere Pro 常用插件

Premiere Pro 是一款功能强大的视频编辑软件，也是目前最为流行的 DV 编辑工具之一，它为高质量的视频提供了完整的解决方案。随着 Premiere Pro 被广泛应用，许多第三方厂商专门研发用于 Premiere Pro 软件的外挂插件，以使 Premiere Pro 主程序的功能更具有实用性和便利性。

目前最常使用的 Premiere Pro 插件除了转场插件之外，还包括红巨星、ProDAD、蓝宝石、NewBule 等类型的插件。

1. 红巨星

红巨星出品的调色套装，除了诸多调色工具，还附带降噪、磨皮、去场等常用插件。其中，具体插件及功能，如下表所述。

插　　件	功　　能
Magic Bullet Cosmo	皮肤美化插件
Magic Bullet Instant HD	标清高清工程转换插件
Magic Bullet Mojo	肤色识别调色插件
Magic Bullet Looks3	调色插件
Magic Bullet Denoiser	降噪插件
Magic Bullet Frames	去场插件
Magic Bullet MisFire	噪点插件
Magic Bullet Colorista Free	免费调色插件
Magic Bullet LUT Buddy	色彩空间编译插件
Shine	扫光插件
Knoll Light Factory	灯光工厂
Stargolw	辉光插件
3D Stroke	描边插件

2. ProDAD

ProDAD 插件主要包括颤抖校正、滤镜、转场和字幕制作等插件。其中，具体插件及功能，如下表所述。

插　　件	功　　能
Mercalli	视频颤抖校正插件
VitaScene	滤镜和转场插件
Heroglyph	字幕制作插件
Adorage	节日素材包插件

3. 蓝宝石

蓝宝石插件最常用的插件滤镜包，每个滤镜包中都包含了多种插件。其中，具体插件及功能，如下表所述。

插　　件	功　　能
Sapphire	插件滤镜包
Sapphire Edge	插件滤镜包
Monsters GT	插件滤镜包

4. 转场插件

顾名思义，转场插件主要是一些增加视频转场效果的插件。其中，具体插件及功能，如下表所述。

插　　件	功　　能
Hollywood FX	好莱坞特效与转场插件
Pixelan	香料转场插件
SpiceMaster	渐变转场插件
3D Six-Pack	三维转场插件
Transiton Pack 1、2、3	特效转场插件

5. 帧服务器

DebugMode FrameServer 是辅助 Premiere 进行输出的插件，它可以生成虚拟的 AVI 文件，并可以将虚拟 AVI 连接到 TMPGEnc、MediaCoder、ProCoder、MeGUI 等编码软件进行输出。

2.2　Premiere Pro CC 概述

Premiere Pro CC 是 Adobe 公司推出的最新版本的非线性编辑软件，当用户了解影视后期制作基础知识之后，便需要认识一下 Premiere Pro CC 的工作界面、新增功能以及工作空间等基础知识。

2.2.1　Premiere Pro CC 系统要求

Premiere Pro 的安装具有一定的系统要求，特别针对于最新版本的 Premiere Pro CC 来讲，更需要相对较高端的系统配置。

Premiere Pro CC 版本不仅支持 Windows 系统，而且还可以在 Mac OS 系统中安装使用。在 Windows 系统中安装，则需要下表中的硬件配置。

系　统	配　置
处理器	英特尔酷睿 2 双核以上或 AMD 羿龙 II 以上处理器
操作系统	Microsoft Windows 7 带有 Service Pack 1（64 位）或 Windows 8（64 位）
内存	4GB 的 RAM（建议使用 8GB）
硬盘	7200 r/min 或更快的硬盘驱动器，4GB 以上可用硬盘空间用于安装，10GB 额外硬盘空间用于浏览文件及其他工作档案
分辨率	1280×800 屏幕分辨率
声卡	声卡兼容 ASIO 协议或 Microsoft Windows 驱动程序模型
QuickTime	QuickTime 7.6.6 以上软件

而对于 Mac OS 系统，则需要下表中的配置。

系　统	配　置
处理器	英特尔酷睿 2 双核以上或 AMD 羿龙 II 以上处理器
操作系统	Microsoft Windows 7 带有 Service Pack 1（64 位）或 Windows 8（64 位）
内存	4GB 的 RAM（建议使用 8GB）
硬盘	7200 r/min 或更快的硬盘驱动器，4GB 以上可用硬盘空间用于安装，10GB 额外硬盘空间用于浏览文件及其他工作档案
分辨率	1280×800 屏幕分辨率
QuickTime	QuickTime 7.6.6 以上软件

2.2.2　Premiere Pro CC 的工作界面

Premiere Pro CC 相对于旧版本软件来讲，不仅增加了启动界面的优美感，而且在其工作界面中也进行了一些细微的改进。

1．欢迎界面

当用户启用 Premiere Pro CC 时，会出现一个欢迎界面，以帮助用户进行相应的操作，包括打开最近项目、新建项目、了解、设置同步等操作。

> **提示**
>
> 用户可以通过禁用【启动时显示欢迎屏幕】复选框，取消启动时所显示的欢迎界面，直接进入到工作界面中。

2．工作界面

关闭欢迎界面或在欢迎界面中执行某项操作之后，便可以进入到工作界面中。Premiere Pro CC 所提供的工作界面是一种可伸缩、自由定制的界面，用户可以根据工作习惯自由设置界面。默认的黑色界面颜色使整个界面显得更加紧凑。

默认情况下，工作界面是由菜单栏、工具栏、【源监视器】面板、【时间轴】面板、【节目监视器】面板以及各类其他面板等模块组成。Premiere Pro CC 工作界面中各面板的具体功能，如下所述。

- ❏ 【项目】面板　该面板主要分为三个部分，分别为素材属性区、素材列表和工具按钮。其主要作用是管理当前编辑项目内的各种素材资源，此外还可在素材属性区域内查看素材属性并快速预览部分素材的内容。

- ❏ 【时间轴】面板　该面板是人们在对音、视频素材进行编辑操作时的主要场所之一，共由视频轨道、音频轨道和一些工具按钮组成。

- □ **【节目监视器】面板** 该面板用于在用户编辑影片时预览操作结果，该面板由监视器窗格、当前时间指示器和影片控制按钮所组成。

- □ **【源监视器】面板** 该面板用于显示某个文件，以及在该面板中剪辑、播放该文件。

- □ **【音频仪】面板** 该面板用于显示播放【时间轴】面板中视频片段中的音频波动效果。

- □ **工具栏** 主要用于对时间轴上的素材进行剪辑、添加或移除关键帧等操作。

- □ **【工作区】面板** 该面板用于切换工作区的类型，包括组件、编辑、颜色、效果、音频和源数据记录等工作区类型。

2.2.3 Premiere Pro CC 新增功能

作为 Premiere Pro 系列软件中的最新版本，Adobe 公司在 Premiere Pro CC 中增加、增强了快速颜色工作流程、Morph Cut 过渡、扩展功能、资源共享以及若干新功能，这些功能不仅让 Premiere Pro 变得更为强大，还增强了 Premiere Pro 的易用性。

1. 改进的工作界面

Premiere Pro CC 2015 的英语版拥有全新的欢迎体验，以帮助用户发现、学习和使用 Premiere Pro 中的功能。当用户启用 Premiere Pro 软件，或执行【帮助】|【欢迎】命令时，即可显示一个基于选项卡的"欢迎"屏幕，通过该屏幕不仅可以轻松查找新功能、快速入门教程、提示和技巧，而且还可以显示与用户相关的 Premiere Pro 订阅和使用有关的个性化内容。

除了新颖的英语版的欢迎界面之外，Premiere Pro CC 2015 版本提供了更为动态的用户界面，包括面向任务的【工作区】面板，该面板可针对用户当前的工作类型来显示所需要的工具集。其中，每个工作区侧重于后期制作工作流程的特定任务，并且包含各种面板，即包含可处理该任务所需的选项和控件。

2．新增颜色功能

Premiere Pro CC 新增了 Lumetri 颜色工具，该工具结合了 Adobe SpeedGrade 和 Adobe Lightroom 技术，以方便用户协同颜色编辑和颜色分级工作。

全新的 Lumetri 颜色工作区提供了完整的专业颜色分级工具箱，用户可以直接在编辑时间轴上使用专业颜色工具，以便于对素材进行分级。

另外，在 Lumetri 颜色工作区中，还可以使用滑块和控件，来应用简单的颜色校正或复杂的 Lumetri Looks 设置。除此之外，还可以通过使用高级颜色校正工具，轻松调整剪切或微调分级。

3．新增 Morph Cut 过渡效果

Morph Cut 是 Premiere Pro 新增的一种视频过渡效果，它可以通过在原声摘要之间平滑跳切，来创建更加完美的访谈，而不必淡入淡出或切去其他场景。

在具有"演说者头部特写"的素材中，可以通过移除剪辑中不需要的部分，并为其应用 Morph Cut 视频过渡的方法，来平滑分散注意力的跳切，

有效清理访谈对话。除此之外，用户还可以使用 Morph Cut 重新整理访谈素材中的剪辑，以确保叙事流的平滑性，而杜绝视觉连续性上的任何跳跃点。

Morph Cut 采用脸部跟踪和可选流插值的高级组合，可在剪辑之间形成无缝过渡。若使用得当，Morph Cut 过渡可以实现无缝效果，以致看起来就像拍摄视频一样自然，而不存在可能中断叙事流的不需要的暂停或词语。

4．新增【库】面板

Premiere Pro CC 提供了 Creative Cloud Libraries，用户所有收藏可通过 Premiere Pro 中的【库】面板进行访问。通过该新增功能，用户可以跨 Adobe 的桌面和移动应用程序，来保存、访问和重复使用存储在库中的资源。

用户还可以与具有 Creative Cloud 账户的任何人共享库资源，通过共享可达到轻松与团队成员进行协作的目的，并且还可以在含有常见资源（如图片、颜色、Looks、类型颜色）的项目之间保持一致。

5．与 Premiere Clip 紧密集成

Premiere Pro 还与 Premiere Clip 更紧密地集成，该集成可以使用户通过几个轻松的步骤便可从快速手机编辑无缝转换为更加专业的台式机非线性编辑。

Adobe Premiere Clip 可借助 iPhone 和 iPad 轻松快速地制作令人惊叹的视频，并利用 Creative Cloud 功能将资源从手机无缝传输到台式机，并让其完成一些专业级的编辑，从而将用户的创造能力

提升一个级别。用户可以直接从 Premiere Pro 的【欢迎】屏幕中打开 Premiere Clip 项目，并可将 Premiere Clip 中应用的编辑、音乐提示和 Look 直接转换到 Premiere Pro 时间轴中。

6．与 Adobe Stock 无缝集成

Adobe Stock 是用于销售数百万高质量、免版税的照片、插图和图形的一项新服务。用户可以使用 Premiere Pro 中的【库】面板，来搜索 Adobe Stock 按钮或内容，然后，为所需使用并归纳入 Premiere Pro 库中的资源购买许可证。或者，将一些未获许可的预览（带水印）副本添加到【库】面板中，以后再为其购买许可证。

7．改进音频工作流

Premiere Pro CC 集成了来自 Adobe Audition 的强大音频引擎，从而确保更加无缝和强大的音频编辑体验。

除此之外，改进的音频工作流还包括更快的画外音录制配置、多通道音频导出和用于音频路由的更直观的用户界面。当用户需要为标准、单声道、5.1 和自适应轨道直观地分配输出通道时，新的音频路由界面可以使用户能够施加更多的控制。例如，"修改剪辑"工作流程中的音频通道带有一个矩阵，可将源文件中的可用通道与剪辑中的通道和轨道项匹配起来。

此外，Premiere Pro 还允许用户使用即插即用的各种音频硬件，包括 ASIO 和 MME(Windows) 以及 CoreAudio(Mac)，以及包含用于这些设备类型的一些预设。

8．Dynamic Link 视频流

当用户使用 Dynamic Link 视频流式传输选项

向 Audition 发送 Premiere Pro 项目时，可以在 Audition 中以它的本机分辨率来查看视频。

首先，在【项目】面板中选择一个包含音频的序列。然后，执行【编辑】|【在 Adobe Audition 中编辑】|【序列】命令，在弹出的【在 Adobe Audition 中编辑】对话框中，将【视频】选项设置为【通过 Dynamic Link 发送】，启用【在 Adobe Audition 中打开】复选框即可。

9．时间调谐器

时间调谐器是 Adobe Media Encoder 中的一项新功能，可为用户提供持续时间刚刚好的内容，而无须耗时的细微编辑。时间调谐器通过在场景更改或视觉活动较弱的部分自动添加或移除帧来调整视频长度。该新增功能可满足特定的交付要求，对一些在广播公司工作的编辑人员特别有用。

10．字幕刻录

Premiere Pro CC 新增字幕刻录功能，该功能可以使用户能够针对隐藏字幕和开放字幕的文件格式将永久字幕刻录到视频中。

当用户导入开放字幕文件时，Premiere Pro 会将开放字幕自动转换为隐藏字幕。此时，用户可以使用 Premiere Pro 或 Adobe Media Encoder 编辑字幕并刻录到视频中。

11．显示在最小化时间轴轨道上的剪辑标记

在旧版本的 Premiere Pro 中，当轨道收缩到最小高度时，不会显示剪辑标记。而新版本的 Premiere Pro 中，可以始终显示剪辑标记，以方便用户对其进行操作。当用户需要关闭剪辑标记时，则需要在【时间轴】面板中单击 按钮，取消选

择【显示剪辑标记】选项即可。

12．从序列段创建子序列

在新版本的 Premiere Pro 中，用户可以在【源监视器】中使用入点/出点范围来制作序列的一部分，并创建一个只包含具有原始剪辑内容和轨道布局的入点/出点范围的新序列。例如，可以将一个长序列划分为几个可用作其他序列的源的分段。

用户只需在【时间轴】面板或【源监视器】面板中打开一个序列，并标记入点和出点范围。然后，执行【序列】|【制作子序列】命令，即可使用原始序列的名称在【项目】面板中创建一个新序列，

其新序列的名称会附加_Sub_01，并且会针对下一个子序列自动递增。

13．新增其他功能

除了上述 12 种新增功能之外，Premiere Pro CC 还新增了【效果控件】面板中提供的源设置、改进的四点编辑、直接在【节目监视器】面板中调整锚点、在【时间轴】中缩放对数波形、在【项目】面板中隐藏项、在修剪期间合成预览、为项目项禁用主剪辑效果，以及扩展格式支持、新增帧定格选项、以特定时间码导出影片、改进的事件通知等新功能。

2.3　Premiere Pro CC 常用面板

Premiere Pro CC 中的大部分操作都是在面板中进行的，例如在【项目】面板中，可以导入和保存需要使用的素材；而对素材进行编辑时，可以在【时间轴】面板以及【特效控制台】面板中进行；而在【调音台】面板中，则可以编辑音频效果等。因此在使用 Premiere Pro CC 进行影视后期制作之前，还需要了解一些常用面板的功能。

2.3.1　【项目】面板

【项目】面板主要分为 3 个部分，分别为素材属性区、素材列表和工具按钮区。【项目】面板的主要作用是管理当前编辑项目内的各种素材资源，此外还可在素材属性区域内查看素材属性并快速预览部分素材的内容。

素材列表

【项目】面板默认采用列表视图来显示编辑项目中的素材，单击【项目】面板中的【图标】视图按钮后，即可以缩略图的形式查看和管理编辑素材。

素材缩略图

单击

> **提示**
>
> 在【项目】面板中，如果选择非视音频素材，那么【播放-停止切换】按钮则成灰色。

当用户导入较多的素材时，可在【查找】文本框中输入素材名称，单击【查找】按钮即可显示与该名称相匹配的素材。而单击【关闭】按钮，则可

以关闭搜索功能,显示【项目】面板中的全部素材。

另外,用户可通过【项目】面板底端的工具栏中的各按钮,对素材内容进行轻松简便的管理。其中,各工具按钮的名称及功能,如下表所述。

按钮	名称	功 能
	列表视图	单击该按钮,面板中的所有素材将以列表形式排列
	图标视图	单击该按钮,面板中的所有素材将以图标形式排列
	排序图标	单击该按钮,可在展开的菜单列表中选择图标的排列方式
	自动匹配序列	选择某个素材之后,单击该按钮,则可以在弹出的【自动配备到序列】对话框中为该素材设置其排列顺序
	查找	当【项目】面板中素材较多时,可以单击该按钮,在弹出的【查找】对话框中输入要查找的素材,进行查找
	新建素材箱	单击该按钮,能够在【项目】面板中自动生成文件夹,以便将素材分类管理
	新建项	可以建立序列、脱机文件、字幕、彩条、黑场、彩色蒙版、通用倒计时片头等素材文件
	清除	在【项目】面板中,选择某一个素材,然后单击该按钮则可以将该素材进行删除

2.3.2 【时间轴】面板

【时间轴】面板主要是对视音频素材、图片以及字幕等素材进行编辑的主要面板之一,它由一些视频轨道、音频轨道和一些工具按钮组成。

作为编辑素材时的重要场所,绝大部分的素材编辑操作都要在【时间轴】面板中完成。例如,调整素材在影片中的位置、长度、播放速度,或解除有声视频素材中音频与视频部分的链接等。此外,用户还可在【时间轴】面板中为素材应用各种特技处理效果,甚至还可直接对特效滤镜中的部分属性进行调整,例如直接调整两素材间视频转场的播放长度。

由于【时间轴】面板拥有多条平行轨道,因此既能够实时预览作品,又可以实时了解作品的制作进度。例如,平行的视频和音频轨道使用户能够在播放音频的同时查看视频。不仅如此,Premiere Pro还允许用户在平行轨道中创建透明效果,从而让用户可以在一个视频轨道上看到另一视频轨道中的部分内容。

在【时间轴】面板中,通过使用一些工具按钮,还可以对素材的显示方式进行设置、添加关键帧等操作。其中,工具按钮的名称及功能,如下表所述。

按钮	名 称	功 能
	插入并覆盖序列	单击该按钮,可以将序列作为嵌套或个别剪辑插入并覆盖
	对齐	单击该按钮,则在调整轨道上的素材时,自动对齐到最近素材的边缘上
	链接选择项	单击该按钮,可以将选择项链接到素材中
	添加标记	单击该按钮,可以在时间线上设置时间标记
	时间轴显示设置	单击该按钮,可以通过菜单列表中的选项,来设置时间轴的显示方式

续表

按钮	名称	功能
	切换轨道输出	当显示该图标时，表示该轨道上的素材可以使用，当不显示图标时，则该轨道上的素材不可用
	切换同步锁定	当显示该图标时，表示该轨道上的素材可以实现同步共享
	轨道锁定开关	当显示该图标时，该轨道上的素材被锁定不可以进行修改和编辑
	显示关键帧	单击该下拉按钮，可以显示该素材上所设置的关键帧
	添加/移动关键帧	单击该按钮，在【当前时间指示器】位置添加一个关键帧

2.3.3 【源监视器】面板

在【源监视器】面板中，用户可以对影片进行查看、插入、覆盖、导出、观察结果等一系列的编辑操作。

在【项目】面板中或者视音频轨道中，双击目标素材之后，该素材便会显示在【源监视器】面板中。而此时的【节目监视器】面板中所显示的则是【时间轴】面板中【当前时间指示器】所指位置的图像效果。

源素材

制作效果

在【源监视器】面板中，预览区下面有许多工具按钮，用户可以单击使用这些按钮为素材设置出、入点，播放素材或对制作效果进行预览等操作。其中，工具按钮名称及功能，如下表所述。

按钮	名称	功能
00:00:00:00	播放指示器位置	显示当前素材在【时间轴】面板中的播放时间
00:00:05:00	入点/出点持续时间	显示当前选择的素材时间总长度
适合 ▼	选择缩放级别	单击该下拉三角按钮，可设置素材在预览区中的显示比例
	标记入点	为素材设置入点
	标记出点	为素材设置出点
	添加标记	设置显示标记
	转到入点	单击该按钮，则在预览区中显示素材设置入点位置的图像
	转到出点	单击该按钮，则在预览区中显示素材设置出点位置的图像
	从入点到出点播放视频	单击该按钮，则播放设置的入点和出点之间的素材图像
	转到上一标记	单击该按钮，则跳转到前一个编辑点
	后退一帧	单击该按钮，则倒退一帧图像
	播放-停止切换	单击该按钮，则可以播放素材或者停止播放素材
	前进一帧	单击该按钮，则可以前进一帧图像
	转到下一标记	单击该按钮，则跳转到下一个编辑点
	插入	单击该按钮，对选择的素材进行删除或者修改，只会删除或修改所选轨道上选择范围之内的素材，而不会对其后的素材产生影响
	覆盖	使用提取工具按钮，对素材进行删除操作，不仅会将选择范围内的素材删除，还会将其后的素材进行前移来填补空缺

续表

按钮	名称	功能
	循环	单击该按钮，循环播放素材或项目
	仅拖动视频	可以将视频素材从该面板中拖入到其他面板中
	仅拖动音频	可以将音频素材从该面板中拖入到其他面板中

2.3.4 【工具】面板

【工具】面板中的工具主要用于对【时间轴】上的素材进行剪辑、添加或移除关键帧等编辑操作。在【工具】面板中，单击某一工具按钮后，即可激活相应的工具。

- ❑ **选择工具** 用于选择和移动【项目】面板以及时间轴上的素材，例如为素材设置出、入点，调节素材关键帧等操作。

- ❑ **向前选择轨道工具** 用于选择视音频轨道中所选音频素材前面的所有素材片段。

- ❑ **向后选择轨道工具** 用于选择视音频轨道中所选音频素材后面的所有素材片段。

- ❑ **波纹编辑工具** 拖动素材的出点可以改变素材的长度，而相邻素材的长度保持不变，项目的总长度改变。

- ❑ **滚动编辑工具** 在需要剪辑的素材片段边缘拖动，可增加该片段的帧数，而相邻片段的帧数会减少。

- ❑ **比率拉伸工具** 用于对素材进行相应的速度调整，以改变素材的长度。

- ❑ **剃刀工具** 用于分割素材。选择该工具

后，在对象素材上单击，则会将该素材分割，继而产生新的入点与出点。

- ❑ **外滑工具** 使用该工具，可以改变一段素材的入点和出点，保持其总长度不变，并且不影响相邻的其他素材片段。

- ❑ **内滑工具** 素材总长度不变，被选择移动的素材本身长度不变，但是会改变相邻素材片段的出入点和长度。

- ❑ **钢笔工具** 用于选择素材、移动和为素材添加动画关键帧等。

- ❑ **手型工具** 使用该工具，可以左右移动时间轴。

- ❑ **缩放工具** 可以放大/缩小时间轴的显示单位。

2.3.5 【效果】与【效果控件】面板

【效果】面板是 Premiere Pro 特殊效果的集中营，它将许多为视音频素材添加的特殊效果及转场效果，存放在【预设】、【音频效果】、【音频过渡】、【视频效果】、【视频过渡】和【Lumetri 预设】这6大类中。

在为素材应用各种特效滤镜的过程中，用户还可通过单击【新建自定义素材箱】按钮，通过自定

义容器的方式，集中管理自己的常用滤镜，以便提高编辑操作的执行效率。

而在【效果控件】面板中，用户可以调整素材

的位置，透明度以及大小，还能够为添加的特效效果设置关键帧。

用户在为素材添加特殊效果后，效果项均会出现在该面板中。用户可以在该面板中，调整特效的各项参数，并为其添加关键帧。

2.4　自定义工作空间

在对 Premiere 有了一定认识后，便可以使用 Premiere 来编辑、制作影片剪辑了。但是，为了提高 Premiere 使用的工作效率，在正式开始编辑影片剪辑前还应当对 Premiere Pro CC 的界面布局进行一些调整，使其更加符合用户的操作习惯。

2.4.1　配置工作环境

Premiere Pro CC 为用户预置了编辑、元数据记录、效果、组件、音频等 6 种不同的工作区布局方案，用户只需单击【工作区】面板中相应的选项，或执行【窗口】|【工作区】命令，在其级联菜单中选择相应选项即可。

1．【编辑】工作区

【编辑】工作区布局方案是 Premiere Pro CC 默认使用的工作区布局方案，其特点在于该布局方案为用户进行项目管理、查看源素材和节目播放效果、编辑时间轴等多项工作进行了布局优化，使用

户在进行此类操作时能够快速找到所需面板或工具。

2．【元数据记录】工作区

执行【窗口】|【工作区】|【元数据记录】命令，则可以显示【元数据记录】工作区布局方案。

该布局方案是将以【项目】面板和【元数据】面板为主，以方便用户管理素材。

3．【效果】工作区

执行【窗口】|【工作区】|【效果】命令，则可以显示【效果】工作区布局方案。【效果】工作区布局方案侧重于对素材进行效果类的处理，因此在工作界面中以【效果控件】面板、【节目】面板和【时间轴】面板为主。

4．【颜色】工作区

执行【窗口】|【工作区】|【颜色】命令，则可以显示【颜色】工作区布局方案。【颜色】工作区布局方案多在调整影片色彩时使用，在整个工作环境中，以 Lumetri Color 面板和其他监视器面板所组成。

5．浮动与停靠工作面板

如果要浮动工作面板，可以单击面板右上角的【菜单】按钮，在其菜单列表中执行【浮动面板】命令，即可浮动显示相应面板。浮动工作面板的益处在于，无论用户对 Premiere Pro 工作区进行怎样的调整，处于浮动状态的工作面板总会位于停靠状态面板的上方。

如果停靠工作面板，可以将光标置于浮动面板标题栏后，将其拖至固定状态的面板中，当目标面板内出现"上""中""下""左""右"5 个区块后，松开鼠标左键，即可将浮动面板停靠在工作区中。在这一过程中，新的固定面板的位置将由 1 个颜色明显区别于同类的区块所表示。

> **提示**
>
> 单击面板【菜单】按钮，执行【关闭面板】命令，即可关闭当前面板。

2.4.2   设置快捷键

在 Premiere Pro CC 中，用户不仅可以通过对其参数的设置来自定义操作界面、视频的采集以及缓存设置等，还可以通过自定义快捷键的方式来简化编辑操作。

执行【编辑】|【快捷键】命令，系统将会弹出【键盘快捷键】对话框。在该对话框中，默认显示 Premiere Pro CC 内的所有菜单及操作快捷键选项。

在【应用程序】列表内选择某一菜单命令，单击【快捷键】列表中的对应的快捷键，按下键盘上的任意键或组合键，便可以重新设置该命令的快捷键。

但是，在重新设置快捷键时，如果所设置的快捷键与其他菜单命令中的快捷键一样，则会显示冲突提示。此时，用户需要重复之前的键盘快捷键设置操作，直到所设置的键盘快捷键不会出现冲突为止。

2.5   设置 Premiere Pro CC 首选项

安装并运行 Premiere Pro CC 软件时，系统将以默认的设置运行该软件。为适应用户制作需求，也为了使所制作的作品更能满足各种特技要求，用户还需要在 Premiere Pro CC 软件中，通过执行【编辑】|【首选项】命令，来设置各类首选项。

2.5.1   【常规】首选项

执行【编辑】|【首选项】|【常规】命令，

在弹出的【首选项】对话框中，将直接显示【常规】选项卡中的内容，用户对其进行相应的设置即可。

在【常规】选项卡中，主要包括下列一些选项：

❑ **启动时**   用于设置软件启动时所显示的画面，包括【打开最近使用的项目】和【显示欢迎屏幕】两种选项。

视频过渡默认持续时间　用来设置视频在过渡时的延时，可直接在文本框中输入时间值。

音频过渡默认持续时间　用来设置音频在过渡时的延时，可直接在文本框中输入时间值。

静止图像默认持续时间　用来设置导入静态图片素材时默认的播放长度，可直接在文本框中输入时间值。

时间轴播放自动滚屏　用于设置时间轴回放时的播放方式，包括【不滚动】、【页面滚动】和【平滑滚动】3种选项。其中，【页面滚动】表示将播放指示器移到屏幕外后会出现时间轴的每个新视图，而【平滑滚动】则表示播放指示器始终保持在屏幕的中间，而剪辑和时间标尺会发生移动。

时间轴鼠标滚动　用于设置时间轴中的鼠标操作方式，包括【水平】和【垂直】

两种选项。

执行插入/覆盖编辑时，将重点放在时间轴上　启用该复选框，当用户将序列作为嵌套或个别剪辑插入并覆盖时，需要在【时间轴】面板中执行该命令并进行操作。

启用对齐时在时间轴内对齐播放指示器　启用该复选框，表示当用户启用【时间轴】面板中的【对齐】按钮时，将在【时间轴】面板中对齐播放指示器。

在回放末尾，重新开始回放时返回开头　启用该复选框，表示当影片播放到末尾时，将自动返回到开头处继续播放。

显示未链接剪辑的不同步指示器　启用该复选框，将显示不同步且未链接剪辑的指示器。

渲染预览后播放工作区　启用该复选框，表示用户在渲染项目工作区域之后会自动播放项目。

默认缩放为帧大小　启用该复选框，表示项目的大小将以帧大小进行显示。

素材箱　用于设置素材箱的操作方式，表示用于"双击"某素材箱，以及按住 Ctrl 或 Shift 键并双击素材箱时，其素材可以在新窗口中打开、在当前处打开或直接打开新选项卡。

渲染视频时渲染音频　启用该复选框，表示在渲染视频观看效果时，同时渲染音频。

显示"剪辑不匹配警告"对话框　启用该复选框，当剪辑出现不匹配情况时，系统将自动弹出警告对话框。

显示事件指示器　启用该复选框，将会在软件中显示事件指示器。

"适合剪辑"对话框打开，以编辑范围不匹配项　启用该复选框，表示将打开【适合剪辑】对话框,用来编辑范围不匹配的项。

❏ **显示工具提示** 启用该复选框,在屏幕中将鼠标移动到工具按钮上,将会显示该工具的提示信息。

2.5.2 【外观】首选项

在【首选项】对话框中,激活左侧列表中的【外观】选项卡,设置外观亮度和加亮颜色。

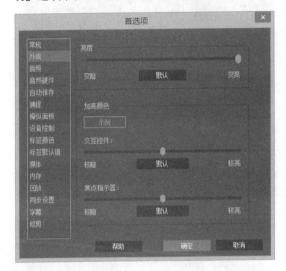

在该选项卡中,拖动【亮度】选项中的滑块,可以调整界面的整体亮度。而调整亮度之后,用户可通过单击【默认】按钮,将所调整的亮度值恢复到默认设置。

同样,可在【加亮颜色】选项组中,通过拖动【交互控件】和【焦点指示器】选项中的滑块,来设置加亮颜色的外观效果。

2.5.3 【音频】首选项

在【首选项】对话框中,激活左侧列表中的【音频】选项卡,在展开的列表中设置相应的选项即可。

在【音频】选项卡中,主要包括下列一些选项:

❏ **自动匹配时间** 该选项用于设置音频素材开始播放时间,用户可直接在文本框中输入时间值。

❏ **5.1混音类型** 该选项用于设置5.1环绕立体声的类型,包括【仅前置】、【前置+后置环绕】、【前置+重低音】和【前置+后置环绕+重低音】4 种类型。

❏ **在源监视器中将多通道输出汇总为单声道** 启用该复选框,表示可以在【源监视器】面板中,将多通道音频输出汇总为单声道音频。

❏ **搜索时播放音频** 启用该复选框,表示在时间轴上拖动【当前时间指示器】时,系统将播放音频。

❏ **往复期间保持音调** 启用该复选框,表示在时间轴上来回拖动【当前时间指示器】,将保存音频的音调。

❏ **时间轴录制期间静音输入** 启用该复选框,在时间轴上拖动【当前时间指示器】时,不会播放录制的音频。

❏ **自动峰值文件生成** 启用该复选框,表示将生成自动峰值文件。

❏ **默认音频轨道** 该选项组用于定义在剪辑添加到序列之后用于显示剪辑音频声道的轨道类型。

❑ **自动关键帧优化** 用于设置关键帧的优化方式，其中【线性关键帧细化】表示仅在与开始和结束关键帧没有线性关系的点创建关键帧；【减少最小时间间隔】表示仅在大于指定值的间隔处创建关键帧，其值介于 1~2000 之间。

❑ **大幅音量调整** 该选项用于设置音频的音量。

❑ **音频增效工具管理器** 单击该按钮可以在弹出的【音频增效工具管理器】对话框中，管理音频增效工具。

2.5.4 【自动保存】首选项

在【首选项】对话框中，激活左侧的【自动保存】选项卡。在展开的列表中启用【自动保存项目】复选框，系统将根据所设置的保存间隔，自动保存当前所操作的项目。只要启用该复选框，其下方的【自动保存时间间隔】和【最大项目版本】选项才变为可用状态。

其中，【自动保存时间间隔】选项用来设置自动保存的时间间隔，其值介于 1~1440 之间。而【最大项目版本】选项用于设置自动保存文件的最大个数，其值介于 1~999 之间。

另外，当用户启用【将备份项目保存到 Creative Cloud】复选框，表示将该项目的备份文件同步保存到 Creative Cloud 中。

2.5.5 【捕捉】首选项

在【首选项】对话框中，激活左侧列表中的【捕捉】选项卡，在展开的列表中设置用于控制 Premiere Pro 直接从磁带盒或摄像机传输视频和音频的方式的选项。

在【捕捉】选项卡中，主要包括下列一些选项：

❑ **丢帧时中止捕捉** 启用该复选框，表示在捕捉过程中，如果产生丢帧现象，系统将自动停止捕捉。

❑ **报告丢帧** 启用该选项，表示在捕捉过程中如果产生丢帧现象，系统则会弹出信息提示框，显示捕捉素材所产生的丢帧情况。

❑ **仅在未成功完成时生成批处理日志文件** 启用该复选框，表示系统只有在捕捉失败时，才会生成批处理日志文件。

❑ **使用设备控制时间码** 启用该复选框，表示在捕捉时将使用捕捉设备的帧速率。

2.5.6 【媒体】首选项

在【首选项】对话框中，激活左侧列表中的【媒体】选项卡，在展开的列表中设置相应的选项即可。

在【媒体】选项卡中，主要包括下列一些选项：

❑ **媒体缓冲文件**　用于设置媒体缓冲文件的存放位置，启用【如有可能，将媒体缓存文件保存在原始文件旁边】复选框，表示媒体缓存文件与原始文件存放在同一位置；而单击【浏览】按钮，则可以在弹出的对话框中设置缓存文件的保存位置。

❑ **媒体缓冲数据库**　单击【浏览】按钮，可在弹出的对话框中设置媒体缓存数据库文件的存放位置；而单击【清理】按钮，则可以直接清理掉媒体缓存数据库中的数据。

❑ **不确定的媒体时基**　用于指定所导入静止图像序列的帧速率。

❑ **时间码**　用于设置所导入剪辑的时间码的类型，包括【使用媒体源】和【从00:00:00:00 开始】。

❑ **帧数**　用于设置导入剪辑的帧计数方式，包括【从 0 开始】、【从 1 开始】和【时间码转换】3 种方式。

❑ **导入时将 XMP ID 写入文件**　启用该复选框，表示在导入时将 ID 信息写入 XMP 元数据字段。

❑ **将剪辑标记写入 XMP**　启用该复选框，可以将剪辑标记写入到 XMP 文件中。

❑ **启用剪辑与 XMP 元数据链接**　启用该复选框，表示将剪辑元数据链接到 XMP 元数据。

❑ **导入时包含字幕**　启用该复选框，表示在导入媒体时会将媒体中所包含的字幕一起导入。

❑ **生成文件**　启用【自动刷新生成文件】复选框，可在文件生成期间自动刷新，并可在【刷新生成文件时间间隔】文本框中输入刷新频率值。

2.5.7　【同步设置】首选项

在【首选项】对话框中，激活左侧列表中的【同步设置】选项卡，在展开的列表中设置有关同步设置中的相应选项。

在【同步设置】选项卡中，主要包括下列一些选项：

❑ **当前**　用于显示当前使用者的名称。

❑ **上次同步**　用于显示上次同步信息。

❑ **首选项/设置**　启用该复选框，表示将首选项和设置同步到 Creative Cloud。

❏ **工作区布局** 启用该复选框，表示将工作区布局同步到 Creative Cloud。

❏ **键盘快捷键** 启用该复选框，表示将键盘快捷键设置同步到 Creative Cloud。

❏ **在同步时** 该选项主要用于设置同步状态，包括【询问我的首选项】、【始终上载设置】和【始终下载设置】3 种选项。

❏ **当应用程序退出时自动清除设置** 启用该复选框，表示当退出应用程序时，系统将自动清除同步设置。

2.5.8 其他首选项

在 Premiere Pro CC 中，除了上述介绍的 6 种首选项之外，还包括【音频硬件】、【操纵面板】、【设备控制】、【标签颜色】等首选项。

1．【音频硬件】首选项

在【首选项】对话框中，激活左侧列表中的【音频硬件】选项卡，在展开的列表中指定计算机硬盘设备和设置，包括【设备类型】、【默认输入】、【默认输出】、【主控时钟】等选项。

2．【操纵面板】首选项

在【首选项】对话框中，激活左侧列表中的【操纵面板】选项卡，在展开的选项卡中将显示面板中

的设备类型。用户也可通过单击【添加】按钮，在弹出的对话框中添加新的设备。

3．【设备控制】首选项

在【首选项】对话框中，激活左侧列表中的【设备控制】选项卡，在展开的列表中指定 Premiere Pro 用来控制回放/录制设备（如 VTR 或摄像机）的设置。

4．【标签颜色】首选项

在【首选项】对话框中，激活左侧列表中的【标签颜色】选项卡，在展开的列表中可以单击色块，在弹出的【标签颜色】对话框中设置标签的默认颜色。

5.【标签默认值】首选项

在【首选项】对话框中，激活左侧列表中的【标签默认值】选项卡，在展开的列表中单击相应选项右侧的下拉按钮，在其下拉列表中选择相应的选项，即可设置标签默认值。

6.【内存】首选项

在【首选项】对话框中，激活左侧列表中的【内存】选项卡，在展开的列表设置相应的选项即可。

在该选项卡中，主要显示了当前计算机中所安装的内存大小，以及为其他应用程序保留的 RAM 和为 Adobe 相应软件所保留的 RAM 可用内存值。

同时，用户可通过单击【优化渲染为】下拉按钮，在其下拉列表中选择【内存】选项，最大程度地提高可用内容；而当渲染不再需要内存优化时，则可以将该选项更改为【性能】。

7.【回放】首选项

在【首选项】对话框中，单击左侧列表中的【回放】选项卡，在展开的列表中设置【预卷】、【过卷】和【前进/后退多帧】选项的参数值即可。

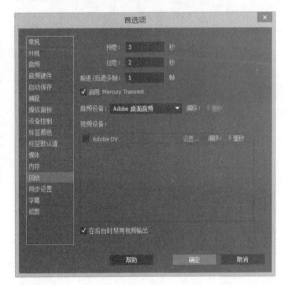

另外，用户可在【音频设备】选项中设置默认播放器，包括【Adobe 桌面音频】和 Adobe DV 两种选项。除此之外，用户还可以通过启用【视频设备】列表框中的设备名称，来使用已安装的第三方设备。

而当用户启用【在后台时禁用视频输出】复选框，则表示软件在后台运行时，禁用视频输出。

8.【字幕】首选项

在【首选项】对话框中，单击左侧列表中的【字幕】选项卡，在展开的列表中分别设置【样式色板】和【字体浏览器】选项即可。

9.【修剪】首选项

在【首选项】对话框中，单击左侧列表中的【修剪】选项卡，在展开的列表中设置【大修剪偏移】选项的偏移数值，及偏移的音频时间值即可。

第 3 章

创建与管理项目

　　项目是导入素材、采集素材、存储素材和编辑影片的载体，而创建和管理项目则是影片制作的首要步骤。在使用 Premiere 编辑影片之前，用户需要先导入素材，并创建和管理项目，这是进行素材编辑的前提。在本章中，将详细介绍影片素材的采集和导入，以及项目的创建和管理等基础知识，以协助用户更加有效、快速地进行影片编辑和创作。

3.1 创建项目

　　Premiere 中的项目可以理解为编辑视频文件所形成的框架，由于影片的编辑和创作中的所有操作都是围绕项目进行的，因此创建项目是影片编辑和制作的必要工作。

3.1.1 新建项目

　　在 Premiere 中，用户可以通过欢迎界面和菜单命令两种方法，来新建项目。

1．欢迎界面新建法

　　启动 Premiere 时，系统会自动弹出欢迎界面。在该界面中，系统提供了【将设置同步到 Adobe Creative Cloud】、【打开最近项目】、【了解】和【新建】4 个选项组。用户只需在【新建】选项组中，选择【新建项目】选项，即可创建一个新项目。

2．菜单新建法

　　当用户在使用 Premiere 的过程中需要新建一个项目时，则需要执行【文件】|【新建】|【项目】命令，来新建一个空白项目。

3.1.2 设置项目信息

　　无论用户使用哪种项目创建方法，在创建项目之后系统都会自动弹出【新建项目】对话框，以帮助用户对项目的配置信息进行一系列设置，使其满足用户在编辑视频时的工作基本环境。

　　在【新建项目】对话框中，用户可以在【名称】文本框中输入项目名称。另外，单击【浏览】按钮，

在弹出的【请选择新项目的目标路径】对话框中，选择新项目的保存文件夹，单击【选择文件夹】按钮，设置新项目的保存位置。

设置完新项目名称和保存位置之后，用户便可以详细地设置【常规】和【暂存盘】选项卡中的各个选项了。

1. 设置常规选项

在【新建项目】对话框中的【常规】选项卡中，主要用于设置视频渲染和回放、视频格式、音频格式和捕捉格式等选项，其每种选项的具体含义如下所述。

- ❏ **视频渲染和回放** 该选项组主要用来指定是否启用 Mercury Playback Engine 软件或硬件功能。用户可单击【渲染程序】下拉按钮，在其列表中选择具体选项。
- ❏ **视频** 该选项组主要用来设置影片的视频格式，用户可单击【显示格式】下拉按钮，在其下拉列表中选择【时间码】、【英尺+帧 16 毫米】、【英尺+帧 35 毫米】或【帧】选项。
- ❏ **音频** 该选项组主要用来设置影片的音频格式，用户可单击【显示格式】下拉按钮，在其下拉列表中选择【音频采样】或【毫秒】选项。
- ❏ **捕捉** 该选项组主要用来设置素材捕捉格式，用户可单击【捕捉格式】下拉按钮，在其下拉列表中选择 DV 或 HDV 选项。
- ❏ **针对所有实例显示项目项的名称和标签颜色** 启用该复选框，所有轨道项的名称和标签颜色将匹配相应的项目项。

2. 设置暂存盘

在【新建项目】对话框中，激活【暂存盘】选项卡，用来设置采集到的音/视频素材、视频预览文件和音频预览文件，以及项目自动保存位置。

在该选项卡中，用户只需单击各选项对应的【浏览】按钮，即可在弹出的【选择文件夹】对话框中，设置文件的保存位置。

提示

在【暂存盘】面板中，由于各个临时文件夹的位置都被记录在项目中；因此为了确保项目的正常运行，在完成项目设置后禁止再次更改临时文件夹的名称与保存位置。

3.1.3 新建序列

序列是 Premiere 项目中的重要组成元素，项目内的所有素材，以及为素材所应用的动画、特效和自定义设置都会装载在"序列"内。

Premiere 内的"序列"是单独操作的，创建项目后，执行【文件】|【新建】|【序列】命令，即可弹出【新建序列】对话框。在该对话框中，主要包括序列预设、设置、轨道 3 部分内容。

1．序列预设

在【新建序列】对话框中，激活【序列预设】选项卡，分门别类地列出了众多序列预置方案，在选择某种预置方案后，可在右侧文本框内查看相应的方案描述信息与部分参数。

在【设置】选项卡中，主要包括下列一些选项或选项组。

❏ **编辑模式**　用于设定新序列所要依据的序列预置方案类型，即新序列的配置方案的设置是以所选预置方案为基础进行的。

❏ **时基**　用于设置序列所应用的帧速率标准，在设置时应根据目标播出设备的规则进行调整。

❏ **视频**　用于调整与视频画面有关的各项参数，其中【帧大小】选项用于设置视频画面的大小；【像素长宽比】用于设置单个像素的长宽比；【场】用于设置场顺序，或在每个帧中绘制第一个场；【显示格式】选项用于设置时间码的显示格式，包括【25fps 时间码】、【英尺+帧 16 毫米】、【英尺+帧 35 毫米】、【帧】4 种选项。

❏ **音频**　用于设置影片的音频信息，其中【采样率】选项用于设置控制序列内的音频文件采样率，【显示格式】选项则用于设置音频时间显示是使用【音频采样】或【毫秒】。

❏ **视频预览**　在该选项组中，【预览文件格

> **提示**
>
> 在【新建序列】对话框中，可在【序列名称】文本框中自定义序列名称。

2．设置

当【序列预设】选项卡中的预置方案无法满足用户需求时，则可以通过【设置】和【轨道】选项卡来自定义序列信息。

在【新建序列】对话框中，激活【设置】选项卡，设置序列的编辑模式、时基，以及视频画面和音频所采用的标准等配置信息。

式】用于控制 Premiere 将以哪种文件格式来生成相应序列的预览文件。当采用 Microsoft AVI 作为预览文件格式时，还可在【编解码器】下拉列表内挑选生成预览文件时采用的编码方式。此外，在启用【最大位深度】和【最高渲染质量】复选框后，还可提高预览文件的质量。

❏ **保存预设** 单击该按钮，可在弹出的【保存设置】对话框中设置保存名称，以及保存序列设置信息。

3．轨道

在【新建序列】对话框中，激活【轨道】选项卡，设置新序列的视频轨道数量和音轨的数量和类型。

其中，【视频】选项主要用于设置视频的轨道数，该数值介于 1~99 之间。而【音频】选项组中的【主】选项，主要用来设置主音轨的默认声道类型，包括【立体声】、【5.1】、【多声道】和【单声道】4 种选项。只有将【主】选项设置为【多声道】时，【声道数】选项才变为可用状态。

用户也可以通过单击 ➕ 按钮，来添加轨道数量，并在列表框中设置轨道名称、轨道类型等。

在【新建序列】对话框中，设置完所有的选项之后，单击【确定】按钮即可创建新序列。此时，在【项目】面板中，将显示新创建的序列。另外，在该面板中，单击右下角的【新建项】按钮，在弹出的菜单中选择【序列】选项，也可新建序列。

技巧

用户也可以使用 Ctrl +N 快捷键，打开【新建序列】对话框。

3.2　打开与保存项目

在编辑影片时，经常会遇到一个项目需要进行多次编辑的情况；此时，为了保护劳动成果，还需要将未完成的项目进行存储，以便用户下次使用。在本节中，将详细介绍打开已有影片项目和保存影片项目的基础知识和操作方法。

3.2.1　打开项目

Premiere 为用户提供了多种项目文件的打开

方式，包括打开项目、打开最近使用的内容、在 Adobe Bridge 中浏览等方式。

1. 打开项目

当用户需要打开本地计算机中所存储的项目文件时，只需执行【文件】|【打开项目】命令，在弹出的【打开项目】对话框中，选择相应的项目文件，单击【打开】按钮即可。

2. 打开最近使用的内容

除了可以打开本地计算机中的项目文件之外，用户还可以通过执行【文件】|【打开最近使用的内容】命令，在展开的级联菜单中选择具体项目，即可打开最近使用的项目文件。

技巧

用户也可以使用 Ctrl+O 快捷键，在弹出的【打开项目】对话框中，选择需要打开的项目文件。

另外，用户也可以在欢迎界面中，通过选择【打开最近项目】选项组中的项目名称，来打开最近使用的项目。

提示

如果用户计算机中安装了 Adobe Bridge 软件，则可以通过执行【文件】|【在 Adobe Bridge 中浏览】命令，来打开 Bridge 中的文件。

3.2.2 保存项目

创建并编辑项目文件之后，为防止项目内容丢失，还需要保存和备份项目。

1. 保存项目

保存项目是将新建项目或重新编辑的项目保存在本地计算机中，对于新建项目则需要执行【文件】|【另存为】命令，在弹出的【保存项目】对话框中，设置保存名称和位置，单击【保存】按钮即可。

如果用户需要将项目保存为默认位置，则可以直接执行【文件】|【保存】命令，系统会自动保存文件为【首选项】对话框中所设置的默认位置中。

2. 保存为副本

如果需要将当前项目文件保存为一个副本，作为编辑操作时的一个版本，则可以执行【文件】|【保存副本】命令，在弹出的【保存项目】对话框中，设置保存名称和位置，单击【保存】按钮即可。

从功能上来看，保存项目副本和项目文件另存为的功能完全一致，都是在源项目的基础上创建新的项目副本。两者之间的差别在于，使用【保存副本】命令生成项目副本后，Premiere 中的当前项目仍然是源项目；而在使用【另存为】命令生成项目副本后，Premiere 会自动关闭源项目，此时工作区中打开的是刚刚生成的项目副本。

> **技巧**
>
> 用户也可以使用 Ctrl+S 快捷键快速保存项目，或者使用 Ctrl+Shift+S 快捷键另存为项目，又或者使用 Ctrl+Alt+S 快捷键保存项目副本。

3.3 导入与查看素材

在使用 Premiere 编辑影片之前，还需要导入一些外部素材来丰富影片题材，例如导入视频、音频、图像等。

3.3.1 导入素材

Premiere 调整了自身对不同格式素材文件的兼容性，从而使得支持的素材类型更为广泛。

1. 导入单个素材

在 Premiere 中，执行【文件】|【导入】命令，在弹出的【导入】对话框中，选择需要导入的素材文件，单击【打开】按钮即可。

> **技巧**
>
> 用户也可以使用 Ctrl+I 快捷键，或双击【项目】面板空白处，即可快速打开【导入】对话框。

2. 导入序列素材

当用户需要导入序列素材时，则需要执行【文件】|【导入】命令，在弹出的【导入】对话框中，启用【图像序列】复选框，单击【打开】按钮，便可一次性导入整个序列的图像。

看素材名称、帧速率、媒体开始、媒体结束等众多素材信息。

3. 导入素材文件夹

当用户需要将某一文件夹中的所有素材全部导入至项目内，则可执行【文件】|【导入】命令，在【导入】对话框中，选择文件夹，并单击【导入文件夹】按钮。

此时，单击【项目】面板底部的【图标视图】按钮■后，即可切换至【图标视图】模式。该模式主要以缩略图的方式来显示素材，以方便用户查看素材的具体内容。

> **提示**
>
> 用户也可以在【项目】和【媒体浏览】面板中，右击空白区域执行【导入】命令，即可打开【导入】对话框。

3.3.2 查看素材

Premiere 中的不同格式的素材文件，具有不同的查看方式。例如，在查看视频时，则可以使用"悬停划动"功能，详细地查看视频素材。

1. 查看静止素材

Premiere 提供了【列表】与【图标】两种不同的素材显示方式。默认情况下，素材将采用【列表视图】的方式进行显示。在该显示方式中，可以查

> **提示**
>
> 当用户需要查看某一个具体素材内容时，可双击素材，在【源监视器】面板中查看素材内容。

2. 查看视频

在 Premiere 中，视频文件不仅能够进行静态

查看，还能够进行动态查看。在【项目】面板中的视频文件不被选中的情况下，将鼠标指向该视频文件，在该视频文件缩略图范围内滑动，即可发现视频被播放。

该功能便是 Premiere 中【悬停划动】功能，用户可通过单击【项目】面板菜单按钮，在弹出菜单中取消选择【悬停划动】选项（快捷键 Shift+H），即可禁用该功能。

3.4 采集素材

在 Premiere 中除了可以导入计算机中已有的外部素材之外，还可以通过采集卡导入视频和音频素材。

3.4.1 采集视频素材

视频采集是将模拟摄像机、录像机、LD 视盘机、电视机输出的视频信号，通过专用的模拟或者数字转换设备，转换为二进制数字信息后存储于计算机的过程。在这一过程中，采集卡是必不可少的硬件设备。

在 Premiere 中，可以通过 1394 卡或具有 1394

接口的采集卡来采集信号和输出影片。对视频质量要求不高的用户，也可以通过 USB 接口，从摄像机、手机和数码相机上接收视频。

正确配置硬件之后，启动 Premiere，执行【文件】|【捕捉】命令（快捷键 F5），打开【捕捉】面板。

> **提示**
>
> 此时由于还未将计算机与摄像机连接在一起，因此设备状态还是"采集设备脱机"，且部分选项将被禁用。

1．【采集】面板

在【采集】面板中，左侧为视频预览区域，预览区域的下方则是采集视频时的设备控制按钮。利用这些按钮，可控制视频的播放与暂停，并设置视频素材的入点和出点。

【采集】面板的右侧为采集参数控制区，各设置选项分别位于【记录】和【设置】选项卡中。在【记录】选项卡内，用户可对素材的采集类型、采集格式，以及素材标识数据等内容进行设置。在【设置】选项卡中，用户可以针对不同类型的素材，分别设置其存储位置和采集方式等内容。

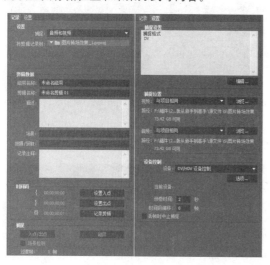

2．采集视频素材

设置完成【采集】面板中的各项设置后，将计算机与摄像机连接在一起。稍等片刻后，【采集】面板中的选项将被激活，且"采集设备脱机"的信息也将变成"停止"信息。

然后单击【播放】按钮，当视频画面播放至适当位置时，单击【录制】按钮，即可开始采集视频素材。

采集完成后，单击【录制】按钮，Premiere 将自动弹出【保存已采集素材】对话框。在该对话框中，用户可对素材文件的名称、描述信息、场景等内容进行调整。

3.4.2 采集音频素材

采集音频素材只需拥有一台计算机、一块声卡和一个麦克风即可完成操作，其录制过程比较简单，方法也比较多。

1．设置录音参数

计算机录制音频素材时，需要先将麦克风与计算机连接在一起，并对部分录音参数进行调整。

在桌面上，右击系统通知区域中的【音量】图标，在弹出的菜单中选择【打开音量合成器】选项，单击【系统声音】按钮，弹出【声音】对话框。

在【声音】对话框中，激活【录制】选项卡。

在列表框中选择【麦克风】选项，并单击【属性】
按钮。

在弹出的【麦克风 属性】对话框中，激活【级
别】选项卡，调整【麦克风加强】选项，并单击【确
定】按钮。

2．录制声音

完成对录音前的硬件和软件的设置后，单击
【开始】按钮，执行【程序】|【附件】|【录音机】
命令，打开【录音机】程序界面。

在【录音机】界面中，单击【开始录制】按钮
后，计算机便记录从麦克风处获取的音频信息。

单击【停止录制】按钮，即可弹出【另存为】
对话框，设置音频文件的保存名称和位置，单击【保
存】按钮即可。

最后，将保存的音频文件导入 Premiere 的【项
目】面板即可。

3.5 练习：制作风景相册

风景相册由一组静态图片组成，是按照先后顺序以幻灯片的方
式显示在项目中。但是，制作影片的前提就是素材要准备完整，因此
在展示风景相册之前，还需要先创建影片项目，以装载图片素材。在
本练习中，将通过制作一个简单的风景相册，来详细介绍新建
Premiere 项目和导入图片的操作方法。

练习要点

● 新建项目
● 导入素材
● 添加素材
● 添加过渡效果
● 保存项目

操作步骤 》》》》

STEP|01 创建项目。启动 Premiere，在弹出的【欢迎使用 Adobe Premiere Pro CC 2015】对话框中，选择【新建项目】选项。

STEP|02 在弹出的【新建项目】对话框中，设置新项目名称、位置和常规等选项，并单击【确定】按钮。

STEP|03 导入素材。执行【文件】|【导入】命令，在弹出的【导入】对话框中，选择所需的图片素材，单击【打开】按钮即可。

STEP|04 添加素材。在【项目】面板中，选择第一个素材，将【项目】面板中选中的素材拖动至【时间轴】面板中的 V1 轨道中。

STEP|05 使用同样的方法，按照设计好的顺序将【项目】面板中的素材，依次添加到【时间轴】面板中。

加【交叉溶解】效果。

STEP|06 修改序列名称。在【项目】面板中，单击序列名称，在激活的文本框中输入新的名称即可。

STEP|07 添加视频过渡效果。在【效果】面板中，展开【视频过渡】下的【溶解】效果组，将【交叉溶解】效果拖到【时间轴】面板中第 1 和第 2 个素材中间。

STEP|08 使用同样方法，分别为其他图片素材添

STEP|09 播放影片。在【节目】面板中，单击【播放-停止切换】按钮，播放影片以预览最终效果。

STEP|10 保存项目。执行【文件】|【另存为】命令，在弹出的对话框中设置保存位置，单击【保存】按钮。

3.6 练习：制作校园景色视频

Premiere 是一个功能强大的实时视频和音频编辑的非线性编辑工具，不仅可以展示静止图片和动态视频，而且还可以运用内置的视

频过渡效果，为每一个镜头进行无缝衔接，从而可以协助用户创建出连续且动态感十足的影片。在本练习中，将运用编辑素材和添加过渡效果等功能，来制作一个展示校园景色的小视频。

练习要点

● 新建项目
● 新建序列
● 导入素材
● 添加素材
● 添加视频过渡效果
● 添加音频素材
● 分割音频素材
● 应用恒定功率效果

操作步骤 ▶▶▶▶

STEP|01 创建项目。启动 Premiere，在弹出的【欢迎使用 Adobe Premiere Pro CC 2015】对话框中，选择【新建项目】选项。

STEP|02 在弹出的【新建项目】对话框中，设置新项目名称、位置和常规等选项，并单击【确定】按钮。

STEP|03 导入素材。执行【文件】|【导入】命令，选择所需的图片素材，单击【打开】按钮即可。

STEP|04 添加素材。在【项目】面板中，选择第一个素材，按住 Shift 键的同时选择最后一个素材。

STEP|05 拖动【项目】面板中选中的素材至【时

间轴】面板中的 V1 轨道中，松开鼠标即可将素材添加到【时间轴】面板中。

STEP|06 添加过渡效果。在【效果】面板中，展开【视频过渡】下的【溶解】效果组，将【交叉溶解】效果拖到【时间轴】面板中第 1 和第 2 个素材中间。

STEP|07 将【滑动】效果组中的【带状滑动】效果拖到【时间轴】面板中第 2 和第 3 个素材中间。使用同样方法，为其他图片素材添加过渡效果。

STEP|08 添加音乐素材。双击【项目】面板，在弹出的【导入】对话框中，选择音乐素材，并单击【打开】按钮。

STEP|09 将【项目】面板中的音乐素材拖到【时间轴】面板中的 A1 轨道中，松开鼠标即可。

STEP|10 分割音乐素材。将【当前时间指示器】调整至视频末尾处，使用【工具】面板中的【剃刀工具】单击音乐素材，分割素材。

STEP|11 使用【工具箱】面板中的【选择工具】选择右侧的音频素材片段，按下 Delete 键，删除该音频素材片段。

STEP|12 添加音频过渡效果。在【效果】面板中，

将【音频过渡】下【交叉淡化】效果组中的【恒定功率】效果添加到音频素材末尾处。

STEP|13 选择【恒定功率】效果，在【效果控件】面板中，设置效果的持续时间。

3.7 练习：拼接合成视频

Premiere Pro 是一款常用于视频组合和拼接的非线性视频编辑软件，也是目前最为流行的 DV 编辑工具之一。而 Premiere Pro 最常用的功能之一，便是拼接合成多个视频，以协助用户制作出比较流畅的完整视频。在本练习中，将通过拼接 3 段视频，来详细介绍视频拼接合成的使用方法和操作技巧。

练习要点

- 新建项目
- 导入素材
- 添加多轨道素材
- 分割音频素材
- 添加音频过渡效果

操作步骤 ▶▶▶▶

STEP|01 创建项目。启动 Premiere，在弹出的【欢迎使用 Adobe Premiere Pro CC 2015】对话框中，选择【新建项目】选项。

STEP|02 在弹出的【新建项目】对话框中，设置新项目名称、位置和常规等选项，并单击【确定】按钮。

STEP|03 导入素材。执行【文件】|【导入】命令，选择所需导入的图片素材，单击【打开】按钮即可。

STEP|04 添加素材。选择【项目】面板中的"新建 01.mov"和"新建 03.mov"素材，将其添加到 V1 轨道中。

STEP|05 将【当前时间指示器】调整至 00:00:11:00 位置处，并将【项目】面板中的"新建 02.mov"素材添加到 V2 轨道中的编辑线处。

STEP|06 将【项目】面板中的"钢琴曲 01.mp3"素材，添加到 A1 轨道中。

STEP|07 分割音频素材。将【当前时间指示器】调整至 00:00:07:04 位置处，使用【工具】面板中的【剃刀工具】单击音乐素材，分割素材。

STEP|08 使用【工具箱】面板中的【选择工具】选择左侧的音频素材片段，按下 Delete 键，删除该音频素材片段。

STEP|09 将音频素材调整至轨道开始处，然后将【当前时间指示器】调整至音频素材的末尾处，使用【工具】面板中的【剃刀工具】单击音乐素材，分割素材并删除右侧多余的素材片段。

STEP|10 添加音频过渡效果。在【效果】面板中，将【音频过渡】下【交叉淡化】效果组中的【恒定功率】效果添加到音频素材末尾处。

3.8 新手训练营

练习 1：新建空白项目

提示：本练习中，首先执行【文件】|【新建】|【项目】命令，在弹出的【新建项目】对话框中，设置项目信息，并单击【位置】选项右侧的【浏览】按钮。

然后，在【请选择新项目的目标路径】对话框中，选择新项目的保存文件夹，单击【选择文件夹】按钮即可。

练习 2：导入序列素材

提示：在本练习中，首先执行【文件】|【导入】命令，在弹出的【导入】对话框中，启用【图像序列】复选框，单击【打开】按钮，便可一次性导入整个序列的图像。

练习 3：导入文件夹素材

提示：本练习中，首先执行【文件】|【导入】命令。然后，在【导入】对话框中，选择文件夹，并单击【导入文件夹】按钮。

练习 4：查看素材

提示：本练习中，首先单击【项目】面板底部的【图标视图】按钮，切换至"图标视图"模式。然后，在该模式下以缩略图的方式来查看素材，以方便用户查看素材的具体内容。

第 **4** 章

素 材 管 理

　　通常情况下，Premiere 项目中的所有素材都将直接显示在【项目】面板中，由于名称、类型等属性不同，素材在【项目】面板中的排列方式往往会杂乱不堪，从而在一定程度上影响了工作效率。为此，必须对项目中的素材进行统一管理，例如，将相同类型的素材放置在同一文件夹内，或将相关联的素材放置在一起。在本章中，将详细介绍素材管理的基础知识和实用技巧，以协助用户根据素材类别或用途对其进行有效归纳。

4.1 显示及查找素材

在 Premiere Pro 的【项目】面板内包含一组专用于管理素材的功能按钮，通过这些按钮，除了可以以不同的视图方式查看素材文件之外，还可以从大量素材中快速查找所需要素材。

4.1.1 自动匹配序列

Premiere 中的自动匹配到序列功能，不仅可以方便、快捷地将所选素材添加至序列中，还能够在各素材之间添加一种默认的过渡效果。

在【项目】面板中选择相应的素材，单击【自动匹配序列】按钮即可。

此时，系统将自动弹出【序列自动化】对话框，调整匹配顺序与转场过渡的应用设置后，单击【确定】按钮，即可自动按照设置将所选素材添加至序列中。

在【自动匹配到序列】对话框中，各选项所用参数的不同，会使得素材匹配至序列后的结果也不尽相同。【自动匹配到序列】对话框内各选项的具体作用，如下所述。

1．顺序

在【顺序】选项中，包括【排序】和【选择顺序】两种顺序类型。其中，【排序】类型表示按照【项目】面板中的排列顺序在序列中放置素材；而【选择顺序】类型则表示将按照在【项目】面板中

选择素材的顺序将其放置在序列中。

2．至

在【至】选项组中，主要包括下列一些选项和选项组。

❑ **放置** 该选项用于设置素材在序列中的位置，包括【按顺序】和【在未编号标记】两种位置。

❑ **方法** 该选项用于设置素材添加到序列的方式，包括【覆盖编辑】和【插入编辑】两种方式。

❑ **剪辑重叠** 该选项用于设置过渡效果的帧数量或者时长。

❑ **静止剪辑持续时间** 该选项组主要用于设置剪辑的持续时间，是使用入点/出点范围还是使用每个静止剪辑的帧数。

❑ **转换** 该选项组主要用来设置素材的转换效果是使用默认的音频过渡方式，还是使用默认的视频过渡方式。

❑ **忽略选项** 该选项组主要用来设置素材

内的音频或视频内容。启用【忽略音频】复选框，则不会显示素材内的音频内容；启用【忽略视频】复选框，则不会显示素材内的视频内容。

4.1.2 查找素材

随着项目进度的逐渐推进，【项目】面板中的素材往往会越来越多。此时，再通过拖曳滚动条的方式来查找素材会变得费时又费力。为此，Premiere 专门提供了查找素材的功能，从而极大地方便了用户操作。

1. 简单查找

在查找素材时，为了便于识别素材名称，还需要将【项目】面板中的素材显示方式更改为"列表视图"方式。然后，在【项目】面板中的【搜索】文本框中，输入部分或全部素材名称。此时，所有包含用户所输关键字的素材都将显示在【项目】面板内。

> **提示**
>
> 使用素材名称查找素材后，单击搜索框内的 ⊗ 按钮，或者清除搜索框中的文字，即可在【项目】面板内重新显示所有素材。

2. 高级查找

当通过素材名称无法快速查找到匹配的素材时，可通过场景、磁带信息或标签内容等信息来查找相应素材。

在【项目】面板中单击【查找】按钮，在弹出的【查找】对话框中，分别在【列】和【运算符】栏内设置查找条件，并在【查找目标】栏中输入关键字，单击【查找】按钮即可。

4.2 组织素材

用户将素材导入到项目之后，还需要根据不同影片的编辑需求来组织素材，包括归类素材、编辑素材和解释素材。

4.2.1 归类素材

Premiere 中的素材大体可以分为视频、音频和图像几种类型，用户可以将不同类型的素材放置在统一的素材箱中，以方便查找和使用。

1. 创建素材箱

在【项目】面板中，单击【新建素材箱】按钮，此时系统会自动创建一个名为"素材箱"的素材箱。创建素材箱之后，其名称处于可编辑状态，此时可通过直接输入文字的方式更改素材箱名称。

　　新建并命名素材箱之后，在【项目】面板中将部分素材拖曳至素材箱内，即可将该素材添加到素材箱内了，以方便用户通过该素材箱管理这些素材。为素材箱添加素材之后，双击素材箱图标，即可以单独的面板来显示素材箱。

2．创建嵌套素材箱

　　嵌套素材箱是在已有的素材箱里再次创建一个素材箱，以通过嵌套的方式来管理分类更为复杂的素材。

　　首先，用户需要双击已创建的素材箱，以单独的面板打开该素材箱。然后，在该素材箱面板中单击【新建素材箱】按钮，即可创建一个嵌套素材箱了。

4.2.2　编辑素材

　　当用户将素材导入到【项目】面板之后，为了便于管理各种素材，还需要对素材进行重命名、替换素材、删除素材等一系列的编辑操作，以方便用户更加准确、方便地使用各类素材。

1．重命名素材

　　默认情况下，素材被导入【项目】面板后，会依据自身的名称进行显示。为了便于用户对其进行查找和分类，还需要对素材进行重命名操作。

　　选择素材，右击执行【重命名】命令。此时，素材名称处于激活状态，直接输入新的名称即可。

2．替换素材

替换素材是在保持原有素材所有格式和特效的情况下，更换为另外一种素材，适用于已对素材进行相应设计而不想丢弃设计而更换素材的行为。

在【项目】面板中，选择一个素材，右击执行【替换素材】命令。然后，在弹出的对话框中，选择替换素材，单击【选择】按钮即可。

3．删除素材

用户在编辑制作过程中，对一些不需要的素材或多余项目都可进行删除处理。用户只需在【项目】面板中选择需要删除的素材，单击【清除】按钮。如果所要删除的素材已被添加到序列中，那么系统则会弹出警告对话框，提示用户删除该素材的同时序列中的相应素材会随着用户的清除操作而丢失。

4．查看素材属性

素材属性是指包括素材尺寸、持续时间、画面分辨率、音频标识等信息在内的一系列数据。不同类型的素材所显示的属性内容也不尽相同。

在【项目】面板中，将视图切换为"列表视图"模式，然后调整面板及各列的宽度，即可查看相关的属性信息。

除此之外，用户也可以选择某个视频类素材，右击执行【属性】命令，在弹出的【属性】面板中，查看所选素材的实际保存路径、类型、文件大小、图像大小、帧速率、总持续时间、像素长宽比、创建者等信息。

而当用户选择某个图像类素材时，右击执行

【属性】命令时，在弹出的【属性】面板中将会显示文件路径、类型、文件大小、图像大小和像素长宽比等信息。

4.3　管理元数据

元数据又称为中介数据、中继数据，是一种描述数据的数据，主要描述数据属性的信息，用来支持存储位置、历史数据、资源查找、文件记录等功能，在许多领域内都有其具体的定义和应用。而在Premiere 中，元数据则存在于影视节目制作流程的各个环节中。例如，前期拍摄阶段会产生镜头名称、拍摄地点、景别等元数据；而后期编辑阶段则会产生镜头列表、编辑点和过渡等元数据。

4.3.1　编辑元数据

在某种意义上讲，元数据是一种电子式目录，包含了数据的内容和特色，用户可以对目录中的内容进行编辑操作。

1．查看元数据

在【项目】面板中选择一个素材，执行【窗口】|【元数据】命令，打开【元数据】面板，在该面板中可以查看该素材的元数据信息。

2．编辑数据

对于作用为描述素材信息的元数据来说，绝大

多数的元数据项都无法更改。但是，为了让用户能够更好地管理素材，Premiere 允许用户修改素材的部分元数据，例如素材来源、描述信息、拍摄场景等。

4.3.2　设置显示内容

默认情况下，【元数据】面板内显示的只是部分元数据信息。用户可单击【元数据】面板按钮，在展开的级联菜单中执行【元数据显示】命令。

然后，在弹出的【元数据显示】对话框中，通过启用或禁用列表框中的复选框，来设置【元数据】

面板中所需显示元数据的类别。

4.3.3 自定义元数据

在 Premiere 中，除了可以设置元数据的显示内容之外，还可以自定义元数据，包括添加属性、新建架构、保存设置等内容。

1. 添加属性

在【元数据显示】对话框中，单击【添加属性】按钮，在弹出的【添加属性】对话框中设置属性名称和属性类型。

在【添加属性】对话框中，单击【确定】按钮后，即可添加一个新的元数据条目。在【元数据显示】对话框中，展开相关属性，即可查看新建属性条目。

2. 新建架构

在【元数据显示】对话框中，单击【新建架构】按钮。在弹出的【新建架构】对话框中，输入架构名称，并单击【确定】按钮。

此时，在【元数据显示】对话框中，将显示新创建的架构。用户可以通过单击其后的【添加属性】按钮，为架构添加相应的属性。

3. 保存设置

编辑完元数据之后，在【元数据显示】对话框中，单击【保存设置】按钮。然后，在弹出的【保存设置】对话框中输入保存名称，单击【确定】按钮即可保存元数据的设置。

4.4 创建素材

在 Premiere 中，不仅可以导入或捕获素材，而且还可以根据设计需求，运用【新建项】功能创建一些素材。例如，创建颜色素材、创建片头素材等。

4.4.1 创建颜色素材

1. 创建黑色视频素材

黑场视频素材通常用于两个素材或者场景之间，具有提示或概括下一场景将播放的内容的效果。

在【项目】面板中，单击【新建项】按钮，在展开的级联菜单中选择【黑场视频】选项。

然后，在弹出的【新建黑色视频】对话框中，设置视频基本参数，单击【确定】按钮即可。

2. 创建颜色遮罩

在【项目】面板中，单击【新建项】按钮，在展开的级联菜单中选择【颜色遮罩】选项。在弹出的【新建颜色遮罩】对话框中，设置视频的基本参数，并单击【确定】按钮。

此时，系统会自动弹出【拾色器】对话框，指定遮罩的具体颜色，单击【确定】按钮。

在弹出的【选择名称】对话框中，输入素材名称，单击【确定】按钮，即可在【项目】面板中显示所创建的素材。

> **提示**
>
> 用户可通过双击【项目】面板中的"颜色遮罩"素材，来修改遮罩颜色。

4.4.2 创建片头素材

片头素材是影片播放前所出现的一个镜头开场，该镜头开场包括日常所观看到影片中的倒计时和彩条镜头。下面将详细介绍片头素材的创建方法。

1. 创建彩条

在【项目】面板中，单击【新建项】按钮，在展开的菜单中选择【彩条】选项。在弹出的【新建彩条】对话框中，设置视频和音频参数，并单击【确定】按钮。

此时，在【项目】面板中将显示所创建的彩条素材，将该素材添加到【时间轴】面板中，将会在【节目】面板中显示素材。

> **提示**
>
> 使用该方法，用户还可以创建【HD 彩条】素材，它与【彩条】素材所显示的内容大体相同。

2. 创建通用倒计时片头

在【项目】面板中，单击【新建项】按钮，在展开的菜单中选择【通用倒计时片头】选项。在弹出的【新建通用倒计时片头】对话框中，设置视频和音频参数，并单击【确定】按钮。

此时，将弹出【通过倒计时设置】对话框，设置视频和音频详细参数，单击【确定】按钮即可。

其中，在【通用倒计时设置】对话框中，主要包括下列一些选项。

❏ **擦除颜色**　用于设置旋转擦除颜色。播放倒计时影片时，指示线不停地围绕圆心转

动，指示线旋转之后的颜色就为擦除颜色。

❏ **背景色**　用于设置指示线转换方向之前的颜色。

❏ **线条颜色**　用于设置固定十字以及指示线的颜色。

❏ **目标颜色**　用于设置固定圆形的准星颜色。

❏ **数字颜色**　用于设置倒计时影片中数字的颜色。

❏ **出点时提示音**　启用该复选框，表示在倒计时结束时显示提示音。

❏ **倒数 2 秒提示音**　启用该复选框，表示倒计时在显示数字 2 的时候发出声音。

❏ **在每秒都响提示音**　启用该复选框，表示在每一秒开始的时候都会发出提示声音。

4.5　素材打包及脱机文件

制作一部稍微复杂的影视节目，所用到的素材便会多不胜数。在这种情况下，除了应当使用【项目】面板对素材进行管理外，还应将项目所用到的素材全部归纳于同一文件夹内，以便进行统一的管理；而脱机文件则是指项目内的当前不可用素材文件。

4.5.1　素材打包

在 Premiere 项目中，执行【文件】|【项目管理】命令。在弹出的【项目管理器】对话框中，从【序列】区域内选择所要保留的序列，并在【生成项目】选项组内设置项目文件归档方式，并单击【确定】按钮。

稍等片刻后，即可在【路径】选项所示文件夹中，找到一个采用"已修剪_"加项目名为名称的文件夹，其内部包含当前项目的项目文件，以及所用素材文件的副本。

4.5.2 脱机文件

脱机文件是指项目内的当前不可用素材文件，其产生原因多是由于项目所引用素材文件已经被删除或移动。当项目中出现脱机文件时，如果在【项目】面板中选择该素材文件，【素材源】或【节目】面板内便将显示该素材的媒体脱机信息。

而在打开包含脱机文件的项目时，Premiere 会在弹出的【链接媒体】对话框内要求用户重定位脱机文件。此时，如果用户能够指出脱机素材新的文件存储位置，则项目便会解决该素材文件的媒体脱机问题。

在【链接媒体】对话框中，用户可选择查找或跳过该素材，或者将该素材创建为脱机文件。该对话框中的部分选项作用如下表所示。

名　称	功　能
自动重新链接其他媒体	Premiere Pro 可自动查找并链接脱机媒体。默认情况下，【链接媒体】对话框中的【自动重新链接其他媒体】选项处于启用状态
对齐时间码	默认情况下，该选项也处于启用状态，以将媒体文件的源时间码与要链接的剪辑的时间码对齐
使用媒体浏览器查找文件	打开带有缺失媒体文件的项目时，利用【链接媒体】对话框，可直观地查看链接丢失的文件，并快速查找和链接文件
查找	单击该按钮，将弹出【搜索结果】对话框，用户可通过该对话框重定位脱机素材

续表

名　称	功　能
脱机	将需要查找的文件创建为脱机文件
全部脱机	单击该按钮，即可将项目中所有需要重定位的媒体素材创建为脱机文件

在 Premiere 中，可以自动查找并链接脱机媒体。默认情况下，【链接媒体】对话框中的【自动重新链接其他媒体】选项处于启用状态。但是 Premiere Pro 尝试在尽可能减少用户输入的情况下重新链接脱机媒体。如果 Premiere Pro 在打开项目时可以自动地重新链接所有缺失文件，则不会显示【链接媒体】对话框。

当系统无法自动链接媒体时，则需要在【链接媒体】对话框中单击【查找】按钮。然后，在弹出的对话框中设置查找目录，并单击【确定】按钮。

默认情况下，会使用媒体浏览器用户界面来显示文件目录列表。

4.6　练习：制作快慢镜头

Premiere 具有强大的素材编辑功能，运用其复制素材、裁剪素材，以及设置持续时间、播放速度等功能，可以帮助用户轻松实现制作影片快慢镜头的目的。在本练习中，将详细介绍使用 Premiere 制作快慢镜头和画中画效果的操作方法。

练习要点

- 新建项目
- 导入素材
- 分割素材
- 复制素材
- 取消音视频链接
- 设置缩放参数
- 设置位置参数
- 设置速度/持续时间

操作步骤 ▶▶▶▶

STEP|01 创建项目。启动 Premiere，在弹出的【欢迎使用 Adobe Premiere Pro CC 2015】对话框中，选择【新建项目】选项。

STEP|02 在弹出的【新建项目】对话框中，设置新项目名称、位置和常规等选项，并单击【确定】按钮。

STEP|03 导入素材。双击【项目】面板空白区域，在弹出的【导入】对话框中，选择导入素材，单击【打开】按钮。

STEP|04 将【项目】面板中所导入的素材，直接拖到【时间轴】面板中即可。

STEP|05 裁剪素材。在【时间轴】面板中，将【当前时间指示器】调整至 00:00:05:03 位置处，使用【工具】面板中的【剃刀工具】分割素材。

STEP|06 删除分割素材。在【时间轴】面板中，使用【选择工具】选中左侧分割素材，按下 Delete 键删除分割素材。

STEP|07 取消链接。左移右侧剩余素材，右击素材执行【取消链接】命令，取消视频和音频之间的链接关系。

STEP|08 制作慢镜头。将【当前时间指示器】调整至 00:00:24:02 位置处，使用【工具】面板中的【剃刀工具】分割素材。

STEP|09 同时将【当前时间指示器】调整至 00:00:29:04 位置处，使用【工具】面板中的【剃刀工具】分割素材。

STEP|10 使用【选择工具】选择剪切素材的中间部分，右击执行【速度/持续时间】命令。

STEP|11 在弹出的【剪辑速度/持续时间】对话框中，将【速度】选项设置为 30%，并单击【确定】按钮。

STEP|12 制作快镜头。将【当前时间指示器】调整至 00:00:48:00 位置处，使用【工具】面板中的【剃刀工具】分割素材。

STEP|13 同时将【当前时间指示器】调整至 00:00:52:02 位置处，使用【工具】面板中的【剃刀工具】分割素材。

STEP|14 使用【选择工具】选择剪切素材的中间部分，右击执行【速度/持续时间】命令。

STEP|15 在弹出的【剪辑速度/持续时间】对话框中，将【速度】选项设置为 200%，并单击【确定】按钮。

STEP|16 制作画中画。将【当前时间指示器】调整至 00:01:04:29 位置处，使用【工具】面板中的【剃刀工具】分割素材。

STEP|17 同时将【当前时间指示器】调整至
00:01:26:21 位置处，使用【工具】面板中的【剃刀
工具】分割素材。

STEP|18 使用【选择工具】选择剪切素材的中间
部分，右击执行【复制】命令，复制该素材片段。

STEP|19 将【当前时间指示器】调整至空白处，
按下 Ctrl+V 快捷键，粘贴素材片段。

STEP|20 将【当前时间指示器】调整至复制素材
片段的左侧剪切处，同时拖动末尾处的素材片段至
V2 轨道该位置。

STEP|21 选择 V2 轨道中的素材片段，在【效
果控件】面板中，展开【运动】效果组，将【缩
放】选项参数设置为 50%，并调整其【位置】
参数。

STEP|22 播放视频。在【节目】面板中，单击【播
放-停止切换】按钮，观看影片的最终效果。

4.7 练习：制作倒计时片头

当用户自创或使用 DV 视频拍摄一些影片时，往往希望在影片的开头添加一段炫目的倒计时片头，以增加影片的完整性和夺目性。在本练习中，将详细介绍制作倒计时片头的操作方法和实用技巧。

练习要点

- 新建项目
- 导入素材
- 新建通用倒计时片头
- 新建彩条
- 设置时间轴

操作步骤 >>>>

STEP|01 创建项目。启动 Premiere，在弹出的【欢迎使用 Premiere Pro CC 2015】对话框中，选择【新建项目】选项。

STEP|02 在弹出的【新建项目】对话框中，设置新项目名称、位置和常规等选项，并单击【确定】按钮。

STEP|03 导入素材。双击【项目】面板，在弹出的【导入】对话框中，选择导入素材，单击【打开】按钮。

STEP|04 制作倒计时片头。在【项目】面板中，单击【新建项】按钮，在其级联菜单中选择【通用倒计时片头】选项。

STEP|05 在弹出的【新建通用倒计时片头】对话框中，保持默认设置，单击【确定】按钮。

STEP|06 在弹出的【通用倒计时设置】对话框中，单击【擦除颜色】选项右侧的颜色块。

STEP|07 在弹出的【拾色器】对话框中，将颜色值设置为#A60000。

STEP|08 使用同样的方法，分别设置其他颜色，启用相应选项，并单击【确定】按钮。

STEP|09 添加素材。将【项目】面板中的"通用倒计时片头"素材拖到【时间轴】面板中，松开鼠标即可。

STEP|10 选中【项目】面板中的所有图片素材，将其拖到【时间轴】面板中的 V1 轨道中。

STEP|11 设置时间轴。在【时间轴】面板中，单击【时间轴显示设置】按钮，在其级联菜单中选择【展开所有轨道】选项，展开所有轨道。

STEP|12 创建色条。在【项目】面板中，单击【新建项】按钮，在其级联菜单中选择【彩条】选项。

STEP|13 在弹出的【新建彩条】对话框中，保持默认设置，单击【确定】按钮，创建一个彩条。

STEP|14 将【项目】面板中新建的彩条素材拖到【时间轴】面板中 V1 轨道末尾处即可。

4.8 新手训练营

练习 1：创建颜色素材

提示：本练习中，首先在【项目】面板中，单击【新建项】按钮，在展开的级联菜单中选择【颜色遮罩】选项。在弹出的【新建颜色遮罩】对话框中，设置视频的基本参数，并单击【确定】按钮。

然后，在弹出的【拾色器】对话框，指定遮罩的具体颜色，单击【确定】按钮。最后，在弹出的【选择名称】对话框中，输入素材名称，单击【确定】按钮，即可在【项目】面板中显示所创建的素材。

练习 2：创建彩条素材

提示：本练习中，首先在【项目】面板中，单击【新建项】按钮，在展开的菜单中选择【彩条】选项。在弹出的【新建彩条】对话框中，设置视频和音频基础参数，并单击【确定】按钮。然后，在【项目】面板中选择所创建的彩条素材，将该素材添加到【时间轴】面板中，将会在【节目监视器】面板中显示素材。

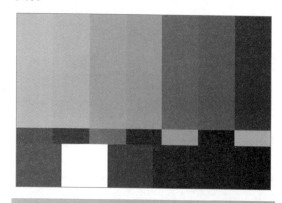

练习 3：创建 HD 彩条素材

提示：本练习中，首先在【项目】面板中，单击【新建项】按钮，在展开的菜单中选择【HD 彩条】选

项。在弹出的【新建彩条】对话框中，设置视频和音频基础参数，并单击【确定】按钮。然后，在【项目】面板中选择所创建的彩条素材，将该素材添加到【时间轴】面板中，将会在【节目监视器】面板中显示素材。

练习 4：查看素材属性

提示：本练习中，首先在【项目】面板中，右击执行【属性】命令。然后，在弹出的【属性】面板中，查看所选素材的实际保存路径、类型、文件大小、图像大小、帧速率、总持续时间、像素长宽比、创建者等信息。

而当用户选择某个图像类素材时，右击执行【属性】命令时，在弹出的【属性】面板中将会显示文件路径、类型、文件大小、图像大小和像素长宽比等信息。

练习 5：创建通用倒计时片头

downloads\4\新手训练营\渐变填充

提示：本练习中，首先在【项目】面板中，单击【新建项】按钮，在展开的菜单中选择【通用倒计时片头】选项。在弹出的【新建通用倒计时片头】对话框中，设置视频和音频参数，并单击【确定】按钮。然后，在弹出的【通过倒计时设置】对话框，设置视频和音频详细参数，单击【确定】按钮。

最后，在【项目】面板中选择所创建的彩条素材，将该素材添加到【时间轴】面板中，将会在【节目监视器】面板中显示素材。

第5章

视频编辑基础

　　通过摄影机等录像设备所记录下的影像，用户称之为视频素材，将素材进行加工再改造，添加一些效果，并对其素材按照一定的时间、空间等顺序连贯起来，这个过程称之为视频编辑。在 Premiere 中，对视频素材的编辑共分为分割、排序、修剪等多种操作，此外还可利用编辑工具对素材进行一些较为复杂的编辑操作，使其符合影片要求的素材，并最终完成整部影片的剪辑与制作。在本章中，主要对一些简单的视频编辑方法进行讲解，从而为用户利用 Premiere Pro 编辑精彩的视频特效打下良好基础。

5.1 使用【时间轴】面板

在【时间轴】面板中，时间标尺上的各种控制选项决定了查看影片素材的方式，以及影片渲染和导出的区域。

5.1.1 了解【时间轴】面板

Premiere Pro 中的【时间轴】面板已经重新设计并可进行自定义，可以通过音量和声像、录制以及音频计量轨道控件更加快速而有效地完成工作。而时间轴标尺上的各种控制选项决定了查看影片素材的方式，以及影片渲染和导出的区域。

时间显示　添加标记　当前时间指示器　时间标尺

轨道　编辑线

1．时间标尺

时间标尺是一种可视化时间间隔显示工具。默认情况下，Premiere 按照每秒所播放画面的数量来划分时间轴，从而对应于项目的帧速率。不过，如果当前正在编辑的是音频素材，则应在【时间轴】面板的关联菜单内选择【显示音频时间单位】命令后，将标尺更改为按照毫秒或音频采样率等音频单位进行显示。

> **提示**
>
> 执行【文件】|【项目设置】|【常规】命令后，即可在弹出对话框内的【音频】选项组中，设置时间标尺在显示音频素材时的单位。

2．当前时间指示器

【当前时间指示器】（CTI）是一个蓝色的三角形图标，其作用是标识当前所查看的视频帧，以及该帧在当前序列中的位置。在时间标尺中，既可以采用直接拖动【当前时间指示器】的方法来查看视频内容，也可在单击时间标尺后，将【当前时间指示器】移至鼠标单击处的某个视频帧。

3．时间显示

时间显示与【当前时间指示器】相互关联，当用户移动时间标尺上的【当前时间指示器】时，时间显示区域中的内容也会随之发生变化。

另外，在单击时间显示区域后，还可右击【时间显示】，在展开的菜单中选择不同的时间单位，根据时间显示单位的不同，输入相应数值，从而将【当前时间指示器】精确移动至时间线上的某一位置。

5.1.2　了解轨道

轨道是【时间线】面板最为重要的组成部分，能够以可视化的方式来显示音视频素材、过渡和效果。除此之外，运用轨道选项，还可控制轨道的显示方式或添加和删除轨道，并在导出项目时决定是否输出特定轨道。各轨道的图标及选项如下图所示。

1．切换轨道输出

在视频轨道中，【切换轨道输出】按钮用于控制是否输出视频素材。这样一来，便可以在播放或导出项目时，防止在【节目】面板内查看相应轨道中的影片。

在音频轨道中，【切换轨道输出】按钮则使用"喇叭"图标来表示，其功能是在播放或导出项目时，决定是否输出相应轨道中的音频素材。而当单击该图标后，即可使视频中的音频静音，其图标颜色也会随之改变。

2．切换同步锁定

通过对轨道启用【切换同步锁定】功能，确定执行插入、波纹删除或波纹修剪操作时哪些轨道将会受到影响。对于其剪辑属于操作一部分的轨道，无论其同步锁定的状态如何，这些轨道始终都会发生移动，但是其他轨道将只在其同步锁定处于启用状态的情况下才移动其剪辑内容。

3．切换轨道锁定

该选项的功能是锁定相应轨道上的素材及其他各项设置，以免因误操作而破坏已编辑好的素材。当单击该选项按钮，使其出现"锁"图标时，表示轨道内容已被锁定，此时无法对相应轨道进行任何修改。

此时，再次单击【切换轨道锁定】按钮后，即可去除选项上的"锁"图标，并解除对相应轨道的锁定保护。

4．时间轴显示设置

为了便于用户查看轨道上的各种素材，

Premiere 分别为视频素材和音频素材提供了多种显示方式。单击【时间轴】面板中【时间轴显示设置】按钮 🔧，在弹出的菜单中选择相应的选项即可。

5.1.3　编辑轨道

在编辑影片时，往往要根据编辑需要而添加、删除轨道，或对轨道进行重命名操作。下面将讲解对轨道进行上述操作的方法。

1. 重命名轨道

在【时间轴】面板中，右击轨道执行【重命名】命令，即可进入轨道名称编辑状态。此时，输入新的轨道名称后，按下 Enter 键即可。

2. 添加轨道

当影片剪辑使用的素材较多时，增加轨道的数量有利于提高影片编辑效率。此时，可以在【时间轴】面板内右击轨道，执行【添加轨道】命令。

> **提示**
>
> 在 Premiere Pro 中，轨道菜单中还添加了【添加单个轨道】和【添加音频子混合轨道】选项。这时只要选择该选项，即可直接添加轨道，而不需要通过【添加轨道】对话框。

此时，系统会自动弹出【添加轨道】对话框。在【视频轨道】选项组中，【添加】选项用于设置新增视频轨道的数量，而【放置】选项即用于设置新增视频轨道的位置，可通过单击下拉按钮的方法，来选择轨道位置。

完成上述设置后，单击【确定】按钮，即可在【时间轴】面板的相应位置处添加所设数量的视频轨道。

> **提示**
>
> 按照 Premiere 的默认设置，轨道名称会随其位置的变化而发生改变。例如，当我们以跟随视频 1 的方式添加 1 条新的视频轨道时，新轨道会以"V2"的名称出现，而原有的"V2"轨道则会被重命名为"V3"轨道，原"V3"轨道则会被重命名为"V4"轨道，以此类推。

另外，在【添加轨道】对话框中，使用相同方法在【音频轨道】和【音频子混合轨道】选项组内进行设置后，即可在【时间轴】面板内添加新的音频轨道。

3. 删除轨道

当用户添加过多的轨道，或存在多个无用轨道时，则需要通过删除空白轨道的方法，减少项目文件的复杂程度，从而在输出影片时提高渲染速度。

在【时间轴】面板内右击需要删除的轨道，执行【删除轨道】命令。在弹出的【删除轨道】对话框中，启用【删除视频轨道】复选框，并在其下拉列表框内选择所要删除的轨道，单击【确定】按钮即可删除相应的视频轨道。

在【删除轨道】对话框中，使用相同方法在【音频轨道】和【音频子混合轨道】选项组内进行设置后，即可在【时间轴】面板内删除相应的音频轨道。

> **提示**
>
> 要想删除单个轨道时，在该轨道中右击，选择【删除单个轨道】选项，即可直接删除该轨道，而不需要经过【删除轨道】对话框。

4. 自定义轨道头

在【时间轴】面板中，用户可以自定义【时间轴】面板中的轨道标题，以用来决定所需显示的控件。由于视频和音频轨道的控件各不相同，因此每种轨道类型各有单独的按钮编辑器。

右击视频或音频轨道，执行【自定义】命令。在弹出的【按钮编辑器】面板中，根据需要进行拖放即可。例如，可选择【轨道计】控件，并将其拖动到音频轨道中。

此时，单击【按钮编辑器】面板中的【确定】按钮，关闭该面板后，在【时间轴】面板的音频轨道中将显示添加后的【轨道计】控件。

> **提示**
>
> 用户可以单击【时间轴显示设置】按钮，在其菜单中选择【自定义视频头】和【自定义音频头】选项，即可自定义轨道头。

5. 添加视频关键帧

在【时间轴】面板中，双击视频轨道，显示定义的所有轨道头按钮。此时，选择轨道中的素材，移动【当前时间指示器】至所需位置，单击【添加-移除关键帧】按钮即可。

当用户将【当前时间指示器】移至包含关键帧的时间处时，单击【添加-移除关键帧】按钮，即可移除该关键帧。

5.2　使用监视器面板

在 Premiere 中，除了可以在【时间轴】面板排列和编辑素材之外，用户还可以在监视器面板中对素材进行各种精确的编辑操作。

5.2.1　了解监视器面板

在 Premiere 中，根据监视器面板类型的不同，可以分为【源监视器】面板、【节目监视器】面板和【参考监视器】面板。

1．【源监视器】面板

【源监视器】面板的主要作用是预览和修剪素材，用户只需双击【项目】面板中的素材，即可通过【源监视器】面板预览其效果。

在【源监视器】面板中，素材画面预览区的下方为时间标尺，底部则为播放控制区，用来控制播放。

2．【节目监视器】面板

【节目监视器】面板的外观类似于【源监视器】面板，但是【源监视器】面板只能查看单个素材，而【节目监视器】面板则可以查看各素材在添加到序列并进行相应编辑后的播出效果。

无论是【源监视器】面板还是【节目监视器】面板，在播放控制区中单击【按钮编辑器】按钮。然后，在弹出的【按钮编辑器】面板中，将某个按钮图标拖入面板下方，单击【确定】按钮即可为监视器添加该按钮。

3．【参考监视器】面板

【参考监视器】面板的作用类似于辅助节目监视器，它可以并排比较序列的不同帧，或使用不同查看模式查看序列的相同帧。另外，还可以独立于节目监视器定位显示在参考监视器中的序列帧，以便于可以将每个视图定位到不同的帧进行比较。

执行【窗口】|【参考监视器】命令，即可打开【参考监视器】面板。用户可以指定参考监视器的质量设置、放大率和查看模式，就像在节目监视器中那样。其时间标尺和查看区域栏也具有相同的作用。但是，它本身只是为了提供参考信息而不是用于编辑，因此参考监视器包含用于定位到帧的控件，而没有用于回放或编辑的控件。

用户可以将参考监视器和节目监视器绑定到一起，以使它们显示序列的相同帧并先后连续移动。首先，单击面板中的【绑定到节目监视器】按钮，使其与【节目监视器】面板进行绑定。

5.2.2 安全区域

Premiere 中的安全区分为字幕安全区和动作安全区两种类型，其作用是标识字幕或动作的安全活动范围。安全区的范围在创建项目时便已设定，且一旦设置后将无法进行更改。

右击监视器面板，选择【安全边距】命令，即

可显示或隐藏画面中的安全框。其中，内侧的安全框为字幕安全框，外侧的为动作安全框。

动作和字幕安全边距分别为 10% 和 20%。但是用户可以执行【文件】|【项目设置】|【常规】命令，弹出【项目设置】对话框。然后，激活【常规】选项卡，在【动作与字幕安全区域】选项组中设置动作与字幕的安全区域值即可。

5.3 编辑序列素材

序列素材的编辑操作需要在【时间轴】面板中进行，包括复制素材、移动素材、修剪素材等基础编辑操作。

5.3.1 复制与移动素材

通过对素材的复制，并重复利用素材是非线性

编辑系统的主要功能之一。复制原始素材和时间线内素材的性质相同，但如果需要复制已经修改过的素材，只能通过复制时间线已有素材的方法来实现。

首先，在时间轴上选择所要复制的素材，右击执行【复制】命令。

所需要裁切的位置。

然后，将【当前时间指示器】移至空白位置处后，按下 Ctrl+V 快捷键，即可将刚刚复制的素材粘贴至当前位置。

然后，单击【工具】面板中的【剃刀工具】按钮，在当前时间指示器的位置处单击时间线上的素材，即可将该素材裁切为两部分。

完成上述操作后，使用【选择工具】■依次向前拖动复制后的素材，调整其位置，使相邻素材之间没有间隙。在移动素材的过程中，应避免素材出现相互覆盖的情况。

最后，使用【选择工具】单击多余素材片段，按下 Delete 键将其删除，即可完成裁切素材多余部分的操作。

5.3.2　编辑素材片段

在编辑影片时，往往会遇到只需要使用素材某个片段的情况。此时，可以通过修剪素材的方法，来删除多余的素材片段。

1．使用【时间轴】面板

在制作影片时用到的各种素材中，很多时候只需要使用素材内的某个片段。此时，需要对源素材进行裁切，删除多余的素材片段。

拖动时间标尺上的当前时间指示器，将其移至

> **提示**
>
> 在【时间轴】面板中启用【对齐】功能，在【工具】面板中选择【剃刀工具】■，按下 Shift 键的同时单击，即可在同一位置处裁剪【时间轴】面板中所有的素材。

2．使用【源监视器】面板

在 Premiere 中，用户还可以在【源监视器】面板中对素材进行修剪。

在【项目】面板中双击素材将其显示在【源监视器】面板中，拖动【当前时间指示器】至合适位置，单击【标记入点】按钮，确定视频的入点。然后，拖动【当前时间指示器】至合适位置，单击【标记出点】按钮，确定视频的出点。

提示

在【项目】面板中也可以裁剪视频素材，即选择视频素材，单击进度条确定视频位置，按下 I 键确定视频入点；然后向右拖动进度条确定视频位置，按下 O 键确定视频出点。

此时，在【时间轴】面板中，会发现该视频的播放时间明显缩短，说明当前所插入的视频是裁剪后的视频，并不是原视频文件。

5.3.3 组合与分离音视频素材

在影片中，所有的影片都由音频和视频两部分组成，而这种相关的素材又可以分为硬相关和软相关两种类型。

在进行素材导入时，当素材文件中既包括音频又包括视频时，该素材内的音频与视频部分的关系即称为硬相关。在影片编辑过程中，如果人为地将两个相互独立的音频和视频素材联系在一起，则两者之间的关系即称为软相关。

1. 分离素材中的音视频

由于音频部分与视频部分存在硬相关的原因，用户对素材所进行的复制、移动和删除等操作将同时作用于素材的音频部分与视频部分。

如果用户需要单独移动音频或视频的素材，可以在【时间轴】面板中右击该素材，执行【取消链接】命令，即可解除相应素材内音频与视频部分的硬相关联系。

此时，当用户在视频轨道内移动素材时，便不再会影响音频轨道内的素材。

2. 组合音视频素材

事实上，为素材建立软相关的操作方法与解除素材硬相关的步骤基本相同。只不过，前者所需要的是两个分别独立的音频素材和视频素材，而后者是一个既包含音频又包含视频的素材。

在【时间轴】面板中，选择要组合的视频素材与音频素材，右击任意一个素材，执行【链接】命令，即可将所选音频与视频素材之间建立软相关的联系。

此时，在【时间轴】面板中，将显示已链接状态，并显示两个素材之间相差时间的数值。

5.3.4　调整播放时间与速度

Premiere 中的每种素材都有其特定的播放速度与播放时间。一般情况下，音视频素材的播放速度与播放时间由素材本身决定，而图像素材的播放时间则为 5 秒。但在进行影片编辑过程中，往往需要调整素材的播放时间与速度，来实现画面的特殊效果。

1．调整图片素材的播放时间

在【时间轴】面板中，将鼠标移至图片素材上方，将显示一个具有方向的指示图标。此时，将指示图标置于图片素材的末端。当指示图标中的箭头变成向右的时候，向右拖动鼠标即可随意延迟其播放时间，向左拖动鼠标，则可缩短图片的播放时间。

2．调整视频播放速度

在调整视频素材时，如果按照调整图片素材的方法来延长其播放时间，由于视频素材的播放速度并未改变，因此会造成素材内容丢失的现象。此时，还需要通过调整视频播放速度的方法，来调整视频的播放时间。首先，在【时间轴】面板中右击视频素材，执行【速度/持续时间】命令。

然后，在弹出的【剪辑速度/持续时间】对话框中，将【速度】设置为 50%，单击【确定】按钮，即可将相应视频素材的播放时间延长一倍。

如果需要精确控制素材的播放时间，则应在【剪辑速度/持续时间】对话框中，调整【持续时间】选项值。

5.4 练习：设置视频出入点

在使用 Premiere 编辑视频素材的过程中，对大部分导入的剪辑文件，只是需要其中的一部分。此时便需要对相应的剪辑部分进行设置出入点等"预处理"操作，以达到完美编辑整个影片的目的。在本练习中，将运用 Premiere 监视器中的"设置出点"和"设置入点"功能，来获取所需的素材片段。

练习要点

- 新建项目
- 导入素材
- 标记入点
- 标记出点
- 插入素材
- 提取素材
- 播放影片

操作步骤 ▶▶▶▶

STEP|01 创建项目。启动 Premiere，在弹出的【欢迎使用 Adobe Premiere Pro CC 2015】对话框中，选择【新建项目】选项。

按钮。

STEP|02 在弹出的【新建项目】对话框中，设置新项目名称、位置和常规等选项，并单击【确定】

STEP|03 导入素材。双击【项目】面板，在弹出的【导入】对话框中，选择所需导入的所有素材，

单击【打开】按钮。

STEP|04 添加素材。在【项目】面板中，选中所有的素材，将其拖动到【时间轴】面板中的 V1 轨道中。

STEP|05 插入视频片段。在【项目】面板中双击"素材 2.avi"视频素材，将其显示在【源监视器】面板中。

STEP|06 在【源监视器】面板中，将【当前时间指示器】调整至 00:00:27:20 位置处，并单击【标记入点】按钮。

STEP|07 将【当前时间指示器】调整至 00:00:52:20 位置处，并单击【标记出点】按钮。

STEP|08 在【时间轴】面板中，将【当前时间指示器】调整至 00:00:07:10 位置处。

STEP|09 在【源监视器】面板中，单击【插入】按钮，插入视频片段。

STEP|10 提取视频片段。在【节目】面板中，将【当前时间指示器】调整至 00:00:49:20 位置处，并单击【标记入点】按钮。

STEP|13 选择 V1 轨道中的最后一段素材，按下 Delete 键删除该素材。

STEP|11 将【当前时间指示器】调整至末尾处，单击【标记出点】按钮。

STEP|14 在【节目】面板中，单击【播放-停止切换】按钮，预览最终效果。

STEP|12 在【节目】面板中，单击【提取】按钮，将所选择范围内的素材删除。

5.5 练习：制作滑板冲浪视频

Premiere 为用户提供了多种视频编辑方法，除了通过设置出点和入点来编辑视频之外，还可以通过插入或覆盖素材等方法，来提取、插入或删除视频中的部分素材，从而达到完美编辑复杂视频的目的。在本练习中，将通过制作一个滑板冲浪视频，来详细介绍提取和覆盖等编辑视频的操作方法。

练习要点
- 新建项目
- 导入素材
- 添加素材
- 设置入点和出点
- 提取视频
- 插入视频

操作步骤 ▶▶▶▶

STEP|01 创建项目。启动 Premiere，在弹出的【欢迎使用 Adobe Premiere Pro CC 2015】对话框中，选择【新建项目】选项。

STEP|02 在弹出的【新建项目】对话框中，设置新项目名称、位置和常规等选项，并单击【确定】按钮。

STEP|03 导入素材。双击【项目】面板，在弹出的【导入】对话框中，选择所需导入的所有素材，单击【打开】按钮。

STEP|04 添加素材。在【项目】面板中，选择"序列 01.avi"素材，将其添加到【时间轴】面板中的 V1 轨道中。

STEP|05 插入视频素材。在【项目】面板中双击"序列 02.avi"素材，将其显示在【源监视器】面板中，同时单击【插入】按钮。

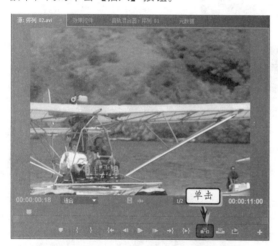

STEP|06 此时，在【时间轴】面板中，将在 00:00:00:00 位置处显示所插入的"序列 02.avi"素材。

STEP|07 设置出入点。将"序列 01.avi"素材显

示在【源监视器】面板中，将【当前时间指示器】调整至 00:00:13:07 位置处，并单击【标记入点】按钮。

STEP|08 将【当前时间指示器】调整至 00:00:25:10 位置处，并单击【标记出点】按钮。

STEP|09 在【时间线】面板中，将【当前时间指示器】调整至 00:01:49:00 位置处。

STEP|10 在【源监视器】面板中，单击【插入】按钮，将入点和出点内的视频插入到指定位置。

STEP|11 提取视频素材。在【节目监视器】面板中，将【当前时间指示器】调整至 00:01:03:10 位置处，并单击【标记入点】按钮。

STEP|12 将【当前时间指示器】调整至 00:01:29:20 位置处，并单击【标记出点】按钮。

STEP|13 单击【节目监视器】中的【提取】按钮，删除出入点之间的素材。

STEP|14 在【节目监视器】面板中，单击【播放-停止切换】按钮，查看最终效果。

5.6 新手训练营

练习 1：设置关键帧调节线线型

提示：本练习中，首先在【时间轴】面板中，调

整视频轨道的宽度，单击轨道头中的【添加-移除关键帧】按钮，在素材中创建关键帧。然后，右击素材中

的关键帧，在弹出的级联菜单中选择相应的选项，即可设置关键帧调节线线型。

练习 2：设置音频显示样式

提示：本练习中，首先将音频素材添加到轨道中。然后，单击【时间轴】面板中的【时间轴显示设置】按钮，在其级联菜单中选中【显示音频名称】选项，即可在轨道中显示音频素材的名称。

最后，单击【时间轴】面板中的【时间轴显示设置】按钮，在其级联菜单中选中【显示音频波形】选项，即可在轨道中既显示音频名称又显示音频波形。

练习 3：设置素材的持续播放时间

提示：本练习中，首先将指示图标置于图片素材的末端，当指示图标中的箭头变成向右的时候，向右拖动鼠标即可随意延迟其播放时间。

练习 4：复制素材

提示：本练习中，首先在时间轴上选择所要复制的素材，右击执行【复制】命令。

然后，将【当前时间指示器】移至空白位置处后，按下 Ctrl+V 快捷键，即可将刚刚复制的素材粘贴至当前位置。

练习 5：分割素材

提示：本练习中，首先拖动时间标尺上的【当前时间指示器】，将其移至所需要裁切的位置。

　　然后，单击【工具】面板中的【剃刀工具】按钮，在【当前时间指示器】的位置处单击时间线上的素材即可将该素材裁切为两部分。

第 **6** 章

视频高级编辑技术

　　如果用户需要更加快速、方便地制作绚丽的视频效果，就需要更加深入地了解 Premiere 软件的各种编辑技术，并通过设置标记点、三点编辑、四点编辑和剪辑素材等操作制作出一个画面丰富多彩并具有时间逻辑性的影片。在本章中，将详细介绍视频一些高级视频编辑技术，使用户能够更好地学习使用 Premiere 编辑影片素材的各种方法与技巧。

6.1　三点编辑与四点编辑

三点和四点编辑是专业视频编辑工作中经常采用的影片编辑方法，它们是对源素材的剪辑方法，三点和四点是指素材的入点和出点的个数。

6.1.1　三点编辑

通常情况下，三点编辑用于将素材中的部分内容替换影片剪辑中的部分内容。在进行此项操作时，需要依次在素材和影片剪辑内指定 3 个至关重要的点，各点的位置及含义如下。

- ❑ **素材的入点**　素材在影片剪辑内首先出现的帧。

- ❑ **影片剪辑的入点**　影片剪辑内被替换部分在当前序列上的第一帧。

- ❑ **影片剪辑的出点**　影片剪辑内被替换部分在当前序列上的最后一帧。

在【项目】面板中双击某个素材，将该素材显示在【源监视器】面板中，同时在【时间轴】面板中，选择需要添加剪辑轨道，将其设置为目标轨道，并将【当前时间指示器】移动到轨道头。

然后，在【源监视器】面板中，将【当前时间指示器】移动到 00:00:05:13 位置处，单击【标记入点】按钮。

此时，在【节目】面板中，将【当前时间指示器】移动到 00:00:37:04 位置处，单击【标记入点】按钮。

同时，将【当前时间指示器】移动到 00:01:01:09 位置处，单击【标记出点】按钮。

最后，单击【源监视器】面板中的【覆盖】按钮，在弹出的【适合剪辑】对话框中，使用默认设置，单击【确定】按钮，即可将【源监视器】面板中的素材覆盖到【节目】面板中所设置入点和出点之间的部分。

6.1.2 四点编辑

四点编辑方法类似于三点编辑方法，在【项目】面板中双击某个素材，将该素材显示在【源监视器】面板中，同时在【时间轴】面板中，选择需要添加剪辑轨道，将其设置为目标轨道，并将【当前时间指示器】移动到轨道头。

然后，在【源监视器】面板中，将【当前时间指示器】移动到合适位置，单击【标记入点】按钮。同时，将【当前时间指示器】移动到合适位置，单击【标记出点】按钮。

此时，在【节目】面板中，将【当前时间指示器】移动到合适位置，单击【标记入点】按钮。同时，将【当前时间指示器】移动到合适位置，单击【标记出点】按钮。

最后，单击【源监视器】面板中的【覆盖】按钮，在弹出的【适合剪辑】对话框中，使用默认设置，单击【确定】按钮，即可将【源监视器】中的素材覆盖到【节目】面板中所设置入点和出点之间的部分。

> **提示**
>
> 根据素材出入点区间与序列出入点区间持续长度的不同，【适合剪辑】对话框内的可用选项也有所不同。

6.2 使用标记

在编辑影片过程中，可以通过为素材添加标记的方法，来快速切换编辑位置，从而实现快速查找视频帧，或快速对齐时间轴上其他素材的目的。

6.2.1 添加标记

添加标记既可以在【源监视器】面板中添加，又可以在【时间轴】面板中添加。

1. 在【源监视器】面板中添加

在【源监视器】面板中，将【当前时间指示器】调整至合适位置，单击【添加标记】按钮，即可在当前视频帧的位置处添加无编号的标记。

然后，将含有未编号标记的素材添加至【时间轴】面板中后，即可在素材上看到标记符号。

提示

在含有硬相关联系的音视频素材中，所添加的未编号标记将同时作用于素材的音频部分和视频部分。

2. 在【时间轴】面板中添加

在【时间轴】面板中，将【当前时间指示器】调整至合适位置，单击【添加标记】按钮，即可在当前标尺的位置上添加无编号标记。

6.2.2 编辑标记

为素材或时间轴添加标记后，便可以使用这些标记来完成对齐素材或查看素材内的某一视频帧等操作，从而提高影片编辑的效率。

1. 对齐素材

在【时间轴】面板中拖动含有标记的素材时，利用素材内的标记可快速与其他轨道内的素材对齐，或将当前素材内的标记与其他素材内的标记对齐。

2. 查找标记

在【源监视器】面板中，使用【当前时间指示器】还可以快速地查找素材上的标记位置。此时，只需单击面板中的【转到前一个标记】按钮，即可将【当前时间指示器】快速移动至前一标记处；单击【转到下一个标记】按钮，则可将【当前时间指示器】移动至下一标记处。

击时间标尺，执行【编辑标记】命令。在弹出的对话框中，设置标记名称、标记颜色、注释文本等选项，即可对标记进行一系列的自定义编辑。

提示

在素材【源监视器】面板中，右击时间标尺后，执行【转到下一个标记】命令，也可将【当前时间指示器】快速移至下一标记处。

用户还可以在【时间轴】面板内查找标记，只需右击【时间轴】面板内的时间标尺，执行【转到下一个标记】命令，即可将【当前时间指示器】快速移动至前一标记处。

提示

在素材【源监视器】面板中，右击时间标尺后，执行【清除所选的标记】或【清除所有标记】命令，即可清除当前素材或序列内的所选或所有标记。

3．编辑标记

在素材【源监视器】或【时间轴】面板中，右

6.3 装配序列

在 Premiere 中，用户可以结合监视器和【时间轴】面板，对不同的视频素材进行设置、剪辑与合成，从而组合出画面丰富多彩并具有时间逻辑性的影片。

6.3.1 插入和覆盖编辑

在将素材添加到【时间轴】面板之前，一些用户通常会先在【源监视器】面板中对素材进行各种预处理。预处理完毕之后，再从【源监视器】面板中将素材添加到【时间轴】面板中。该种素材的添加方法，统称为插入和覆盖编辑。

1．插入编辑

在当前时间轴上没有任何素材的情况下，在【源监视器】面板中直接单击【插入】按钮，

或在面板中右击执行【插入】命令,即可将该素材添加到【时间轴】面板中。

另外,如果【时间轴】面板中已存在素材,并将【当前时间指示器】移至该素材的中间位置时,单击【源监视器】面板中的【插入】按钮 ,Premiere 便会将时间轴上的素材一分为二,并将【源监视器】面板内的素材添加至两者之间。

2. 覆盖编辑

覆盖编辑与插入编辑不同,当用户采用覆盖编辑的方式在时间轴已有素材中间添加新素材时,新素材将会从【当前时间指示器】处替换相应时间的源素材片段。

在覆盖编辑时,用户只需在监视器面板中直接单击【覆盖】按钮 ,或在面板中右击执行【覆盖】命令即可。

6.3.2　提升与提取编辑

在【节目】面板中,Premiere 提供了提升与提取两个方便素材剪除的工具,以便快速删除序列内的某个部分。

1. 提升编辑

提升编辑的功能是从序列内删除部分内容,但不会消除因删除素材内容而造成的间隙。

首先,在【节目】面板中,将【当前时间指示器】移至合适位置,分别在所要删除部分的首帧和末帧位置处设置入点与出点。

然后,单击【节目】面板中的【提升】按钮 ,即可从入点与出点处裁切素材后,将出入点区间内的素材删除。

分为多个相对简单的任务，从而简化操作，降低影片编辑难度。此外，当用户为某一序列应用特效后，Premiere 会自动将该特效应用于所选序列内的所有素材上，从而提高了影片的编辑效率。

1．创建新序列

在【项目】面板中，单击【新建分项】按钮，选择【序列】选项，在弹出的【新建序列】对话框中设置相应选项后，即可创建一个新序列。

2．提取编辑

提取编辑会在删除部分序列内容的同时，消除因此而产生的间隙，从而减少序列的持续时间。

首先，需要在【节目】面板中，将【当前时间指示器】移至合适位置，分别在所要删除部分的首帧和末帧位置处设置入点与出点。

然后，单击【节目】面板中的【提取】按钮，即可从入点与出点处裁切素材后，将出入点区间内的素材删除。

2．嵌套序列

当项目内包含多个包含素材的序列时，右击【项目】面板中的序列，执行【插入】命令，或直接将其拖至轨道中，即可将所选序列嵌套至【时间轴】面板中的目标序列中。

6.3.3 嵌套序列

时间轴内多个素材的组合称为"序列"，每个序列内则可以装载多个不同类型的素材，而嵌套序列则是在一个序列中包含了另外一个序列。

利用嵌套序列可以将复杂的序列装配工作拆

嵌套序列的名称除了可以使用原有序列的名称外，还可以通过右击【时间轴】面板中的嵌套序列，执行【嵌套】命令，在弹出的【嵌套序列名称】对话框中输入名称，单击【确认】按钮后，即可更改嵌套序列的名称。

首先，在【项目】面板中选中序列，将其拖入【源监视器】面板中，即可在【源监视器】面板中显示序列。

3．使用嵌套源序列

在 Premiere Pro 中，可以将序列加载到【源监视器】面板中，并在【时间轴】面板中对其进行编辑，同时还可保持所有轨道上的原始剪辑不受影响。

序列被加载到【源监视器】面板中时，源序列中的轨道，即使为空轨道，也可用作修补模块中的源轨道。此外，将源序列中的空片段编辑到另一序列中不会影响目标序列。

6.4 练习：制作世界奇景相册

电子相册是一种采用动态视频技术来呈现静态图像的媒体展示方式，是数字图像技术与数字视频技术结合的产物。在电子相册中，适当地添加动态画面不仅能够改善静态照片呆板的感觉，还能够起到突出照片内容的作用。在本练习中，将通过制作一个世界奇景相册，来详细介绍电子相册的制作方法。

练习要点
● 新建项目
● 导入素材
● 添加素材
● 设置持续时间
● 匹配序列
● 缩放帧大小

操作步骤 》》》》

STEP|01 创建项目。启动 Premiere，在弹出的【欢迎使用 Adobe Premiere Pro CC 2015】对话框中，选择【新建项目】选项。

STEP|02 在弹出的【新建项目】对话框中，设置新项目名称、位置和常规、设置选项，并单击【确定】按钮。

STEP|06 自动匹配序列。在【项目】面板中，选择所有素材，将其拖至【时间轴】面板中，添加素材。

STEP|03 导入素材。双击【项目】面板空白区域，在弹出的【导入】对话框中，选择导入素材，单击【打开】按钮。

STEP|07 匹配序列。在【项目】面板中，选择所有图片素材，单击【自动匹配序列】按钮。

STEP|04 设置持续时间。在【项目】面板中，选择所有素材，右击执行【速度/持续时间】命令。

STEP|05 在弹出的【剪辑速度/持续时间】对话框中，将【持续时间】设置为 00:00:07:00，并单击【确定】按钮。

STEP|08 在弹出的【序列自动化】对话框中，将【剪辑重叠】设置为【2秒】，禁用【应用默认音频过渡】复选框，并单击【确定】按钮。

STEP|09 将图片匹配至序列后，在序列内选择所有图片素材，右击素材后，执行【缩放为帧大小】命令。

STEP|10 在【节目监视器】面板中，单击【播放-停止切换】按钮，预览相册效果。

6.5　练习：制作汽车行驶效果

　　Premiere 是一款功能强大的实时视频和音频编辑的非线性编辑工具，不仅可以展示静止图片和动态视频，而且还可以运用内置的视频效果和关键帧功能，创建具有模糊效果的动态运行图片。在本练习中，将运用其视频效果和关键帧功能，来制作一个行驶中的汽车效果。

练习要点

● 新建项目
● 新建序列
● 导入素材
● 设置关键帧
● 应用快速模糊效果
● 应用阴影/高光效果
● 设置动画效果
● 播放影片

操作步骤 ▶▶▶▶

STEP|01 新建项目。启动 Premiere，在弹出的【欢迎使用 Adobe Premiere Pro CC 2015】对话框中，选择【新建项目】选项。

STEP|02 在弹出的【新建项目】对话框中，设置新项目名称、位置和常规等选项，并单击【确定】按钮。

STEP|03 新建序列。执行【文件】|【新建】|【序列】命令，弹出【新建序列】对话框。在【序列预设】选项卡中的【序列名称】文本框中输入序列名称。

STEP|04 激活【设置】选项卡，将【编辑模式】设置为【自定义】，设置【帧大小】选项，并单击【确定】按钮。

STEP|05 导入素材。双击【项目】面板，在弹出的【导入】对话框中选择素材文件，单击【打开】按钮。

STEP|06 制作公路模糊效果。将【项目】面板中的"公路.jpg"素材添加到【时间轴】面板中的V1轨道中，并选中该素材。

STEP|07 在【效果】面板中，展开【视频效果】下的【模糊与锐化】效果组，双击【快速模糊】效果，将其添加到所选素材中。

STEP|08 在【效果控件】面板中，将【模糊度】设置为 50，并将【模糊维度】设置为【水平】。

STEP|09 制作汽车行驶效果。将【项目】面板中的"汽车.png"素材添加到【时间轴】面板中的 V2 轨道中，并选中该素材。

STEP|10 在【效果控件】面板中，展开【运动】效果组。单击【位置】左侧的【切换动画】按钮，并调整素材的具体位置。

STEP|11 单击【缩放】左侧的【切换动画】按钮，并将其参数值设置为 79.8。同时，将【旋转】效果参数设置为–1.4°。

STEP|12 在【效果控件】面板中，将【当前时间

指示器】移到末尾处，同时设置【位置】和【缩放】效果的参数值。

STEP|13 添加汽车阴影。在【时间轴】面板中选中"汽车.png"素材，然后在【效果】面板中展开【视频效果】下的【调整】效果组，双击【阴影/高光】效果，将该效果添加到所选素材中。

STEP|14 在【效果控件】面板中，禁用【自动数量】复选框，并分别设置【阴影数量】、【高光数量】和【与原始图像混合】效果参数。

STEP|15 在【节目】面板中，单击【播放-停止切换】按钮，预览播放效果。

6.6 新手训练营

练习 1：覆盖素材

downloads\6\新手训练营\覆盖素材

提示：本练习中，首先新建项目，导入素材，将基本素材添加到【时间轴】面板中。然后，将被覆盖的素材添加到【源监视器】面板中。最后，在【时间轴】面板中，调整【当前时间指示器】至合适位置，在【源监视器】面板中，单击【覆盖】按钮即可。

练习 2：插入素材

downloads\6\新手训练营\插入素材

提示：本练习中，首先新建项目，导入素材，将基本素材添加到【时间轴】面板中。然后，将被插入的素材添加到【源监视器】面板中。将【当前时间指示器】调整至 00:00:01:11 位置处，单击【标记入点】按钮。同时，将【当前时间指示器】调整至 00:00:01:22 位置处，单击【标记出点】按钮。

最后，在【时间轴】面板中，调整【当前时间指示器】至合适位置，在【源监视器】面板中，单击【插入】按钮即可。

练习 3：滚动编辑

提示：利用【滚动工具】 ▦ ，可以在【时间轴】面板内通过直接拖动相邻素材边界的方法，同时更改编辑两侧素材的入点或出点。

本练习中，首先打开待修改的项目文件后，分别将相应的素材添加到【时间轴】面板中。然后，单击【工具栏】面板中的【滚动工具】按钮，选择该工具。

最后，在【时间轴】面板中将其置于两个素材之间，当光标变为"双层双向箭头"图标时向左拖动鼠标。

练习 4：波纹编辑

提示：波纹编辑能够在不影响相邻素材的情况下，对序列内某一素材的入点或出点进行调整。

本练习中，首先将素材添加到【时间轴】面板中。然后，单击【工具栏】面板中的【波纹工具】按钮，选择该工具。在【时间轴】面板内将其置于素材的末尾。当光标变为"左括号与双击箭头"图标时，向左拖动鼠标即可。

练习 5：外滑编辑

提示：利用 Premiere 所提供的滑移编辑工具，可以在保持序列持续时间不变的情况下，同时调整序列内某一素材的入点与出点，并且不会影响该素材两侧的其他素材。

本练习中，首先将素材添加到【时间轴】面板中。然后，单击【工具栏】面板中的【外滑工具】按钮，选择该工具。最后，在【时间轴】面板中将其置于中间素材上，并向左拖动鼠标即可。

练习6：内滑编辑

🔵downloads\6\新手训练营\渐变填充

提示：与滑移编辑一样的是，滑动编辑也能够在保持序列持续时间不变的情况下，在序列内修改素材的入点和出点。不过，滑动编辑所修改的对象并不是当前所操作的素材，而是与该素材相邻的其他素材。

本练习中，首先将素材添加到【时间轴】面板中。然后，单击【工具栏】面板中的【内滑工具】按钮，选择该工具。最后，在【时间轴】面板中将其置于中间素材上，并向左拖动鼠标即可。

第7章

设置视频过渡效果

　　视频过渡是电视节目和电影或视频编辑时，是不同的镜头与镜头切换中所加入的过渡效果。这种技术被广泛应用于数字电视制作中，是比较普遍的技术手段。视频过渡的加入可以提升整部作品的流畅感，会使节目更富有表现力，并更加突出影片独特的风格。

　　本章主要介绍 Premiere 中的视频过渡效果，通过对本章的学习，可以了解视频过渡在影片中的运用和一些常用视频过渡的效果，并掌握如何为影片添加视频过渡。

7.1 影视过渡概述

镜头是构成影片的基本要素,而镜头的切换一般被称为过渡。合理的视频过渡效果,可以使镜头与镜头间的过渡更为自然、顺畅,使影片的视觉连续更强。

7.1.1 过渡的基本原理

过渡是指在前一个素材逐渐消失的过程中,后一个素材逐渐出现。这样便需要素材之间存在交叠部分,或者说素材的入点和出点要与起始点和结束点拉开距离,即额外帧;此时,可以使用期间的额外帧作为过渡的过渡帧。

一般情况下镜头的过渡包括硬切和软切两种方式,其中硬切,是镜头简单的衔接来完成切换,属于一种直接切换的简单效果;而软切,指在镜头组接时加入淡入淡出、叠化等视频转场过渡手法,使镜头之间的过渡更加多样化。

一部完整的电影作品往往需要成百上千的镜头。因为镜头内容的差异性,直接将这些镜头连接在一起会让整部影片显得断断续续。为此,在编辑影片时需要在镜头之间添加视频过渡效果,从而实现视频镜头万变的效果。

而影片的开场通常是以渐变的过渡方式进行的,由暗场开始逐渐地变亮,这种过渡效果可以缓解观众的情绪。

在制作儿童动画影片时,经常会使用滑像、卷页、擦出等过渡方法,这样会使影片更具有欣赏性。

在影片中还经常会使用闪白视频过渡,该视频过渡经常表现在失去记忆以后或对往事进行回忆的画面。除此之外，还可以将画面的运动主体突然变为静止状态，来强调某一主体的形象、细节和视觉冲击力，并可以创造悬念来表达主观感受。

7.1.2　使用视频过渡

Premiere 为用户提供了多种视频转场效果和样式，通过对各个镜头之间的转换使影片内容更加和谐、丰富。

执行【窗口】|【效果】命令，在【效果】面板中，展开【视频过渡】选项组，将会显示所有的视频过渡效果。

如果需要在素材之间添加视频过渡时，需保证这两段素材必须在同一轨道上，且期间不存在间隙。此时，用户只需将【效果】面板中的某一过渡效果拖曳至时间轴上的两个素材之间即可。

当释放鼠标后，两个素材之间会出现视频过渡图标，将鼠标移动到图标上，将会显示视频转场的名称。

此时，单击【节目】面板中的【播放-停止切换】按钮，即可预览所应用视频过渡的效果。

7.1.3　设置视频过渡

Premiere 内置了设置视频过渡效果功能，该功能允许用户在一定范围内修改视频过渡效果。例如，设置过渡效果的持续时间、开始方向、结束方向等。

1. 设置持续时间

当用户在两个素材中添加过渡效果后，在【时间轴】面板中选择所添加的过渡效果。此时，在【效果控件】面板中，将会显示该视频过渡的各项参数。

单击【持续时间】选项右侧的数值，在文本框中输入自定义时间值，即可设置视频过渡的持续时间。

2．显示素材画面

在【效果控件】面板中，启用【显示实际源】复选框，过渡所连接镜头画面在过渡过程中的前后效果将分别显示在 A、B 区域内。

3．设置对齐方式

在【效果控件】面板中，单击【对齐】下拉按钮，在【对齐】下拉列表中选择效果位于两个素材上的位置。例如，选择【终点切入】选项，视频过渡效果会在时间滑块进入第 2 个素材时开始播放。

4．设置边框

在【效果控件】面板中，调整【边宽宽度】选项后的数值，即可更改素材在过渡效果中的边框宽度。另外，用户还可以通过单击【边框颜色】色块，来设置边框的显示颜色；或者单击吸管工具，吸取屏幕中的色彩。

5. 设置个性化效果

如果想要更为个性化的效果,则可启动【反转】复选框,从而使视频过渡采用相反的顺序进行播放。另外,还可以单击【消除锯齿品质】下拉按钮,在其下拉列表中选择品质级别选项,即可调整视频过渡的画面效果。

7.1.4 编辑视频过渡

在为镜头添加视频过渡效果时,可通过清除、替换过渡效果的方法,来尝试应用不同的过渡效果,以便可以从中挑选出最为合适的效果。

1. 清除过渡效果

当用户想取消当前所使用的过渡效果时,可在【时间轴】面板中,右击过渡效果执行【清除】命令,即可清除该效果。

2. 替换过渡效果

当用户想更改当前的过渡效果时,除了清除当前效果并添加新效果之外,还可以直接从【效果】面板中,将所需的视频或音频过渡拖放到序列中原有过渡上来完成替换效果。

7.2 设置拆分过渡效果

拆分过渡效果是通过拆分上一个素材画面来显示下一个素材画面的过渡效果类型,包括【视频过渡】效果组中的划像、擦除、滑动等效果。

7.2.1 设置划像效果

划像类视频过渡效果的特征是直接进行两镜头画面的交替切换,其方式通常是在前一镜头画面以划像方式退出的同时,后一镜头中的画面逐渐显现。

1. 交叉划像

在【交叉划像】过渡效果中,镜头二画面会以十字状的形态出现在镜头一画面中。随着"十字"的逐渐变大,镜头二画面会完全覆盖镜头一画面,从而完成划像过渡效果。

2．圆划像

在【圆划像】过渡效果中，镜头二画面会以圆形形状的形态出现在镜头一画面中。随着"圆形"的逐渐变大，镜头二画面会完全覆盖镜头一画面，从而完成划像过渡效果。

3．菱形划像

在【菱形划像】过渡效果中，镜头二画面会以菱形形状的形态出现在镜头一画面中。随着"菱形"的逐渐变大，镜头二画面会完全覆盖镜头一画面，从而完成划像过渡效果。

4．盒状划像

在【盒状划像】过渡效果中，镜头二画面会以方形形状的形态出现在镜头一画面中。随着"方形"的逐渐变大，镜头二画面会完全覆盖镜头一画面，从而完成盒状划像的过渡效果。

7.2.2　设置擦除效果

擦除类视频转场是在画面的不同位置，以多种不同形式的方式来抹除镜头一画面，并逐渐显现出第二个镜头中的画面。在最新版的 Premiere 中，其擦除过渡效果只包含了划出、双侧平推门、带状擦除等 17 种类型。

1．双侧平推门与划出

在【双侧平推门】过渡效果中，镜头二画面会以高度与屏幕相同的尺寸和极小的宽度，显现在屏幕中央。接下来，镜头二画面会向左右两边同时伸展，直接全部覆盖镜头一画面，铺满整个屏幕为止。

相比之下，【划出】过渡效果则较为简单。应用后，镜头二画面会从屏幕一侧显现出来，同时显示有镜头二画面的区域会快速推向屏幕另一侧，直到镜头二画面全部占据屏幕为止。

2．带状擦除

在【带状擦除】效果中，采用了矩形条带左右交叉的形式来擦除镜头一画面，从而显示镜头二画面的视频过渡效果。

　　另外, 在【时间线】面板中选择【带状擦除】效果, 单击【效果控件】面板中的【自定义】按钮, 即可在弹出对话框内修改条带的数量。

3. 径向、时钟式和楔形擦除

　　【径向擦除】过渡效果是以屏幕的某一角作为圆心, 以顺时针方向擦除镜头一画面, 从而显露出后面的镜头二画面。

　　相比之下,【时钟式擦除】过渡效果则是以屏幕中心为圆心, 采用时钟转动的方式擦除镜头一画面。

　　而【楔形擦除】过渡效果同样是将屏幕中心作为圆心, 不过在擦除镜头一画面时采用的是扇状图形。

4. 插入擦除

　　【插入】过渡效果通过一个逐渐放大的矩形框, 将镜头一画面从屏幕的某一角处开始擦除, 直至完全显露出镜头二画面为止。

5．棋盘和棋盘擦除

在【棋盘】视频过渡中，屏幕画面会被分割为大小相等的方格。随着【棋盘】过渡效果的播放，屏幕中的方格会以棋盘格的方式将镜头一画面替换为镜头二画面。

为素材添加【棋盘】过渡效果后，在【时间轴】面板中选择【棋盘】视频效果，单击【效果控件】面板中的【自定义】按钮，可在弹出的对话框中设置棋盘中的纵横方格数量。

而【棋盘擦除】过渡效果是将镜头二中的画面分成若干方块后，从指定方向同时进行划像操作，从而覆盖镜头一画面。

> **提示**
>
> 当用户为素材添加【棋盘擦除】过渡效果后，也可在【效果控件】面板中，通过单击【自定义】按钮，来设置擦除的纵横方格数量。

6．螺旋框效果

【螺旋框】过渡效果可以将画面分割为若干方块，并且同时按照顺序擦除镜头一画面，从而达到切换镜头二画面的目的。它与【水波块】过渡效果的差别在于擦除顺序的不同，其【水波块】过渡效果采用的是按水平顺序进行擦除，而【螺旋框】过渡效果则是采用由外而内的顺序来擦除镜头一画面。

7．其他擦除过渡效果

【擦除】效果组中的其他效果，其使用方法与上述的效果基本相同。只是过渡样式有所不同，如【水波块】、【油漆飞溅】、【百叶窗】、【风车】、【渐变擦除】、【随机块】、【随机擦除】等过渡效果。

油漆飞溅　　渐变擦除

风车　　百叶窗

7.2.3　设置滑动效果

滑动类视频过渡主要通过画面的平移变化来实现镜头画面间的切换，包括中心拆分、带状滑块、拆分、推和滑动 5 种类型。

1．中心拆分

【中心拆分】过渡效果在将镜头一画面均分为 4 部分后，让这 4 部分镜头在镜头一画面中同时向屏幕 4 角移动，并最终将屏幕过渡到镜头二画面中。

2．带状滑动

【带状滑动】过渡效果类似于【带状擦除】过渡效果，也是采用矩形条带左右交叉的形式来滑动镜头一画面，从而显示镜头二画面的视频过渡效果。

> **提示**
>
> 当用户为素材添加【带状滑动】过渡效果后，也可在【效果控件】面板中，通过单击【自定义】按钮，来设置带的数量。

3．拆分

【拆分】过渡效果是在将镜头一画面平均分割为左、右两半后，左半部和右半部同时向左、右两侧移动，从而显露出下方的镜头二画面。

4．推与滑动

【推】过渡效果的效果与其名称完全相同，其镜头二画面正是靠着"推"走镜头一画面的方式，才得以显现在观众面前。

虽然【滑动】过渡效果与【推】过渡效果中的镜头二画面都是在没有任何花哨方式的情况下滑入屏幕，但由于【滑动】过渡效果中的镜头一画面始终没有改变其画面位置，因此两者之间还是存在少许的不同。

拖向屏幕的另一角。

7.2.4　设置页面剥落效果

从过渡方式上来看，页面剥落过渡效果类似于 GPU 中的部分过渡效果。两者的不同之处在于，GPU 过渡的立体效果更为明显、逼真，而页面剥落过渡效果则仅关注镜头切换时的视觉表现方式。在新版本的 Premiere 中，页面剥落效果只包括翻页和页面剥落两种类型。

1．翻页

【翻页】过渡效果是从屏幕一角被"揭"开后，

2．页面剥落

【页面剥落】过渡效果，是采用揭开"整张"画面的方式来让镜头一画面退出屏幕，同时让镜头二画面呈现在大家面前。

7.3　设置其他过渡效果

Premiere 中的视频过渡效果，除了拆分类过渡效果之外，还内置了 3D 运动、缩放和溶解效果，以帮助用户制作更加丰富多彩的视频效果。

7.3.1　设置 3D 运动效果

3D 运动效果主要体现镜头之间的层次变化，从而给观众带来一种从二维空间过渡到三维空间的立体视觉效果。在最新版的 Premiere 中，其 3D 运动效果只包含了立方体旋转和翻转两种效果。

1．立方体旋转

在【立方体旋转】视频过渡中，镜头一与镜头二画面都只是某个立方体的一个面，而整个转场所展现的便是在立方体旋转过程中，画面从一个面（镜头一画面）切换至另一个面（镜头二画面）的效果。

2．翻转

【翻转】过渡效果中的镜头一和镜头二画面更像是一个平面物体的两个面，而该物体在翻腾结束后，朝向屏幕的画面由原本的镜头一画面改为镜头二画面。

3．自定义翻转过渡效果

为素材添加【翻转】过渡效果之后，在【时间轴】面板中选择该效果，单击【效果控件】面板中的【自定义】按钮，可在弹出对话框内设置镜头画面翻转时的条带数量，以及翻转过程中的背景颜色。

例如，将条带数量设置为 2，翻转背景色设置

为黄色后，其效果如下图所示。

7.3.2　设置溶解效果

溶解类过渡效果主要以淡入淡出的形式来完成不同镜头间的过渡，使前一个镜头中的画面以柔和的方式过渡到后一个镜头的画面中。

1．Morph Cut

Morph Cut 是 Premiere Pro 新增的一种视频过渡效果，它可以通过在原声摘要之间平滑跳切，来创建更加完美的访谈，而不必淡入淡出或切去其他场景。

在具有"演说者头部特写"的素材中，可以通过移除剪辑中不需要的部分，并为其应用 Morph Cut 视频过渡的方法，来平滑分散注意力的跳切，有效清理访谈对话。除此之外，用户还可以使用 Morph Cut 重新整理访谈素材中的剪辑，以确保叙事流的平滑性，而杜绝视觉连续性上的任何跳跃点。

2．叠化/非叠化溶解

【叠化溶解】过渡效果是在镜头一和镜头二画面淡入淡出的同时，附加一种屏幕内容逐渐曝光并消隐的效果。

【非叠化溶解】过渡的效果是镜头二画面在屏幕上直接替代镜头一画面，在画面交替的过程中，交替的部分呈不规则形状，画面内容交替的顺序则由画面的颜色所决定。

3. 交叉和胶片溶解

【交叉溶解】过渡效果是最基础，也最简单的一种叠化过渡。该过渡效果，随着镜头一画面透明度的提高（淡出，即逐渐消隐），镜头二画面的透明度越来越低（淡入，即逐渐显现），直至在屏幕上完全取代镜头一画面。

> **提示**
>
> 当镜头画面中的质量不佳时，使用溶解过渡效果能够减弱因此而产生的负面影响。

【胶片溶解】过渡效果类似于【交叉溶解】过渡效果，唯一不同的是【交叉溶解】主要用于视频过渡，在【效果控件】面板中并没有普通过渡效果中的选项设置。而【胶片溶解】过渡效果既可以用于视频，又可以用于图片素材。

4. 渐隐为白色/黑色

所谓白场是屏幕呈单一的白色，而黑场则是屏幕呈单一的黑色。渐隐为白色，则是指镜头一画面在逐渐变为白色后，屏幕内容再从白色逐渐变为镜头二画面。

相比之下，渐隐为黑色则是指镜头一画面在逐渐变为黑色后，屏幕内容再由黑色转变为镜头二画面。

7.4　练习：制作黑白转场效果

在影视编辑过程中，运用 Premiere 内置的视频过渡效果，不仅可以提升整部作品的流畅感，而且还可以使节目更富有表现力。在本练习中，将通过制作一个黑白转场效果，来详细介绍 Premiere 中视频过渡效果的使用方法和操作技巧。

练习要点
- 新建项目
- 导入素材
- 添加素材
- 添加视频过渡效果
- 制作滚动字幕
- 制作黑场视频
- 设置不透明度
- 添加关键帧

操作步骤 >>>>

STEP|01 创建项目。启动 Premiere，在弹出的【欢迎使用 Adobe Premiere Pro CC 2015】对话框中，选择【新建项目】选项。

STEP|02 在弹出的【新建项目】对话框中，设置新项目名称、位置和常规等选项，并单击【确定】按钮。

STEP|03 导入素材。双击【项目】面板空白区域，在弹出的【导入】对话框中，选择导入素材，单击【打开】按钮。

STEP|04 添加素材。在【项目】面板中，依次选择相应的素材，将其添加到【时间轴】面板中。

STEP|05 添加过渡效果。在【效果】面板中，展开【视频过渡】下的【溶解】效果组，将【渐隐为白色】效果拖到第 1 和第 2 视频之间。

STEP|06 制作滚动字幕。在【项目】面板中，单击【新建项】按钮，在展开的级联菜单中选择【字幕】选项。

STEP|07 在弹出的【新建字幕】对话框中，保持默认设置，单击【确定】按钮。

STEP|08 在【字幕】面板中，使用【文字工具】输入文本，并在【字幕样式】面板中选择 Lithos Gold Strokes 52 样式。

STEP|09 在【字幕】面板中，将【字体系列】设置为【华文楷体】，并单击【滚动/游动选项】按钮。

STEP|10 在弹出的【滚动/游动选项】对话框中，选中【滚动】单选按钮，启用【开始于屏幕外】和【结束于屏幕外】复选框，并单击【确定】按钮。

STEP|11 设置字幕的持续时间。将"字幕 01"素材添加到【时间轴】中的 V2 轨道中，右击执行【速度/持续时间】命令。

STEP|12 在弹出的【剪辑速度/持续时间】对话框中，设置【持续时间】选项，并单击【确定】按钮。

STEP|13 制作黑场视频。在【项目】面板中，单击【新建项】按钮，在展开的级联菜单中选择【黑场视频】选项。

STEP|14 在弹出的【新建黑场视频】对话框中，保持默认设置，单击【确定】按钮即可。

STEP|15 将"黑场视频"素材添加到【时间轴】中的 V2 轨道中的 00:00:07:23 位置处。右击素材，执行【速度/持续时间】命令。

STEP|16 在弹出的【剪辑速度/持续时间】对话框中，设置【持续时间】选项，并单击【确定】按钮。

STEP|17 选择"黑场视频"素材,在【效果控件】面板中,将【不透明度】设置为 30%。

STEP|18 将【当前时间指示器】移动到 00:00:07:29 位置处,将【不透明度】设置为 50%。

STEP|19 将【当前时间指示器】移动到 00:00:08:06

位置处,将【不透明度】设置为 100%。

STEP|20 将【当前时间指示器】移动到 00:00:08:15 位置处,将【不透明度】设置为 100%。使用同样的方法,分别添加其他位置的不透明度关键帧。

7.5 练习:制作图片转场效果

图片转场效果的作用是将不同的素材文件进行无缝衔接,使其观看起来更像一个整体。而 Premiere 中的图片转场效果则是运用视频过渡效果,对图片素材进行拼接,从而提升了整部作品的流畅感。在本练习中,将通过制作图片素材的转场效果,来详细介绍视频过渡效果的使用方法。

练习要点
- 新建项目
- 导入素材
- 应用视频过渡效果
- 创建字幕素材
- 应用闪电效果
- 分割音频素材
- 应用恒定功率效果

操作步骤 >>>>

STEP|01 创建项目。启动 Premiere，在弹出的【欢迎使用 Adobe Premiere Pro CC 2015】对话框中，选择【新建项目】选项。

STEP|02 在弹出的【新建项目】对话框中，设置新项目名称、位置和常规等选项，并单击【确定】按钮。

STEP|03 导入素材。双击【项目】面板中的空白区域，在弹出的【导入】对话框中，选择需要导入的素材文件，单击【打开】按钮。

STEP|04 新建序列。执行【文件】|【新建】|【序列】命令，在弹出的【新建序列】对话框中，设置序列名称和视频选项，并单击【确定】按钮。

STEP|05 创建开头字幕素材。在【项目】面板中，单击【新建项】按钮，在展开的菜单中选择【字幕】选项。

STEP|06 在弹出的【新建字幕】对话框中，设置相应选项，并单击【确定】按钮。

STEP|07 在【字幕】面板中，使用默认工具单击窗口中心位置，输入字幕文本并调整字体的大小。

STEP|10 制作闪电效果。将"字幕 01"和所有的图片素材添加到【时间轴】面板中。

STEP|08 在【字幕属性】面板中，将【字体系列】选项设置为【华文行楷】，将【宽高比】设置为95.8%。

STEP|11 选择"字幕 01"素材，在【效果】面板中，展开【视频效果】下的【生成】效果组，双击【闪电】效果，将该效果添加到所选素材中。

STEP|09 启用【填充】复选框，将【填充类型】设置为【四色渐变】，并设置渐变颜色。

STEP|12 在【效果控件】面板中，设置该效果的各项参数即可。

STEP|13 添加图片转场效果。在【效果】面板中，展开【视频效果】下的【滑动】效果组，将【带状滑动】效果拖动到【时间轴】面板中图片 1 和图片 2 之间。

STEP|14 选择图片 1 和图片 2 之间的过渡效果，在【效果控件】面板中，设置【持续时间】和【对齐】选项。

STEP|15 使用同样方法，分别为其他图片添加【圆划像】、【立方体旋转】、【时钟式擦除】、【中心拆分】、【交叉缩放】和【页面剥落】过渡效果。

STEP|16 制作结束字幕。在【项目】面板中，单击【新建项】按钮，在展开的菜单中选择【字幕】选项。

STEP|17 在弹出的【新建字幕】对话框中，设置相应选项，并单击【确定】按钮。

STEP|18 在【字幕】面板中，使用默认工具单击窗口中心位置，输入字幕文本并调整字体的大小。

STEP|19 在【字幕属性】面板中，将【字体系列】选项设置为 Broadway，将【宽高比】设置为 65.9%。

STEP|20 启用【填充】复选框，将【填充类型】设置为【径向渐变】，并设置渐变颜色，以及【角度】和【重复】选项。

STEP|21 在【项目】面板中，选择"字幕 01"素

材。然后，在【效果控件】面板中复制【闪电】效果至"字幕 02"素材中。

STEP|22 在【效果】面板中，将【视频过渡】下【擦除】效果组中的【百叶窗】效果添加到最后一个图片和字幕 02 之间。

STEP|23 制作音乐素材。选择【项目】面板中的音乐素材，将其添加到【时间轴】面板中的 A1 轨道中。

STEP|24 将【当前时间指示器】调整至视频末尾处，使用【工具】面板中的【剃刀工具】单击音乐素材，分割素材。

STEP|25 删除右侧音乐素材片段，选择左侧音乐素材片段。在【效果】面板中，将【音频过渡】下【交叉淡化】效果组中的【恒定功率】效果添加到音频素材末尾处。

STEP|26 选择【恒定功率】效果，在【效果控件】面板中，设置效果的持续时间。

7.6 练习：制作水中倒影

本例制作汽车在水中的倒影。通过学习添加【波形弯曲】视频特效，使水的素材呈现波动的效果，再降低其透明度，使水波更加逼真。再为汽车素材添加【垂直翻转】特效，并添加相同的弯曲特效，调整素材的位置，制作出汽车在水中的倒影效果。

练习要点

- 新建项目
- 新建序列
- 导入素材
- 设置运动属性
- 设置不透明度
- 应用垂直翻转效果
- 应用羽化边缘效果
- 应用波纹变形效果

操作步骤 ▶▶▶▶

STEP|01 创建项目。启动 Premiere，在弹出的【欢迎使用 Adobe Premiere Pro CC 2015】对话框中，选择【新建项目】选项。

面板中的"水"素材添加到【时间轴】面板中，在
【效果控件】面板中将【不透明度】选项参数设置
为80%。

面板中的"水"素材添加到【时间轴】面板中，在
【效果控件】面板中将【不透明度】选项参数设置
为80%。

STEP|02 在弹出的【新建项目】对话框中，设置
新项目名称、位置和常规等选项，并单击【确定】
按钮。

STEP|05 选中【时间轴】面板中的"水"素材，
在【效果】面板中，展开【视频效果】下的【扭曲】
效果组，双击"波形变形"效果，将其添加到"水"
素材中。

STEP|03 新建序列。执行【文件】|【新建】|【序
列】命令，在弹出的【新建序列】对话框中，选择
预设模式，并单击【确定】按钮。

STEP|06 在【效果控件】面板中，将【波形变形】
效果中的【波形宽度】选项参数设置为100。

STEP|04 制作水波纹。导入素材，并将【项目】

STEP|07 在【效果】面板中，展开【视频效果】
下的【变换】效果组，双击【羽化边缘】效果，将

其添加到"水"素材中。

STEP|08 在【效果控件】面板中，将【数量】设置为 4。

STEP|09 修饰汽车素材。将【项目】面板中的"汽车"素材添加到【时间轴】面板中的 V2 轨道中，并在【效果控件】面板中设置其【位置】和【缩放】选项。

STEP|10 选中"汽车"素材，为该素材添加【羽

化边缘】效果，并在【效果控件】面板中将【数量】选项设置为 100。

STEP|11 制作汽车倒影效果。将"汽车"素材添加到【时间轴】面板中的 V3 轨道中，并在【效果控件】面板中设置【位置】和【缩放】选项。

STEP|12 在【效果】面板中，将【变换】效果组中的【垂直翻转】效果添加到该素材中，翻转图像。

STEP|13 将【变换】效果组中的【羽化边缘】效果添加到该素材中，并在【效果控件】面板中将【数量】选项设置为 100。

STEP|14 将【扭曲】效果组中的【波形变形】效果添加到该素材中,并在【效果控件】面板中将【波形宽度】设置为 100。

STEP|15 在【效果控件】面板中,将【不透明度】选项设置为 40%,突显水纹形状。

STEP|16 在【节目监视器】面板中,单击【播放-停止切换】按钮,预览最终效果。

7.7 新手训练营

练习 1:设置 3D 翻转效果

downloads\7\新手训练营\3D 翻转效果

提示: 本练习中,首先新建项目并将素材添加到【时间轴】轨道中。然后,将【3D 翻转】效果组中的【立方体旋转】效果添加到第 1 和第 2 个素材之间。最后,将【3D 翻转】效果组中的【翻转】效果添加到第 2 和第 3 个素材之间。

练习 2:设置交叉溶解效果

downloads\7\新手训练营\交叉溶解效果

提示: 本练习中,首先新建项目并将素材添加到【时间轴】轨道中。然后,将【溶解】效果组中的【交叉溶解】效果添加到第 1 和第 2 个素材之间。最后,在【效果控件】面板中,设置【持续时间】和【对齐】选项。

练习 3：设置页面剥落效果

🔘 downloads\7\新手训练营\页面剥落效果

　　提示：本练习中，首先新建项目并将素材添加到【时间轴】轨道中。然后，将【页面剥落】效果组中的【翻页】效果添加到第 1 和第 2 个素材之间。最后，将【页面剥落】效果组中的【页面剥落】效果添加到第 2 和第 3 个素材之间。

练习 4：设置棋盘擦除效果

🔘 downloads\7\新手训练营\棋盘擦除效果

　　提示：本练习中，首先新建项目并将素材添加到【时间轴】轨道中。然后，将【擦除】效果组中的【棋盘擦除】效果添加到第 1 和第 2 个素材之间。最后，在【效果控件】面板中，设置【持续时间】和【对齐】选项。

练习 5：设置划像效果

🔘 downloads\7\新手训练营\划像效果

　　提示：本练习中，首先新建项目并将素材添加到【时间轴】轨道中。然后，将【划像】效果组中的【交叉划像】效果添加到第 1 和第 2 个素材之间。最后，将【划像】效果组中的【菱形划像】效果添加到第 2 和第 3 个素材之间。

练习 6：设置滑动效果

🔘 downloads\7\新手训练营\滑动效果

　　提示：本练习中，首先新建项目并将素材添加到【时间轴】轨道中。然后，将【滑动】效果组中的【带状滑动】效果添加到第 1 和第 2 个素材之间。最后，在【效果控件】面板中，设置【持续时间】和【对齐】选项。

练习 7：设置缩放效果

downloads\7\新手训练营\缩放效果

提示：本练习中，首先新建项目并将素材添加到【时间轴】轨道中。然后，将【缩放】效果组中的【交叉缩放】效果添加到第 1 和第 2 个素材之间。最后，在【效果控件】面板中，设置【持续时间】和【对齐】选项。

练习 8：设置油漆飞溅效果

downloads\7\新手训练营\油漆飞溅效果

提示：本练习中，首先新建项目并将素材添加到【时间轴】轨道中。然后，将【擦除】效果组中的【油漆飞溅】效果添加到第 1 和第 2 个素材之间。最后，在【效果控件】面板中，设置【持续时间】和【对齐】选项。

第8章

设置视频效果

在编辑所拍摄的视频时，除了通过为视频添加过渡效果来突出画面的表现力之外，还可以通过为视频添加各种特效的方法来增加视频画面的生动性，以及弥补拍摄过程中所造成的画面缺陷等问题。Premiere 为用户提供了多种类型的视频特效，根据需求的不同，用户可针对不同问题应用不同的视频特效。在本章中，将详细介绍各种视频效果的应用方法和技巧，从而可以协助用户熟练完成对指定画面进行修饰、变换等操作，以达到突出影片主题及增强视觉效果的目的。

8.1 视频效果基础

在使用 Premiere 编辑视频时，不仅可以通过单个视频效果来丰富影片的画面效果，而且还可以为任意轨道中的视频素材添加多个视频效果，并可以通过编辑视频效果，来达到增强画面视频特效的目的。

8.1.1 添加视频效果

Premiere 为用户提供了 100 多种视频效果，所有效果按照类别被放置在【效果】面板中的【视频效果】下的 16 个效果组中，以方便用户对其进行查找和应用。

相对于过渡效果来讲，视频效果既可以通过【时间轴】面板来添加，又可以通过【效果控件】面板来添加。

1. 使用【时间轴】面板添加

使用【时间轴】面板添加视频效果时，用户只需将【视频效果】效果组中相应的效果，直接拖曳到【时间轴】面板中的素材上即可。

2. 使用【效果控件】面板添加

使用【效果控件】面板为素材添加视频效果，是最为直观的一种添加方式。首先，用户需要在【时间轴】面板中选择所需添加效果的素材。然后，将【效果】面板中所要添加的视频效果，直接拖至【效果控件】面板中即可。

当用户需要为同一个视频添加多个视频效果，只需依次将要添加的视频效果拖动到【效果控件】面板中即可。

> **提示**
>
> 在【效果控件】面板中，用户可以通过拖动各个视频效果来实现调整其排列顺序的目的。

8.1.2 编辑视频特效

为视频添加特效之后，还需要通过复制特效、删除特效等一系列的编辑操作，来修改与完善视频特效。

1. 复制视频特效

当多个影片剪辑使用相同的视频效果时，复制、粘贴视频效果可以减少操作步骤，加快影片编辑的速度。

首先，选择源视频效果所在影片剪辑，并在【效果控件】面板内右击视频效果，执行【复制】命令。然后，选择新的素材，右击【效果控件】面板空白区域，执行【粘贴】命令即可。

2. 删除视频特效

当不再需要影片剪辑应用视频效果时，可在【效果控件】面板中右击视频效果，执行【清除】命令，即可删除该视频特效。

另外，在【效果控件】面板中，选择视频效果，按下 Delete 键或 Backspace 键也可将其删除。

3. 设置特效参数

为视频添加特效之后，在【效果控件】面板中单击视频效果前的"三角"按钮，即可显示该效果所具有的全部参数。

> **提示**
>
> Premiere 中的视频效果属性参数并不是一成不变的，它会随着视频效果的改变而改变。

当用户需要更改属性值时，则可以单击属性参数值，使其处于可编辑状态，然后输入新的参数值即可。

除此之外,对于部分参数,还可以展开参数的
详细设置面板,通过拖动其中的指针或者滑块来更
改属性的参数值。

4. 隐藏视频效果

在【效果控件】面板中,单击视频效果前的【切
换效果开关】按钮,即可在影片剪辑中隐藏该视频
效果。

隐藏视频效果之后,再次单击【切换效果开关】
按钮,即可显示该视频效果。

8.1.3 调整图层

当多个影片剪辑使用相同的视频效果时,除了

使用复制与粘贴视频效果外,Premiere 还提供了调
整图层的方法。

当用户在调整图层中添加视频效果后,其添加
的效果会被应用到该调整图层下方的所有视频中;
并且在删除或隐藏调整图层的情况下,其下方所有
视频中的效果不会被影响。

1. 创建调整图层

在【项目】面板中,单击底部的【新建项】按
钮,在展开的子菜单中选择【调整图层】选项。

然后,在弹出的【调整图层】对话框中,设置
调整图层的视频【宽度】、【高度】、【时基】与【像
素长宽比】选项,单击【确定】按钮,即可在【项
目】面板中创建"调整图层"项目。

2. 添加视频效果

当为【时间轴】面板中添加素材后,将新创建
的调整图层插入素材片段上方,使其播放长度与素
材相等。

此时，为【时间轴】面板中的调整图层添加视频效果，用户会发现该调整图层下方的所有素材均显示被添加的视频效果。

调整图层中的视频效果的应用与编辑方法，与视频片段中的视频效果相同。当调整图层中添加了多个视频效果后，可通过单击调整图层所在轨道中的【切换轨道输出】图标，来隐藏调整图层，其视频效果暂时不显示在下方的素材中。

另外，如果想彻底删除调整图层中的视频效果，则需要删除调整图层。即在【时间轴】面板中选中调整图层，按下 Delete 键即可。

8.2　变形视频效果

变形视频效果主要用来校正或扭曲视频画面，当用户不小心拍摄出倾斜画面的视频时，则需要使用变换类效果来校正画面；除此之外，用户还可以使用扭曲类效果对视频画面进行变形，从而丰富视频画面效果。

8.2.1　变换

【变换】类视频效果可以使视频素材的形状产生二维或三维变化，它包括【垂直翻转】、【水平翻转】、【羽化边缘】和【裁剪】4 种效果。

1. 垂直翻转与水平翻转

【垂直翻转】视频效果的作用是让素材画面呈现一种倒置的效果，由于该效果没有属性参数，因此用户只需将该效果添加到相应素材上即可。

【水平翻转】视频效果的作用则是让素材画面呈现一种水平倒置的效果，由于该效果没有属性参数，因此用户只需将该效果添加到相应素材上即可。

2. 羽化边缘

【羽化边缘】视频效果可以在屏幕画面四周形成一圈经过羽化处理后的黑边。当用户将该效果应用到素材中后，在【效果控件】面板中将显示【数量】属性参数，该参数值越大表示经过羽化处理的黑边越明显，其参考值介于 0~100 之间。

3. 裁剪

【裁剪】视频效果的作用是对影片剪辑的画面进行切割处理，当用户将该效果应用到素材中后，在【效果控件】面板中将显示各属性参数。

其中，【裁剪】效果下各属性的具体含义，如下所述。

- ❑ **左侧** 用于设置屏幕画面中的左方的切割比例。
- ❑ **顶部** 用于设置屏幕画面中的上方的切割比例。

- ❑ **右侧** 用于设置屏幕画面中的右方的切割比例。
- ❑ **底部** 用于设置屏幕画面中的下方的切割比例。
- ❑ **缩放** 启用该复选框，可以将切割后的画面填充至整个屏幕。
- ❑ **羽化边缘** 用于设置屏幕画面四周经羽化处理后的黑边宽度，其值介于 –30000~30000 之间。

8.2.2 扭曲

【扭曲】类视频效果可以使素材画面产生多种不同的变形效果，包括【位移】、【变换】、【放大】、【旋转】等 12 种不同的变形样式。

1. 位移

当素材画面的尺寸大于屏幕尺寸时，使用【位移】视频效果可以产生虚影效果。

当用户将该效果应用到素材中后，在【效果控件】面板中将显示相应的属性参数。调整之前的【与原始图像】属性值为 0，表示目前屏幕画面不存在位移效果。此时，用户可以将该属性值调整在 1~100 之间。同时，还需要调整【将中心移位至】

属性参数值，否则也无法显示位移效果。

2. 变换

【变换】视频效果能够为用户提供一种类似于照相机拍照时的效果，通过在【效果控件】面板中调整【锚点】、【缩放高度】、【缩放宽度】等选项，可对"拍照"时的屏幕画面摆放位置、照相机位置和拍摄参数等多项内容进行设置。

3. 放大

【放大】视频效果可以放大显示素材画面中的指定位置，从而模拟人们使用放大镜观察物体的效果。将【放大】效果应用到素材中后，在【效果控

件】面板中设置【形状】、【大小】、【放大率】等各属性参数即可。

在【放大】视频效果属性中，Premiere 为用户提供了【混合模式】选项，该选项包含了 18 种变形效果与原图像之间的混合方式。

4. 旋转

【旋转】视频效果可以使素材画面中的部分区域围绕指定点来旋转图像画面。

添加该效果之后，在【效果控件】面板中将会显示该效果的各属性选项。其中，【角度】属性决定了图像的旋转扭曲程度，参数值越大扭曲效果越明显；【旋转扭曲半径】属性决定着图像的扭曲范围，而【旋转扭曲中心】属性则控制着扭曲范围的

中心点。

心】属性选项则决定了"球体"在画面中的位置。

5. 波形变形

【波形变形】视频效果的作用是根据用户给出的参数在一定范围内制作弯曲的波浪效果。

添加该效果之后，在【效果控件】面板中将会显示该效果的各属性选项，包括【波形类型】、【波形高度】、【波形宽度】、【方向】、【波形速度】等属性选项。

6. 球面化

【球面化】视频效果可以使素材画面以球面化状态进行显示。

将该视频效果添加到素材中后，在【效果控件】面板中将会显示该效果的各属性选项。其中，【半径】属性选项用于调整"球体"的尺寸大小，直接影响球面效果对屏幕画面的作用范围；而【球面中

7. 紊乱置换

【紊乱置换】视频效果可以在素材画面内产生随机的画面扭曲效果。

将该视频效果添加到素材中后，在【效果控件】面板中将会显示该效果的各属性选项。其中，【置换】属性选项用于控制扭曲方式，【消除锯齿最佳品质】属性选项则用于决定扭曲后的画面品质，而其他所有属性选项都用于控制画面扭曲效果。

8. 边角定位

【边角定位】视频效果可以改变素材画面 4 个边角的位置，从而可以使画面产生倾斜和透视效果。

将该视频效果添加到素材中后，在【效果控件】面板中将会显示该效果的各属性选项。其【左上】、

【右上】、【左下】、【右下】属性选项的参数值用于指定屏幕画面位置的坐标值，用户只需调整这些参数便可控制屏幕画面产生各种倾斜或透视效果。

9．镜像

【镜像】视频效果可以使素材画面沿分割线进行任意角度的反射操作。

将该视频效果添加到素材中后，在【效果控件】面板中将会显示该效果的各属性选项。其中，【反射中心】属性选项用于设置镜像反射的中心位置（分割线位置），而【反射角度】属性选项则用于设置镜像反射的应用效果。

10．镜头扭曲

在视频拍摄过程中，可能会出现某些焦距、光圈大小和对焦距离等不同类型的缺陷。这时可以通过【镜头扭曲】视频效果进行校正，或者直接使用该效果为正常的视频画面添加扭曲效果。

将该视频效果添加到素材中后，在【效果控件】面板中将会显示该效果的各属性选项，包括【曲率】、【垂直偏移】、【水平偏移】、【垂直棱镜效果】、【水平棱镜效果】属性选项。

11．变形稳定器

【变形稳定器】视频效果可以消除因摄像机移动造成的抖动情况，从而可以将具有抖动情况的素材变为稳定、流畅的拍摄内容。

将该视频效果添加到素材中后，首次运用该效果系统将自动分析素材，并在【节目监视器】面板中显示分析过程。

同时，在【效果控件】面板中将会显示该效果的各属性选项。

其中，各属性选项的具体含义，如下所述。

❏ **结果** 用于控制素材的预期效果，其中【平滑运动】选项表示保持相机的平滑移动，而【不运动】选项表示消除拍摄过程中的所有摄像机运动效果。

❏ **平滑度** 用于设置摄像机原运动的平滑程度，其值越高表示运动越平滑。

❏ **方法** 用于指定变形稳定器为稳定素材而对其执行的操作方法，包括【位置】、【透视】、【子空间变形】和【位置,缩放,旋转】4 种方法。

❏ **保持缩放** 启用该复选框，将保持原素材的缩放效果。

❏ **帧** 用于控制边缘在稳定结果中的显示方式，包括【仅稳定】、【稳定,裁切】、【稳定,裁切,自动缩放】和【稳定,合成边缘】4 种方式。

❏ **自动缩放** 用于显示当前的自动缩放量，其【最大缩放】选项用于限制为实现稳定而按比例增加剪辑的最大量，而【活动安全边距】选项则用于指定边界。

❏ **附加缩放** 该选项在避免对图形进行额外重新取样的前提下，使用与【运动】下【缩放】属性相同的结果放大剪辑。

❏ **详细分析** 启用该复选框，可以让下一个分析阶段执行额外的工作来查找所要跟踪的元素。

❏ **果冻效应波纹** 稳定器会自动消除与被稳定的果冻效应素材相关的波纹。

❏ **更少裁剪<->更多平滑** 用于控制裁切矩形在被稳定的图像上方移动时的平滑度与缩放之间的折中。

❏ **合成输入范围（秒）** 用于控制合成进程在时间上向后或向前走多远来填充任何缺少的像素。

❏ **合成边缘羽化** 可为合成的片段选择羽

化量。仅在使用【稳定,合成边缘】取景时，才会启用该选项。

❏ **合成边缘裁切** 用于剪掉在模拟视频捕获或低质量光学镜头中常见的多余边缘。默认情况下，所有边缘均设为零像素。

❏ **隐藏警告栏** 启用该复选框，可隐藏分析过程中的警告横幅。

12. 果冻效应修复

在视频的扫描线之间通常有一个延迟时间。由于扫描之间的时间延迟，无法准确地同时记录图像的所有部分，从而导致果冻效应扭曲。如果在拍摄过程中，摄像机或拍摄对象发生移动，则会产生果冻效应扭曲现象。此时，可以使用 Premiere 中的果冻效应修复效果来去除这些扭曲伪像。

将该视频效果添加到素材中后，在【效果控件】面板中将会显示该效果的各属性选项，

其中，各属性选项的具体含义，如下所述。

❏ **果冻效应比率** 该选项用于指定帧速率（扫描时间）的百分比。

❏ **扫描方向** 用于指定发生果冻效应扫描的方向。大多数摄像机从顶部到底部扫描传感器。对于智能手机，可颠倒或旋转式操作摄像机，这样可能需要不同的扫描方向。

❏ **方法** 用于指定扫描方法，包括【变形】和【像素运动】两种方法。

❏ **详细分析** 启用该复选框，表示将在变形中执行更为详细的点分析。

❏ **像素运动细节** 用于指定光流矢量场计算的详细程度。该选项在使用【像素运动】方法时可用。

8.3　画面质量视频效果

使用 DV 拍摄的视频，其画面效果并不非常理想，视频画面中的模糊、清晰与是否出现杂点等质量问题，可以通过【杂色与颗粒】及【模糊与锐化】等效果组中的效果进行设置。

8.3.1　杂色与颗粒

【杂色与颗粒】类视频效果的作用是在影片素材画面内添加细小的杂点，根据视频效果原理的不同，又可分为【中间值】、【杂色】等 6 种不同的效果。

1．中间值

【中间值】视频效果能够将素材画面内每个像素的颜色值替换为该像素图像素材的 RGB 平均值，因此能够实现消除噪波或产生水彩画的效果。

将该视频效果添加到素材中后，在【效果控件】面板中将会显示该效果的各属性选项。其中，【半径】属性选项的参数值越大，Premiere 在计算颜色值时的参考像素范围越大，视频效果的应用效果就越明显。

2．杂色

【杂色】视频效果能够在素材画面上增加随机的像素杂点，其效果类似于采用较高 ISO 参数拍摄出的数码照片。

将该视频效果添加到素材中后，在【效果控件】面板中将会显示该效果的各属性选项。

其中，各属性的具体含义，如下所述。

- ❑ 杂色数量　用于控制画面内的噪点数量，该选项所取的参数值越大，噪点的数量越多。

❑ **杂色类型** 用于设置产生噪点的算法类型，启用或禁用该选项右侧的【使用颜色杂色】复选框，会影响素材画面内的噪点分布情况。

❑ **剪切** 用于决定是否将原始的素材画面与产生噪点后的画面叠放在一起，禁用【剪切结果值】复选框后将仅显示产生噪点后的画面。但在该画面中，所有影像都会变得模糊一片。

3. 杂色 Alpha

【杂色 Alpha】视频效果可以在视频素材的 Alpha 通道内生成噪波，从而利用 Alpha 通道内的噪波来影响画面效果。

将该视频效果添加到素材中后，在【效果控件】面板中可对【杂色 Alpha】视频效果的类型、数量、溢出方式，以及噪波动画控制方式等多项参数进行调整。

【杂色 HLS 自动】视频效果类似于【杂色 HLS】视频效果，其【效果控件】面板中的属性选项也大体相同。唯一不同的是【杂色 HLS 自动】视频效果不允许用户调整噪波颗粒的大小，但用户却能通过【杂色动画速度】选项来控制杂波动态效果的变化速度。

4. 杂色 HLS 和杂色 HLS 自动

【杂色 HLS】视频效果能够通过调整画面色调、亮度和饱和度的方式来控制噪波效果。将该视频效果添加到素材中后，在【效果控件】面板中调整相应的属性选项即可。

5. 蒙尘与划痕

【蒙尘与划痕】视频效果用于产生一种附有灰尘的、模糊的噪波效果。在【效果控件】面板中，参数【半径】用于设置噪波效果影响的半径范围，其值越大，噪波范围的影响越大；参数【阈值】用于设置噪波的开始位置，其值越小，噪波影响越大，图像越模糊。

8.3.2 模糊与锐化

【模糊与锐化】类视频效果的作用与其名称完全相同,这些视频效果有些能够使素材画面变得更加朦胧,有些则能够让画面变得更为清晰。

1.方向模糊

【方向模糊】视频效果能够使素材画面向指定方向进行模糊处理,从而使画面产生动态效果。在【效果控件】面板中,可通过调整【方向】和【模糊长度】选项来控制定向模糊的效果。

2.快速模糊

【快速模糊】视频效果能够对画面中的每个像素进行相同的模糊操作,因此其模糊效果较为"均匀"。在【效果控件】面板中,【模糊度】属性选项用于控制画面模糊程度;【模糊维度】属性选项决定了画面模糊的方式;而【重复边缘像素】属性选项则用于调整模糊画面的细节部分。

3.锐化

【锐化】视频效果的作用是增加相邻像素的对比度,从而达到提高画面清晰度的目的。在【效果控件】面板中,只有【锐化数量】这一个属性选项,其参数取值越大,对画面的锐化效果越明显。

4. 高斯模糊

【高斯模糊】视频效果能够利用高斯运算方法生成模糊效果，从而使画面中部分区域的画面表现效果更为细腻。在【效果控件】面板中，可通过【模糊度】和【模糊尺寸】这两个选项来设置效果的方向和模糊程度。

5. 相机模糊

【相机模糊】视频效果可以模拟摄像机镜头变焦所产生的模糊效果。在【效果控件】面板中只包含了【百分比模糊】一种属性选项，主要用于设置模糊数值，取值范围在 0~100%之间，其参数越大，模糊程度越大；参数越小，模糊程度越小，画面就越接近原始图像画面。

6. 通道模糊

【通道模糊】视频效果是通过改变图像中颜色通道的模糊程度来实现画面的模糊效果的。

在【效果控件】面板中，主要包含下列一些属性选项。

- ❏ **红色模糊度** 该选项用于设置红色通道的模糊程度。
- ❏ **绿色模糊度** 该选项用于设置绿色通道的模糊程度。
- ❏ **蓝色模糊度** 该选项用于设置蓝色通道的模糊程度。
- ❏ **Alpha 模糊度** 该选项用于设置 Alpha 通道的模糊程度。
- ❏ **边缘特性** 该选项用于设置空白区域的填充方式。如果启用【重复边缘像素】复选框，则可以使用图像边缘的像素颜色填充。
- ❏ **模糊维度** 该选项用于设置通道模糊的水平和垂直、水平、垂直 3 个方向。

7. 复合模糊

【复合模糊】视频效果可根据控制剪辑（也称为模糊图层或模糊图）的明亮度值使像素变模糊。默认情况下，模糊图层中的亮值对应于效果剪辑的较多模糊，而暗值对应于较少模糊。该效果不仅可用于模拟涂抹和指纹，而且还可以模拟由烟或热所引起的可见性变化。

8．钝化蒙版

【钝化蒙版】视频效果增加定义边缘的颜色之间的对比度。其【效果控件】面板中的【半径】选

项主要用于调整像素对比度边缘之间的距离，当该值比较低时，则仅调整边缘附近的像素。而【阈值】选择则用于调整对比度的相邻像素的最大差异，较低的值会调整整个图像的对比度。

8.4　光照视频效果

在【视频效果】效果组中，可以通过光照类效果改变画面色彩效果，以及通过某些效果得到日光的效果。光照类视频效果主要包括【生成】和【风格化】两大类。

8.4.1　生成

【生成】类视频效果的作用是在素材画面中形成炫目的光效或者图案，包括书写、棋盘、渐变和油漆桶等 12 种视频效果。

1．四色渐变效果

【四色渐变】效果可产生四色渐变，用户可通过四个效果点、位置和颜色来定义渐变。而且，渐变包括混合在一起的四个纯色环，每个环都有一个效果点作为其中心。

❑ **混合**　用于设置颜色的过渡效果，其较高的值可形成颜色之间更平缓的过渡。

❑ **抖动** 用于设置渐变中的抖动（杂色）量。抖动可减少色带，仅影响可能出现色带的区域。

❑ **不透明度** 用于设置渐变的不透明度，可作为剪辑"不透明度"值的一部分。

❑ **混合模式** 用于设置渐变与剪辑相结合时使用的混合模式。

2．棋盘

【棋盘】视频效果的作用是在屏幕画面上形成棋盘网络状的图案。在【效果控件】面板中，可以对【棋盘】视频效果所生成棋盘图案的起始位置、棋盘格大小、颜色、图案透明度和混合模式等多项属性进行设置，从而创造出个性化的画面效果。

3．渐变

【渐变】视频效果的功能是在素材画面上创建彩色渐变，并使其与原始素材融合在一起。在【效果控件】面板中，用户可对渐变的起始、结束位置，以及起始、结束色彩和渐变方式等多项内容进行调整。

技巧

参数【与原始图像混合】的值越大，与原始素材画面的融合将会越紧密，若其值为 0%，则仅显示渐变颜色而不显示原始素材画面。

4．镜头光晕

【镜头光晕】视频效果可以在素材画面上模拟出摄像机镜头上的光环效果。在【效果控件】面板中，用户可对光晕效果的起始位置、光晕强度和镜头类型等参数进行调整。

5．油漆桶

【油漆桶】效果是使用纯色来填充区域的非破坏性油漆效果。其原理非常类似于 Adobe Photoshop 中的【油漆桶】工具，主要用于给漫画类型轮廓图着色，或用于替换图像中的颜色区域。

8.4.2　风格化

【风格化】类视频效果共提供了 13 种不同样式的视频效果，其共同点都是通过移动和置换图像像素，以及提高图像对比度的方式来产生各种各样的特殊效果。

1. 曝光过度

【曝光过度】视频效果能够使素材画面的正片效果和负片效果混合在一起，从而产生一种特殊的曝光效果。在【效果控件】面板中，可通过调整【阈值】属性选项来更改视频效果的最终效果。

2. 彩色浮雕与浮雕

【彩色浮雕】视频效果可以锐化图像中物体边缘，并改变图像的原始颜色。而【浮雕】视频效果则用于产生单色浮雕。【彩色浮雕】视频效果与【浮雕】视频效果类似，所不同的是【彩色浮雕】效果包含颜色。

【彩色浮雕】视频效果与【浮雕】视频效果在【效果控件】面板中具有相同的属性选项。

其中，每种属性选项的具体含义，如下所述。

- 方向　设置浮雕效果的光源方向。
- 起伏　设置浮雕凸起高度，取值范围为 1～10。
- 对比度　设置图像边界的对比度，值越大，对比度越大。

❑ 与原始图像混合 　设置和原图像的混合程度。在【彩色浮雕】效果中值越大，越和原图像效果相似；而在【浮雕】效果中则无明显变化。

3．纹理化

【纹理化】视频效果可以将指定轨道内的纹理映射至当前轨道的素材图像上，从而产生一种类似于浮雕贴图的效果。

> **注意**
>
> 如果纹理轨道位于目标轨道的上方，则在【效果控件】面板内将【纹理图层】设置为相应轨道后，还应当隐藏该轨道，使其处于不可见状态。

4．查找边缘

【查找边缘】视频效果能够通过强化过渡像素来形成彩色线条，从而产生铅笔勾画的特殊画面效果，其边缘可以显示为白色背景上的黑线和黑色背景上的彩色线，一般可用于素描。

在【效果控件】面板中，其【反转】属性选项用于翻转图像效果，而【与原始图像混合】属性选项是用于指定效果和原始图像的混合程度。

> **提示**
>
> 在【效果控件】面板中，【与原始图像混合】属性选项用于控制查找边缘所产生画面的透明度，当其取值为 100% 时，即完全显示原素材画面。

5．复制

【复制】视频效果可以将原始画面复制多个画面，且在每个画面中都显示整个图像。在【效果控件】面板中，只有一项参数【计算】属性选项，用于控制复制的副本数量。

6．阈值

【阈值】视频效果可以将灰度或彩色图像转换为高对比度的黑白图像。当指定某个色阶作为阈值，所有比阈值亮的像素转换为白色，而所有比阈值暗的像素都转换为黑色。

7．马赛克

【马赛克】视频效果可以将一个单元内所有的像素统一为一种颜色，然后使用该颜色块来填充整个层。在【效果控件】面板中，【水平块】和【垂直块】属性选项用于控制水平方向和垂直方向上的马赛克数量；而【锐化颜色】复选框则用于控制方格之间不进行混色，可以创建一种比较僵硬的马赛克效果。

8．粗糙边缘

【粗糙边缘】视频效果能够让影片剪辑的画面边缘呈现出一种粗糙化形式，其效果类似于腐蚀而成的纹理或溶解效果。在【效果控件】面板中，还

可通过各个属性选项，来调整视频效果的影响范围、边缘粗糙情况及复杂程度等内容。

8.5　其他视频效果

在【视频效果】效果组中，还包括其他一些效果组，比如视频过渡效果、时间效果、视频效果等。

而这些效果以及前面介绍过的视频效果，既可以在整个视频中显示，也可以在视频的某个时间段显示。

8.5.1　过渡

【过渡】类视频效果主要用于两个影片剪辑之间的切换,其作用类似于 Premiere 中的视频过渡效果。在【过渡】类视频效果中,共包括【块溶解】、【线性擦除】等 5 种过渡效果。

1. 块溶解

【块溶解】视频效果能够在屏幕画面内随机产生块状区域,从而在不同视频轨中的视频素材重叠部分间实现画面切换。

在【效果控件】面板中,【过渡完成】属性选项用于设置不同素材画面的切换状态,取值为100%时将会完全显示底层轨道中的画面,而【块宽度】和【块高度】属性选项,则用于控制块形状的尺寸大小。

另外,当在两个素材的重叠显示时间段创建【过渡完成】属性选项的关键帧,并且设置该参数由 0%至 100%,那么就会得到视频过渡动画。

2. 径向擦除

【径向擦除】视频效果能够通过一个指定的中心点,从而以旋转划出的方式切换出第二段素材的画面。

在【效果控件】面板中,【过渡完成】属性选项用于设置素材画面切换的具体程度,【起始角度】属性选项用于控制径向擦除的起点,而【擦除中心】

和【擦除】属性选项,则分别用于控制【径向擦除】中心点的位置和擦除方式。

3. 渐变擦除

【渐变擦除】视频效果能够根据两个素材的颜色和亮度建立一个新的渐变层,从而在第一个素材逐渐消失的同时逐渐显示第二个素材。

在【效果控件】面板中,还可以对渐变的柔和度,以及渐变图层的位置与效果进行调整。

4．百叶窗

　　【百叶窗】视频效果能够模拟百叶窗张开或闭合时的效果，从而通过分割素材画面的方式，实现切换素材画面的目的。

　　在【效果控件】面板中，通过更改【过渡完成】、【方向】和【宽度】等选项的参数值，用户还可对百叶窗的打开程度、角度和大小等内容进行调整。

○ 过渡完成	31 %
○ 方向	26.0 °
○ 宽度	58

8.5.2　时间与视频

　　在【视频效果】效果组中，不仅可以设置视频画面的重影效果，以及视频播放的快慢效果；并且还可以通过【时间码】效果为视频画面添加时间码效果，从而在视频播放过程中查看播放时间。

1．残影

　　【残影】视频效果同样是【视频效果】效果组中的其中一个效果，该效果的添加能够为视频画面添加重影效果。用户可以在【效果控件】面板中，设置该效果的各项属性选项。

○ 残影时间（秒）	-0.033
○ 残影数量	1
○ 起始强度	1.00
○ 衰减	1.00
○ 残影运算符	相加

2．时间码

　　【时间码】效果是【视频效果】效果组中的效果，当为视频添加该效果后，即可在画面的正下方显示时间码。用户可以在【效果控件】面板中，设置该效果的位置、大小、不透明度、格式等属性选项。

应用该效果之后，单击【节目】面板中的【播放-停止切换】按钮 ▶，即可在视频播放的同时，查看时间码记录播放时间的动画。

8.6 练习：制作电影预告片

电影预告片是将电影的精彩部分组合在一起，以吸引观众的眼球。在本练习中，将通过【彩色浮雕】效果，来呈现画面的刻板效果。除此之外，还将通过【查找边缘】和【边角定位】视频效果，以多种处理画面的方式来调整影片素材，以期可以制作出更加精美的电影预告片。

练习要点

- 新建项目
- 添加素材
- 分割素材
- 添加视频效果
- 设置视频效果
- 制作滚动字幕
- 添加视频过渡效果

操作步骤 》》》》

STEP|01 创建项目。启动 Premiere，在弹出的【欢迎使用 Adobe Premiere Pro CC 2015】对话框中，选择【新建项目】选项。

STEP|02 在弹出的【新建项目】对话框中，设置新项目名称、位置和常规等选项，并单击【确定】按钮。

STEP|03 导入素材。双击【项目】面板空白区域，在弹出的【导入】对话框中，选择导入素材，单击【打开】按钮。

STEP|04 制作彩色浮雕效果。将"1.mpg"素材添加到【时间轴】面板中，并选中该素材。

STEP|05 在【效果】面板中，展开【视频效果】下的【风格化】效果组，双击【彩色浮雕】效果，将该效果添加到素材中。

STEP|06 在【效果控件】面板中，设置效果的各项参数。

STEP|07 制作边缘效果。将"2.mpg"素材添加到"1.mpg"素材后面，并在【效果】面板中，双击【风格化】效果组中的【查找边缘】效果，为其添加效果。

STEP|08 在【效果控件】面板中，设置效果的各项参数。

STEP|09 在【效果】面板中，展开【视频效果】下的【风格化】效果组，双击【粗糙边缘】效果，将该效果添加到素材中。

STEP|10 在【效果控件】面板中，设置效果的各项参数。

STEP|11 在【效果】面板中，展开【视频效果】下的【颜色校正】效果组，双击【RGB 曲线】效果，将该效果添加到素材中。

STEP|12 在【效果控件】面板中，适当调整【主通道】的曲线，增加画面的对比度。

STEP|13 制作连续画面效果。将"3.mpg"素材添加到 V1 轨道中，并在【效果】面板中，双击【扭曲】效果组中的【边角定位】效果，为其添加效果。

STEP|14 在【效果控件】面板中，设置【边角定位】的各方向参数。

STEP|15 将"3.mpg"素材添加到 V2 轨道中，并在【效果】面板中，双击【扭曲】效果组中的【边角定位】效果，为其添加效果。

STEP|16 在【效果控件】面板中，设置【边角定位】的各方向参数。

STEP|17 将"3.mpg"素材添加到 V3 轨道中，并在【效果】面板中，双击【扭曲】效果组中的【边角定位】效果，为其添加效果。

STEP|18 在【效果控件】面板中，设置【边角定位】的各方向参数。

STEP|19 制作字幕。在【项目】面板中，单击【新建项】按钮，在弹出的级联菜单中选择【字幕】选项。

STEP|20 在弹出的【新建字幕】对话框中，保持默认设置，单击【确定】按钮即可。

STEP|21 在【字幕】面板中，输入字幕文本，设置字体大小和字体样式，同时，在【字幕样式】面板中选择【Lithos Gold Strokes 52】样式。

STEP|22 再次创建一个"字幕 02"素材，在【字幕】面板中，输入字幕文本，设置字体大小和字体样式。同时，在【字幕样式】面板中选择【Caslon Red 84】样式。

STEP|23 执行【字幕】|【滚动/游动选项】命令，在弹出的【滚动/游动选项】对话框中，设置字幕游动选项，并单击【确定】按钮。

STEP|24 将"字幕01"和"字幕02"素材分别添加到 V4 和 V5 轨道中，并将其添加到【时间轴】面板中的 V5 轨道中。

STEP|25 选择 V4 轨道中的素材，在【效果】面板中，展开【视频效果】下的【过渡】效果组，双击【块溶解】效果，将其添加到该素材中。

STEP|26 将【当前时间指示器】调整至 00:00:33:00 位置处，单击【效果控件】面板中的【过

渡完成】左侧的【动画切换】按钮，并将参数值设置为 100%。

STEP|27 将【当前时间指示器】调整至 00:00:36:00 位置处，将【过渡完成】参数值设置为 0%，添加第 2 个关键帧。

STEP|28 添加视频过渡效果。在【效果】面板中，展开【视频过渡】下的【滑动】效果组，将【带状滑动】效果添加到 V1 轨道中前 2 个素材之间。

STEP|29 在【效果控件】面板中，设置【持续时间】和【对齐】选项。

STEP|30 使用同样的方法，为第 2 和第 3 段素材添加视频过渡效果。最后，单击【节目监视器】面板中的【播放-停止切换】按钮，预览视频效果。

8.7 练习：制作刺绣展示视频

在 Premiere 中，不仅可以通过添加视频过渡效果让视频之间的衔接更加自然流畅，而且还可以通过为视频添加一些视频特效及动画关键帧，来增加视频的多彩性，从而使视频效果更具有观赏性。在本练习中，将通过制作刺绣展示视频，来详细介绍视频过渡、视频效果，以及编辑素材等功能的使用方法和操作技巧。

练习要点

- 新建项目
- 导入素材
- 设置缩放大小
- 添加视频效果
- 设置动画关键帧
- 添加视频过渡效果
- 添加音频过渡效果
- 使用蒙版

操作步骤 ▶▶▶▶

STEP|01 创建项目。启动 Premiere，在弹出的【欢迎使用 Adobe Premiere Pro CC 2015】对话框中，选择【新建项目】选项。

STEP|02 在弹出的【新建项目】对话框中，设置新项目名称、位置和常规等选项，并单击【确定】按钮。

STEP|03 导入素材。双击【项目】面板空白区域，在弹出的【导入】对话框中，选择导入素材，单击【打开】按钮。

STEP|04 调整素材。将"公园亭角.wmv"素材添加到 V2 轨道中，右击素材执行【取消链接】命令，取消音视频链接，并删除音频素材。

STEP|05 选择视频素材，在【效果控件】面板中，将【缩放】设置为 110，调整素材的实际大小。

STEP|06 选择素材，在【效果】面板中，展开【视频效果】下的【生成】效果组，双击【镜头光晕】效果，将其添加到该素材中。

STEP|07 在【效果控件】面板中，单击【光晕中心】和【光晕亮度】选项左侧的【切换动画】按钮，并分别设置各参数，创建第 1 个关键帧。

STEP|08 将【当前时间指示器】调整至 00:00:03:00 位置处，在【效果控制】面板中分别调整【光晕中心】和【光晕亮度】选项参数，创建第 2 个关键帧。

STEP|09 分割视频。将"刺绣-清明上河图.wmv"素材添加到 V2 轨道中，在【效果控件】面板中，将【缩放】设置为 112。

STEP|10 将【当前时间指示器】调整至 00:00:12:11 位置处，使用【剃刀工具】单击素材，分割素材。

STEP|11 制作局部放大效果。选择左侧的"刺绣-清明上河图.wmv"素材，并将【当前时间指示器】调整至 00:00:04:18 位置处。

STEP|12 在【效果】面板中，展开【视频效果】下的【扭曲】效果组，双击【放大】效果，将其添加到该素材中。

STEP|13 在【效果控件】面板中，设置各项参数，并单击【放大率】选项左侧的【切换动画】按钮，创建第 1 个关键帧。

STEP|14 将【当前时间指示器】调整至 00:00:06:20 位置处，单击【大小】选项左侧的【切换动画】按钮，并调整【大小】和【放大率】选项参数。

STEP|15 将【当前时间指示器】调整至 00:00:09:22 位置处，在【效果控件】面板中调整【大小】和【放大率】选项参数，创建第 3 个关键帧。

STEP|16 将【当前时间指示器】调整至 00:00:12:10 位置处，在【效果控件】面板中调整【大小】和【放大率】选项参数，创建第 4 个关键帧。

STEP|17 制作马赛克效果。将【当前时间指示器】调整至 00:00:21:11 位置处，使用【剃刀工具】单击素材，分割素材。

STEP|18 选择分割后的左侧素材，在【效果】面板中，展开【视频效果】下的【风格化】效果组，双击【马赛克】效果，将其添加到该素材中。

STEP|19 在【效果控件】面板中，将【水平块】和【垂直块】选项分别设置为 50。

STEP|20 单击【创建椭圆形蒙版】按钮，创建一个椭圆形蒙版，并在【节目监视器】面板中调整椭圆形的大小。使用同样方法，再创建一个椭圆形蒙版并调整其大小。

STEP|21 制作旋转效果。将【当前时间指示器】

调整至 00:00:39:20 位置处，使用【剃刀工具】单击素材，分割素材并删除分割后的右侧素材。

STEP|22 选择分割后的素材，在【效果】面板中，展开【视频效果】下的【扭曲】效果组，双击【旋转】效果，将其添加到该素材中。

STEP|23 将【当前时间指示器】调整至 00:00:35:00 位置处，在【效果控件】面板中，单击【角度】和【旋转扭曲半径】选项左侧的【切换动画】按钮，并分别设置各选项及【不透明度】参数。

STEP|24 将【当前时间指示器】调整至 00:00:39:19 位置处，在【效果控件】面板中，分别设置【角度】、【旋转扭曲半径】和【不透明度】选项参数。

STEP|25 添加弹古筝素材。将【当前时间指示器】调整至 00:00:35:02 位置处，然后将【项目】面板中的"弹古筝 2.wmv"素材添加到 V1 轨道中。

STEP|26 右击素材，执行【取消链接】命令，取消音视频之间的链接，并删除音频素材。

STEP|27 选择视频素材，在【效果控件】面板中，将【缩放】设置为 114，调整素材的大小。

STEP|28 添加视频过渡效果。在【效果】面板中，展开【视频过渡】下的【划像】效果组，将【圆划像】效果添加到 V2 轨道中第 1 和第 2 个素材之间。

STEP|30 在【效果】面板中，展开【音频过渡】下的【交叉淡化】效果组，将【指数淡化】效果添加到音频素材的末端。

STEP|29 添加音频素材。将"古筝.mp3"素材添加到 A1 轨道中，将【当前时间指示器】调整至视频的末尾处，使用【剃刀工具】单击音频素材，分割素材并删除右侧的音频素材。

8.8 练习：制作画面重复视频

Premiere 为用户内置了多种视频效果，通过这些视频效果不仅可以提高视频之间的衔接流畅性和多彩性，而且还可以通过一些特殊的视频效果制作具有重复画面的视频。在本练习中，将运用【风格化】和【扭曲】视频效果，来制作一个具有多个画面重复的音乐展示视频。

练习要点
- 新建项目
- 添加素材
- 添加视频过渡效果
- 分割素材
- 添加镜像效果
- 添加复制效果
- 设置效果选项

操作步骤 ▶▶▶▶

STEP|01 新建项目。启动 Premiere，在弹出的【欢迎使用 Adobe Premiere Pro CC 2015】对话框中，选择【新建项目】选项。

STEP|02 在弹出的【新建项目】对话框中，设置相应选项，并单击【确定】按钮。

STEP|03 导入素材。双击【项目】面板中的空白区域，在弹出的【导入】对话框中，选择导入素材，单击【打开】按钮。

STEP|04 制作闪光灯效果。将视频素材添加到 V1 轨道中，将【当前时间指示器】调整至 00:00:10:23 位置处，使用【剃刀工具】分割视频。

STEP|05 将【当前时间指示器】调整至 00:00:11:02 位置处，使用【剃刀工具】分割视频。

STEP|06 选择中间视频片段，在【效果控件】面板中，设置其【缩放】和【旋转】选项。

STEP|07 将【当前时间指示器】调整至 00:00:10:20 位置处，将"1374.wav"素材添加到 A2 轨道中的当前位置处。

STEP|08 在【效果】面板中，展开【视频过渡】下的【溶解】效果组，将【渐隐为白色】效果添加到第1和第2个视频之间。

STEP|09 在【效果控件】面板中，设置【持续时间】和【对齐】选项。

STEP|10 制作重复四格画面。将【当前时间指示器】调整至 00:00:17:06 位置处，使用【剃刀工具】分割视频素材。

STEP|11 将【当前时间指示器】调整至 00:00:22:13 位置处，使用【剃刀工具】分割视频素材。

STEP|12 选择分割后左侧的素材，在【效果】面板中，展开【视频效果】下的【风格化】效果组，双击【复制】效果，将其添加到该素材中。

STEP|13 在【效果控件】面板中，将【计数】选项设置为2。

STEP|14 制作重复2格画面。将【当前时间指示器】调整至 00:00:41:26 位置处，使用【剃刀工具】分割视频素材。

STEP|15 将【当前时间指示器】调整至 00:00:48:13 位置处，使用【剃刀工具】分割视频素材。

STEP|16 选择分割后左侧的素材，在【效果】面板中，展开【视频效果】下的【扭曲】效果组，双击【镜像】效果，将其添加到该素材中。

STEP|17 在【效果控件】面板中，设置【反射中心】和【反射角度】选项即可。

STEP|18 添加音频效果。在【效果】面板中，展开【视频效果】下的【音频过渡】效果组，将【指数淡化】效果添加到音频素材的末尾处。

8.9　新手训练营

练习 1：设置变换效果

downloads\8\新手训练营\变换效果

　　提示：本练习中，首先新建项目并将素材添加到【时间轴】轨道中。然后，将【变换】效果组中的【羽化边缘】效果添加到该素材中。最后，在 00:00:00:07 位置处创建第 1 个关键帧，并将【数量】设置为 0。在 00:00:01:09 位置处将【数量】设置为 37，在 00:00:02:20 位置处将【数量】设置为 84，在 00:00:04:12 位置处将【数量】设置为 14。

练习 2：设置扭曲效果

downloads\8\新手训练营\扭曲效果

提示：本练习中，首先新建项目并将素材添加到【时间轴】轨道中。然后，将【扭曲】效果组中的【旋转】效果添加到该素材中。最后，在 00:00:00:07 位置处创建第 1 个关键帧，并将【角度】设置为 0°。在 00:00:01:09 位置处将【角度】设置为 92°，在 00:00:02:20 位置处将【角度】设置为 261°，在 00:00:04:12 位置处将【角度】设置为-1x-68°。

练习 4：设置镜头光晕效果

downloads\8\新手训练营\镜头光晕效果

提示：本练习中，首先新建项目并将素材添加到【时间轴】轨道中。然后，将【生成】效果组中的【镜头光晕】效果添加到该素材中。最后，在 00:00:01:00 位置处创建第 1 个关键帧，并将【光晕中心】设置为 420、822。在 00:00:03:17 位置处将【光晕中心】设置为 3732、858。

练习 3：设置模糊效果

downloads\8\新手训练营\模糊效果

提示：本练习中，首先新建项目并将素材添加到【时间轴】轨道中。然后，将【模糊与锐化】效果组中的【快速模糊】效果添加到该素材中。最后，在 00:00:00:07 位置处创建第 1 个关键帧，并将【模糊度】设置为 0。在 00:00:01:17 位置处将【模糊度】设置为 50，在 00:00:03:02 位置处将【模糊度】设置为 100，在 00:00:04:17 位置处将【模糊度】设置为 10。

第 9 章

设置色彩基础

　　当拍摄的视频素材导入 Premiere，并且将不需要的视频片段删除，以及将琐碎的视频片段组合为完整的视频效果后，会发现由于拍摄时无法控制视频拍摄地点的光照以及其他物体对光照的影响，从而会使拍摄的画面出现暗淡、明亮或阴影等问题，从而影响画面的整体效果。此时，用户可以使用 Premiere 内置的一系列专门用于调整图像亮度、对比度和颜色的效果和面板，在原有影响基础上可以极大地校正由环境对画面所造成的影响。在本章中，将详细介绍 Premiere 在调整、校正和优化素材色彩方面的基础知识和使用技巧，以及 Premiere 所支持的 RGB 颜色模型和各种视频增强选项。

9.1 颜色模式概述

由于 Premiere 软件处理和调整图像的方式是采用计算机创建颜色的基本原理来进行处理的,因此在学习使用 Premiere 调整视频素材色彩之前,还需要先了解一些关于色彩及计算机颜色理论的重要概念。

9.1.1 色彩与视觉原理

色彩是由于光线刺激眼睛而产生的一种视觉效应。也就是说,人们对色彩的感觉离不开光,只有在含有光线的场景下才能够"看"到色彩。

1. 光与色

从物理学的角度来看,可见光是电磁波的一部分,其波长大致为 400~700nm,因此该范围又被称为可视光线区域。人们在将自然光引入三棱镜后发现,光线被分离为红、橙、黄、绿、青、蓝、紫 7 种不同的色彩,因此得出自然光是由 7 种不同颜色光线组合而成的结论。这种现象,被称为光的分解,而上述 7 种不同颜色的光线排列则被称为光谱,其颜色分布方式是按照光的波长进行排列的。例如,通过下图可以看出,红色的波长最长,而紫色的波长最短。

| 400nm | 500nm | 600nm | 700nm |

在自然界中,光以波动的形式进行直线传输,具有波长和振幅两个因素。以人们的视觉效果来说,不同的波长会产生颜色的差别,而不同的振幅强弱与大小则会在同一颜色内产生明暗差别。

2. 物体色

自然界的物体五花八门、变化万千,它们本身

虽然大都不会发光,但都具有选择性吸收、反射、透射光线的特性。

物体对色光的吸收、反射或透射能力,会受到物体表面肌理状态的影响。因此,物体对光的吸收与反射能力虽是固定不变的,但物体的表面色却会随着光源色的不同而改变,有时甚至失去其原有的色相感觉。也就是说,所谓的物体"固有色",实际上不过是常见光线下人们对此物体的习惯认识而已。例如,在闪烁、强烈的各色霓虹灯光下,所有的建筑几乎都会失去原有本色,从而显得奇异莫测。

9.1.2 色彩三要素

在日常生活中,人们在观察物体色彩的同时,也会注意到物体的形状、面积、材质、肌理,以及该物体的功能及其所处的环境。通常来说,这些因素也会影响人们对色彩的感觉。为了寻找规律性,人们对感性的色彩认知进行分析,并最终得出了色相、亮度和饱和度这 3 种构成色彩的基本要素。

1. 色相

色相指色彩的相貌,是区别色彩种类的名称,根据不同光线的波长进行划分。也就是说,只要色彩的波长相同,其表现出的色相便相同。在之前提到的七色光中,每种颜色都表示着一种具体的色相,而它们之间的差别便属于色相差别,如下图所

示即为十二色相环与二十四色相环示意图。

十二色相环   二十四色相环

简单地说，当人们在生活中称呼某一颜色的名称时，脑海内所浮现出的色彩，便是色相的概念。也正是由于色彩具有这种具体的特征，人们才能够感受到一个五彩缤纷的世界。

> **提示**
>
> 色相也称为色泽，饱和度也称为纯度或者彩度，亮度也称为明度。国内的部分行业对色彩的相关术语也有一些约定成俗的叫法，因此名称往往也会有所差别。

人们在长时间的色彩探索中发现，不同色彩会让人们产生相对的冷暖感觉，即色性。一般来说，色性的起因是基于人类长期生活中所产生的心理感受。例如，绿色能够给人清新、自然的感觉。如果是在雨后，由于环境的衬托，上述感觉会更为突出和明显。

然而在日常生活中，人们所处的环境并不会只包含一种颜色，而是由各种各样的色彩所组成。因此，自然环境对人们心理的影响往往不是由一种色彩所决定，而是多种色彩相互影响后的结果。例如，

单纯的红色会给人一种热情、充满活力的感觉，但却过于激烈；在将黄色与红色搭配后，却能够消除红色所带来的亢奋感，并带来活泼、愉悦的感觉。

2. 饱和度

饱和度是指色彩的纯净程度，即纯度。在所有的可见光中，有波长较为单一的，也有波长较为混杂的，还有处在两者之间的。其中，黑、白、灰等无彩色的光线即为波长最为混杂的色彩，这是由于饱和度、色相感的逐渐消失而造成的。

从色彩纯度的方面来看，红、橙、黄、绿、青、蓝、紫这几种颜色是纯度最高的颜色，因此又被称为纯色。

从色彩的成分来看，饱和度取决于该色彩中的含色成分与消色成分（黑、白、灰）之间的比例。简单地说，含色成分越多，饱和度越高；消色成分越多，饱和度越低。例如，当我们在绿色中混入白色时，虽然仍旧具有绿色相的特征，但其鲜艳程度会逐渐降低，成为淡绿色；当混入黑色时，则会逐渐成为暗绿色；当混入亮度相同的中性灰时，色彩会逐渐成为灰绿色。

3. 亮度

亮度是所有色彩都具有的属性,指色彩的明暗程度。在色彩搭配中,亮度关系是颜色搭配的基础。一般来说,通过不同亮度的对比,能够突出表现物体的立体感与空间感。

就色彩在不同亮度下所显现的效果来看,色彩的亮度越高,颜色就越淡,并最终表现为白色;与这相对应的是,色彩的亮度越低,颜色就越重,并最终表现为黑色。

9.1.3 RGB 颜色理论

RGB 色彩模式是工业界的一种颜色标准,其原理是通过对红(Red)、绿(Green)、蓝(Blue)这三种颜色通道的变化,以及它们相互之间的叠加来得到各式各样的颜色。RGB 标准几乎包括了人类视力所能感知的所有颜色,是目前运用最为广泛的颜色系统之一。

当用户需要编辑颜色时,Premiere 可以让用户从 256 个不同亮度的红色,以及相同数量及亮度的绿色和蓝色中进行选择。这样一来,3 种不同亮度的红色、绿色和蓝色在相互叠加后,便会产生超过1670 多万种(256×256×256)颜色供用户选择。下图所示即为 Premiere 按照 RGB 颜色标准为用户所提供的颜色拾取器。

在 Premiere 颜色拾取器中,用户只需依次指定 R(红色)、G(绿色)和 B(蓝色)的亮度,即可得到一个由三者叠加后所产生的颜色。在选择颜色时,用户可根据需要按照下表所示混合公式进

行选择。

混 合 公 式	色板
RGB 两原色等量混合公式:	
R（红）＋G（绿）生成 Y（黄）　（R＝G）	
G（绿）＋B（蓝）生成 C（青）　（G＝B）	
B（蓝）＋R（红）生成 M（洋红）（B＝R）	
RGB 两原色非等量混合公式:	
R（红）＋G（绿↓减弱）生成 Y→R（黄偏红）	
红与绿合成黄色,当绿色减弱时黄偏红	
R（红↓减弱）＋G（绿）生成 Y→G（黄偏绿）	
红与绿合成黄色,当红色减弱时黄偏绿	
G（绿）＋B（蓝↓减弱）生成 C→G（青偏绿）	
绿与蓝合成青色,当蓝色减弱时青偏绿	
G（绿↓减弱）＋B（蓝）生成 CB（青偏蓝）	
绿和蓝合成青色,当绿色减弱时青偏蓝	
B（蓝）＋R（红↓减弱）生成 MB（品红偏蓝）	
蓝和红合成品红,当红色减弱时品红偏蓝	
B（蓝↓减弱）＋R（红）生成 MR（品红偏红）	
蓝和红合成品红,当蓝色减弱时品红偏红	

9.2　应用 Lumetri 类面板

Premiere Pro CC 引用了 Lumetri Color 和 Lumetri 范围颜色工具,该类型的工具结合了最好

的 Adobe SpeedGrade 和 Adobe Lightroom 技术，其编辑和颜色分级协同工作，比以往任何时候都更加紧密。用户可以使用该类型的工具，对素材颜色进行有效调整。

9.2.1 应用 Lumetri Color 设置

Premiere Pro 中全新的 Lumetri Color 面板主要用于专业颜色分级，用户可以直接在该面板中使用专业颜色工具，以对素材进行颜色分级。

1. 应用基本颜色校正

执行【窗口】|Lumetri Color 命令，打开 Lumetri Color 面板，展开【基本校正】选项组，通过调整各项选项，来修正过暗或过亮的素材，以调整色相（颜色或色度）和明亮度（曝光度和对比度）。

在【基本校正】选项组中，主要包括下列设置选项：

❑ **输入 LUT** 用于设置用于颜色分级的 LUT 查询表，Premiere Pro 为用户内置了 29 种颜色分级选项，除此之外用户还可以使用自定义或已保存的其他颜色分级设定。

❑ **色温** 主要用于调整素材的白平衡效果，向左侧移动滑块可增加素材的偏冷色，向右侧移动滑块可增加素材的偏暖色。

❑ **色彩** 主要用于补偿绿色或洋红色色彩，向左侧移动滑块可增加素材的绿色，向右侧移动滑块增加色彩的洋红色。

❑ **曝光** 主要用于设置素材的亮度，向右侧移动滑块可增加色调值并扩展高光，向左移动滑块可减少色调值并扩展阴影。

❑ **对比度** 主要用于增加或减小素材的对比度，调整对比度主要影响视频中的颜色中间调。当增加对比度时，中间到暗区将变得更暗，而降低对比度时，可使中间到亮区变得更亮。

❑ **高光** 主要用来调整素材的亮域。向左侧移动滑块可使高光变暗，而向右侧移动滑块可在最小化修剪的同时使高光变亮。

❑ **阴影** 主要用来调整素材的暗区。向左侧移动滑块可在最小化修剪的同时使阴影变暗，而向右侧移动滑块可使阴影变亮并恢复阴影细节。

❑ **白色** 用于调整白色修剪。向左移动滑块可减少高光中的修剪，而向右移动滑块可增加对高光的修剪。

❑ **黑色** 主要用于调整黑色修剪。向左侧移动滑块可增加黑色修剪，使更多阴影为纯黑色；而向右侧移动滑块可减少对阴影的修剪。

❑ **重置** 单击该按钮，可以将所有色调值还原为初始设置。

❑ **自动** 单击该按钮，可以设置整体色调等级。

❑ **饱和度** 用于均匀地调整素材中所有颜色的饱和度，向左侧移动滑块可以降低整体饱和度，向右移动滑块可以增加整体饱和度。

2. 设置创意

在 Lumetri Color 面板中，展开【创意】选项组，在该选项组中通过 Look 和【调整】选项，设置创意范围，从而可以轻松应用复杂的 Lumetri Looks，来调整色彩强度和饱和度等其他参数。

其中，应用 Look 选项，可以使素材看上去像是专业拍摄的素材。用户不仅可以使用系统内置的 Look 创意样式，而且还可以使用自定义或已保存的 Look 创意样式。除此之外，用户还可以通过调整【强度】选项,来调整 Look 创意样式的效果,向右侧移动滑块可增加应用的 Look 效果,向左侧移动滑块则可以减少 Look 效果。

除了使用内置的 Look 效果之后,用户还可以通过【调整】选项,来调整创意效果。

- ❏ **淡化胶片** 主要用于设置素材的淡化影片效果,可通过向右或向左移动滑块,来实现所需的 Look 效果。
- ❏ **锐化** 主要用于调整边缘清晰度以创建更清晰的素材,其边缘清晰度的增加可使视频中的细节显得更明显。向右侧移动滑块可增加边缘清晰度,向左侧移动滑块可减小边缘清晰度。
- ❏ **自然饱和度** 用于调整饱和度以便在颜色接近最大饱和度时最大限度地减少修剪。该设置更改所有低饱和度颜色的饱和度,而对高饱和度颜色的影响较小。另外,【自然饱和度】还可以防止肤色的饱和度变得过高。
- ❏ **饱和度** 主要用于均匀地调整剪辑中所

有颜色的饱和度,其调整范围介于 0(单色)~200(饱和度加倍)之间。

- ❏ **色彩轮** 主要通过使用阴影色彩轮和高光色彩轮,来调整阴影和高光中的色彩值。其中,空心轮表示未应用任何内容。当用户需要应用色彩时,可单击轮的中间并拖动光标来填充各轮。
- ❏ **色彩平衡** 主要用于平衡剪辑中任何多余的洋红色或绿色。

3. 设置曲线

在 Lumetri Color 面板中,展开【曲线】选项组,使用 RGB 和色相饱和度曲线增强亮度和对比度,并创建高对比度 Look。

在【RGB 曲线】选项中,主要用于借助 RGB 曲线,来调整素材的亮度和色调范围。其中,主曲线主要用于控制素材的亮度,它表示为一条白色的对角线,线条的右上角区域代表亮光,而左下角区域代表阴影。

用户在调整主曲线的同时会调整所有的 RGB 通道的值,当然用户还可以选择仅针对红色、绿色或蓝色通道选择性地调整色调值。

而要调整不同的色调区域,可以直接向曲线添加控制点,并通过拖动控制点来调整色调区域。向上或向下拖动控制点,可以调整色调区域变亮或变暗,向左或向右拖动控制点可增加或减小对比度。

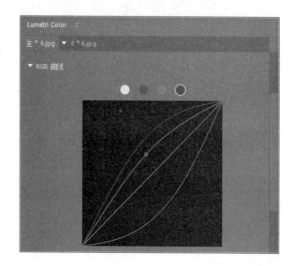

在【色相饱和度 曲线】选项中，可通过色相饱和度曲线轮，针对特定色相增加或降低饱和度。向外拖动轮中的白色圆圈可增加饱和度，而向内拖动可降低饱和度。另外，按下 Ctrl 键并拖动控制点可限制移动，如控制点始终从中心到轮的外边缘以直线方式对齐。

除此之外，用户还可以在剪辑中隔离特定颜色，并仅针对该颜色增加或降低饱和度。例如，假如要在剪辑中降低所有绿色的饱和度，则需要单击白色圆圈在轮的绿色区域添加控制点。

4．设置色轮

在 Lumetri Color 面板中，展开【色轮】选项组，通过单击并拖动色轮或滑块来调整素材的中间调、阴影和高光。

使用【中间调】色轮可以调整剪辑的总体对比度，而使用【阴影】或【高光】色轮，则可以在亮度不适宜的剪辑中使区域变亮或变暗。

而空心轮表示未完成任何调整，用户可在轮的中间单击并拖动光标来填充各色轮，并根据实际需求进行相应的调整。

如果使用滑块控件，向上拖动滑块可增加值，向下拖动滑块可减小值。例如，向上拖动【阴影】滑块使阴影变亮，向下拖动【高光】滑块使高光变暗。

5．设置晕影

在 Lumetri Color 面板中，展开【晕影】选项组，通过设置各项选项来实现在边缘逐渐淡出、中心处明亮的外观。

晕影控件可控制边缘的大小、形状以及变亮或变暗量，其具体含义如下所述。

- ❏ **数量**　该选项可沿图像边缘设置变亮或变暗量，其值介于-3~3 之间。
- ❏ **中点**　该选项用于指定【数量】选项影响区域的宽度，其值介于 0~100 之间。
- ❏ **圆度**　用于指定晕影的大小（圆度）。负值可产生夸张的晕影效果，正值可产生较不明显的晕影，其值介于-100~100 之间。
- ❏ **羽化**　该选项用于定义晕影的边缘。较小的值可创建更硬、更清晰的边缘，而较大的值表示更柔和、更宽的边缘，其值介于 0~100 之间。

9.2.2 应用 Lumetri 范围设置

执行【窗口】|【Lumetri 范围】命令，即可打开【Lumetri 范围】面板。在该面板中，主要显示了一组可调整大小的内置素材范围，包括矢量示波器、直方图、分量和波形等，这些范围可帮助用户准确地评估剪辑并进行颜色校正。

1. 矢量示波器

在【Lumetri 范围】面板中右击执行【矢量示波器 HLS】命令，即可显示矢量示波器 HLS 图形，该图形可以一目了然地显示色相、饱和度、亮度和信号信息。

另外，在【Lumetri 范围】面板中右击执行【矢量示波器 YUV】命令，即可显示矢量示波器 YUV 图形，该图形显示了一个类似色轮的圆形图，用于显示素材的色度信息。

2. 波形

在【Lumetri 范围】面板中右击执行【波形（RGB）】命令，即可显示一个波形的 RGB 图形。同时，右击面板执行【波形类型】命令，在其级联菜单中选择相应的选项，即可设置波形的显示类型。

其中，在【波形类型】级联菜单中，主要包括下列 4 种类型：

- ❑ **RGB** 该类型用于显示被覆盖的 RGB 信号，以提供所有颜色通道的信号级别的快照视图。
- ❑ **亮度** 该类型用于显示介于–20~120 之间的 IRE 值，可让用户有效地分析镜头的亮度并测量对比度比率。
- ❑ **YC** 该类型用于显示剪辑中的明亮度（在波形中表示为绿色）和色度（表示为蓝色）值。
- ❑ **YC 无色度** 该类型仅显示剪辑中的明亮度值。

3. 分量

在【Lumetri 范围】面板中右击执行【分量（RGB）】命令，即可显示一个表示数字视频信号中的明亮度和色差通道级别的波形图。

当用户需要根据类型来查看分量图形时，可右击面板执行【分量类型】命令，在其级联菜单中选择 RGB、YUV、RGB 白色或 YUV 白色等选项。其中，YUV 类型适用于调整颜色和明亮度，RGB 类型则适用于比较红色、绿色和蓝色通道之间的关系。

4．直方图

在【Lumetri 范围】面板中右击执行【直方图】命令，可显示一个每个颜色强度级别上像素密度的统计分析图。使用直方图，可以帮助用户准确评估阴影、中间调和高光，并调整总体的图像色调等级。

另外，在面板中右击执行【累积直方图】命令，可显示一个累积直方图图形。

> **提示**
> 用户可右击面板，执行【预设】命令，在展开的级联菜单中选择一种选项，即可使用系统内置的 Lumetri 范围类型。

9.3　设置图像控制效果

图像控制类型视频效果的主要功能是更改或替换素材画面内的某些颜色，从而达到突出画面内容的目的，主要包括调节画面亮度、灰度画面效果、改变固定颜色及整体颜色等颜色调整效果。

9.3.1　灰度系数校正

【灰度系数校正】视频效果的作用是通过调整画面的灰度级别，从而达到改善图像显示效果、优化图像质量的目的。与其他视频效果相比，灰度系数校正的调整参数较少，调整方法也较为简单。当降低【灰度系数】选项的取值时，将提高图像内灰度像素的亮度；当提高【灰度系数】选项的取值时，则将降低灰度像素的亮度。

在【效果空间】面板中，只有【灰度系数】属性选项，降低该参数值时，处理后的画面有种提高环境光源亮度的效果；而升高该参数值时，则有一种环境内的湿度加大，从而使得色彩更加鲜艳的效果。

除了设置【相似度】属性选项之外，用户还可以单击【颜色】方框或吸管按钮，在监视器面板内选择所要保留的颜色，即可去除其他部分的色彩信息。而启用【反转】复选框，则可以反转当前的颜色过滤效果。

> **提示**
>
> 【黑白】视频效果的作用是将彩色画面转换为灰度效果。该效果没有任何的参数，只需将该效果添加至素材中即可。

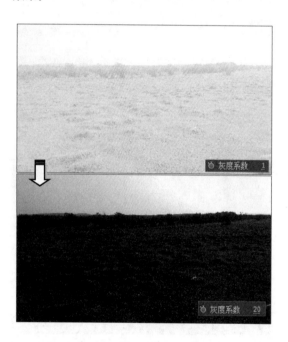

9.3.2 颜色过滤

在 Premiere 中，可以通过【颜色过滤】将视频画面逐渐转换为灰度图像，并且保留某种颜色。

【颜色过滤】视频效果的功能，是指定颜色及其相近色之外的彩色区域全部变为灰度图像。默认情况下在为素材应用色彩传递视频效果后，整个素材画面都会变为灰色。

在【效果控件】面板中，设置【相似性】属性参数值可以调整颜色过滤效果，其参数值越小灰度效果越明显，参数值越高越接近原素材颜色。

9.3.3 颜色平衡

【颜色平衡】视频效果能够通过调整素材内的R、G、B 颜色通道，来达到更改色相、调整画面色彩和校正颜色的目的。

应用该视频效果之后，在【效果控件】面板中，将显示【红色】、【绿色】和【蓝色】属性选项，分别代表红色成分、绿色成分和蓝色成分在整个画面内的色彩比重与亮度。当 3 个属性选项的参数值相同时，表示红、绿、蓝 3 种成分色彩的比重无变化，其素材画面色调在应用效果前后无差别，但画面整体亮度却会随着数值的增大或减小而提高或降低。

而当画面内的某一色彩成分多于其他色彩成分时，画面的整体色调便会偏向于该色彩成分；当降低某一色彩成分时，画面的整体色调便会偏向于其他两种色彩成分的组合。

9.3.4 颜色替换

【颜色替换】视频效果可以将画面中的某个颜色替换为其他颜色，而画面中的其他颜色不发生变化。添加该视频效果后，在【效果控件】面板中分别设置【目标颜色】与【替换颜色】属性选项，即可改变画面中的某个颜色。

技巧

在设置【目标颜色】与【替换颜色】选项颜色，既可以通过单击色块来选择颜色，也可以使用【吸管工具】在【节目】面板中单击来确定颜色。

由于【相似性】属性选项参数较低的缘故，单独设置【替换颜色】选项还无法满足过滤画面色彩的需求。此时，只需适当提高【相似性】属性选项的参数值，即可逐渐改变保留色彩区域的范围。而启用【纯色】复选框，则可以将要替换颜色的区域填充为纯色效果。

9.4 练习：制作动态图片效果

在 Premiere 中，不仅可以通过添加视频过渡效果让图片之间的衔接更加自然流畅，而且还可以通过为图片添加一些视频特效，使视频效果更加活跃和具有观赏性。除此之外，为了突显视频的独特性和完整性，还需要使用创建素材功能为视频制作绚丽多彩的片头字幕。在本练习中，将通过制作一段名画动态显示效果，来详细介绍视频过渡、视频效果，以及创建素材等功能的使用方法和操作技巧。

练习要点

- 新建项目
- 添加素材
- 创建字幕素材
- 创建黑场视频素材
- 应用视频过渡效果
- 应用视频特效
- 设置动画关键帧

操作步骤 ▶▶▶▶

STEP|01 新建项目。启动 Premiere，在弹出的【欢迎使用 Adobe Premiere Pro CC 2015】对话框中，选择【新建项目】选项。

STEP|02 在弹出的【新建项目】对话框中，设置相应选项，并单击【确定】按钮。

STEP|03 导入素材。双击【项目】面板中的空白区域，在弹出的【导入】对话框中，选择导入素材，单击【打开】按钮。

STEP|04 在【项目】面板中选择所有素材，拖动素材至【时间轴】面板中，添加素材并调整素材的持续播放时间。

STEP|05 创建黑场视频素材。在【项目】面板中，单击【新建项】按钮，在展开的菜单中选择【黑场视频】选项。

STEP|06 在弹出的【新建黑场视频】对话框中，设置相应选项，并单击【确定】按钮。

STEP|07 将创建的"黑场视频"素材添加到【时间轴】面板中的 V1 轨道中，并调整其余素材的播放位置。

STEP|08 选择"黑场视频"素材，在【效果】面板中，展开【视频效果】下的【生成】效果组，双击【镜头光晕】效果，将该效果添加到素材中。

STEP|09 将【当前时间指示器】调整至视频开始处，在【效果控件】面板中设置相应选项，单击【光晕中心】选项左侧的【切换动画】按钮，并设置其参数值。

STEP|10 将【当前时间指示器】调整至 00:00:01:04 位置处，在【效果控件】面板中设置【光晕中心】选项参数。

STEP|11 将【当前时间指示器】调整至 00:00:02:09 位置处，在【效果控件】面板中设置【光晕中心】选项参数。

STEP|12 将【当前时间指示器】调整至 00:00:03:20 位置处，在【效果控件】面板中设置【光晕中心】选项参数。

STEP|13 创建字幕素材。在【项目】面板中，单击【新建项】按钮，在展开的菜单中选择【字幕】选项。

STEP|14 在弹出的【新建字幕】对话框中，设置相应选项，并单击【确定】按钮。

STEP|15 在【字幕】面板中输入字幕文本，并在【字幕属性】面板中的【属性】效果组中，设置文本的字体效果。

STEP|16 启用【填充】复选框，将【填充类型】设置为【四色渐变】，并将渐变颜色分别设置为 #EE2D07、#F3EB06、#D507EE 和#2BF909。

STEP|17 将字幕素材添加到 V2 轨道中，为其添加【扭曲】效果组中的【波形变形】效果，并在【效

果控件】面板中设置各效果选项。

STEP|18 设置图片视频效果。选择第 1 张图片，在【效果】面板中，展开【视频效果】下的【图像控制】效果组，双击【颜色平衡（RGB）】效果。

STEP|19 将【当前时间指示器】调整至 00:00:05:00 位置处，在【效果控件】面板中，分别单击【红色】、【绿色】和【蓝色】选项左侧的【切换动画】按钮，并设置其参数值。

STEP|20 将【当前时间指示器】调整至 00:00:09:00 位置处，在【效果控件】面板中，分别设置【红色】、【绿色】和【蓝色】选项参数值。

STEP|21 选择第 2 张图片，在【效果】面板中，展开【视频效果】下的【扭曲】效果组，双击【球面化】效果。

STEP|22 将【当前时间指示器】调整至 00:00:10:05 位置处，在【效果控件】面板中分别单击【半径】和【球面中心】选项左侧的【切换动画】按钮，并设置其选项参数。

STEP|23 将【当前时间指示器】调整至 00:00:13:10 位置处，设置【半径】和【球面中心】选项参数。使用同样的方法，为其他图片素材添加效果和动画帧。

STEP|24 设置视频过渡效果。在【效果】面板中，展开【视频过渡】下的【溶解】效果组，将【叠加溶解】效果拖动到第 1 张和第 2 张图片中间。

STEP|25 在【效果控件】面板中，设置【持续时间】和【对齐】选项。使用同样的方法，为其他图片连接处添加视频过渡效果。

9.5 练习：制作黑白电影效果

Premiere 为用户提供了用于更改和替换素材画面内容颜色的图像调整特效，运用该效果不仅可以调节画面亮度和灰度，而且还可以改变画面的整体颜色，以达到突出画面内容的目的。在本练习中，将通过制作黑白电影效果，来详细介绍调整视频颜色的操作方法。

练习要点

- 新建项目
- 制作通用倒计时片头
- 导入素材
- 添加【提取】效果
- 添加【阴影高光】效果
- 添加【卷积内核】效果
- 添加【光照效果】效果

操作步骤 ▶▶▶▶

STEP|01 新建项目。启动 Premiere，在弹出的【欢迎使用 Adobe Premiere Pro CC 2015】对话框中，

选择【新建项目】选项。

STEP|02 在弹出的【新建项目】对话框中，设置相应选项，并单击【确定】按钮。

STEP|03 导入素材。双击【项目】面板中的空白区域，在弹出的【导入】对话框中，选择导入素材，单击【打开】按钮。

STEP|04 制作倒计时片头。在【项目】面板中，单击【新建项】按钮，选择【通用倒计时片头】选项。

STEP|05 在弹出的【新建通用倒计时片头】对话框中，设置相应选项，并单击【确定】按钮。

STEP|06 在弹出的【通用倒计时设置】对话框中，保持默认视频设置，启用【在每秒都响提示音】复选框，并单击【确定】按钮。

STEP|07 将"通用倒计时片头"素材添加到【时间轴】面板中的 V1 轨道中。

STEP|08 制作黑白电影效果。将"1.mp4"素材添加到【时间轴】面板中的 V1 轨道中，并选择该素材。

STEP|09 在【效果】面板中，展开【视频效果】下的【调整】效果组，双击【提取】效果，将其添加到该素材中。

STEP|10 在【效果控件】面板中，将【输入黑色

阶】设置为 90，将【输入白色阶】设置为 200，将【柔和度】设置为 80。

STEP|11 在【效果】面板中，展开【视频效果】下的【调整】效果组，双击【阴影/高光】效果，将其添加到该素材中。

STEP|12 在【效果】面板中，展开【视频效果】下的【调整】效果组，双击【卷积内核】效果，将其添加到该素材中。

STEP|13 在【效果控件】面板中，将 M11 设置为

5，将【缩放】设置为10。

STEP|14 在【效果】面板中，展开【视频效果】下的【调整】效果组，双击【光照效果】效果，将其添加到该素材中。

STEP|15 在【效果控件】面板中，展开【光照1】选项组，将【光照类型】设置为【点光源】，将【中

央】参数设置为960、540。

STEP|16 在【节目监视器】面板中，单击【播放-停止切换】按钮，预览影片效果。

9.6　练习：校正视频色彩

　　由于受到天气和环境等各种因素的影响，经常会出现影片或者视频发生变色的问题。此时，可通过校正视频作品的色彩，使影片画面恢复正常色彩甚至更加清晰。在本练习中，将通过对影片进行【色彩平衡】的调整，以及为视频增添了【照明效果】和【镜头光晕】等效果，来使视频的色彩更加生动。

练习要点

- 新建项目
- 添加素材
- 创建字幕素材
- 创建黑场视频素材
- 应用视频过渡效果
- 应用视频特效
- 设置动画关键帧

操作步骤 >>>>

STEP|01 新建项目。启动 Premiere, 在弹出的【欢迎使用 Premiere Pro CC 2015】对话框中, 选择【新建项目】选项。

STEP|02 在弹出的【新建项目】对话框中, 设置相应选项, 并单击【确定】按钮。

STEP|03 导入素材。双击【项目】面板中的空白区域, 在弹出的【导入】对话框中, 选择导入素材, 单击【打开】按钮。

STEP|04 添加素材。将 "火影忍者.wmv" 素材添加到 V1 轨道中, 并在【效果控件】面板中, 将【缩放】设置为 120。

STEP|05 校正视频色彩。在【效果】面板中, 展开【视频效果】下的【颜色校正】效果组, 双击【颜色平衡】效果, 将该效果添加到素材中。

STEP|06 将【当前时间指示器】调整至 00:00:00:01 位置处,在【效果控件】面板中,设置各选项参数,并分别单击相应选项左侧的【切换动画】按钮,设置第 1 个关键帧。

STEP|07 将【当前时间指示器】调整至 00:00:07:00 位置处,在【效果控件】面板中,设置各选项参数。创建第 2 个关键帧。

STEP|08 设置光照效果。在【效果】面板中,展开【视频效果】下的【调整】效果组,双击【光照效果】效果,将其添加到素材中。

STEP|09 将【当前时间指示器】调整至 00:00:00:01 位置处,在【效果控件】面板中,设置各选项参数,并分别单击相应选项左侧的【切换动画】按钮,设置第 1 个关键帧。

STEP|10 将【当前时间指示器】调整至 00:00:07:06 位置处,在【效果控件】面板中,设置各选项参数,创建第 2 个关键帧。

STEP|11 将【当前时间指示器】调整至 00:00:07:07 位置处,在【效果控件】面板中,设置各选项参数,创建第 3 个关键帧。

STEP|12 将【当前时间指示器】调整至 00:00:08:02 位置处，在【效果控件】面板中，设置各选项参数，创建第 4 个关键帧。

STEP|13 将【当前时间指示器】调整至 00:00:08:03 位置处，在【效果控件】面板中，设置各选项参数，创建第 5 个关键帧。

STEP|14 将【当前时间指示器】调整至 00:00:14:08 位置处，在【效果控件】面板中，设置各选项参数，创建第 6 个关键帧。

STEP|15 将【当前时间指示器】调整至 00:00:14:09 位置处，在【效果控件】面板中，设置各选项参数。创建第 7 个关键帧。

STEP|16 制作镜头光晕效果。在【效果】面板中，展开【视频效果】下的【生成】效果组，双击【镜头光晕】效果，将该效果添加到素材中。

STEP|17 将【当前时间指示器】调整至 00:00:08:19 位置处，在【效果控件】面板中，单击【与原始图像混合】选项左侧的【切换动画】按钮，并将其参数设置为 100%，同时单击【光晕中心】和【光晕亮度】选项左侧的【切换动画】按钮，并设置参数值，创建第 1 个关键帧。

STEP|18 将【当前时间指示器】调整至 00:00:10:06 位置处，在【效果控件】面板中，单击各个【切换

动画】按钮并设置各选项参数,创建第 2 个关键帧。

9.7 新手训练营

练习 1:设置灰度系数效果

downloads\9\新手训练营\灰度系数效果

提示:本练习中,首先将【灰度系数校正】效果添加到素材中。然后,在 00:00:00:00 位置处,单击【灰度系数】选项左侧的【切换动画】按钮,并将其参数值设置为 10,在 00:00:01:14 位置处,将【灰度系数】参数设置为 1,在 00:00:03:19 位置处,将【灰度系数】参数设置为 28。

练习 2:设置颜色过滤效果

downloads\9\新手训练营\颜色过滤效果

提示:本练习中,首先新建项目并将素材添加到【时间轴】面板中。然后,将【颜色过滤】效果添加到素材中。在【效果控件】面板中启用【反转】复选框。最后,在 00:00:00:00 位置处,单击【相似性】选项左侧的【切换动画】按钮,并将其参数值设置为 0,在 00:00:04:05 位置处,将【相似性】参数设置为 100。

练习 3:设置颜色平衡效果

downloads\9\新手训练营\颜色平衡效果

提示:本练习中,首先新建项目并将素材添加到

【时间轴】面板中。然后，将【颜色平衡（RGB）】效果添加到素材中。将【当前时间指示器】调整至00:00:01:00 位置处，在【效果控件】面板中单击【红色】、【绿色】和【蓝色】选项左侧的【切换动画】按钮，创建第 1 个关键帧。最后，在 00:00:03:05 位置处，将【红色】参数设置为50，将【绿色】参数设置为 150，将【蓝色】参数设置为 200。

练习 4：调整图片色彩

⊙ downloads\9\新手训练营\调整图片色彩

提示：本练习中，首先新建项目将素材添加到【时间轴】面板中，并将【颜色校正】效果组中的 Lumetri Color 效果添加到素材中。在【效果控件】面板中，展开【基本校正】选项组，设置相应选项。

然后，展开【创意】选项组，设置基础选项参数，并调整【阴影色彩】和【高光色彩】色轮。

紧接着，展开【曲线】选项组，根据图片情况调整红色、绿色和蓝色曲线。

最后，展开【色轮】选项组，调整【中间调】、【阴影】和【高光】色轮值。同时，展开【晕影】选项组，设置各项选项，形成最终图片效果。

第 **10** 章

校正和调整色彩

　　当拍摄的视频素材导入 Premiere，由于其画面会根据拍摄当天的周围情况、光照等自然因素，出现亮度不够、低饱和度或者偏色等问题。此时，需要对视频画面进行色彩校正或者调整画面色调，以达到优化影像质量以及实现某种特殊画面效果的目的。在本章中，将详细介绍各种色彩校正和调整的应用方法和技巧，从而可以协助用户熟练完成对指定画面的色彩调整。

10.1 色彩校正

色彩校正主要使用内置的色彩校正类视频效果，来校正素材本身亮度不够、低饱和度或偏色等问题。虽然其他类的视频效果也能够在一定程度上解决上述问题，但色彩校正类视频效果在色彩调整方面的控制选项更为详尽，因此对画面色彩的校正效果更为专业，其可控性也较强。

10.1.1 颜色校正效果

Premiere 中的【颜色校正】类视频效果共包括粉色、均衡、亮度曲线等 18 个视频效果，其中，快速色彩校正校正器、亮度校正器、RGB 色彩校正器以及三向色彩校正器视频效果是专门针对校正画面偏色的效果。

1. 快速颜色校正器

【快速颜色校正器】视频效果使用色相和饱和度控件来调整素材的颜色，以及使用色阶控件，来调整素材阴影、中间调和高光的强度。将该视频效果应用到素材中后，用户可在【效果控件】面板中，通过调整各属性选项，来设置颜色的调整效果。

【效果控件】面板中，各属性选项的具体含义，如下所述。

- ❏ **输出** 用于设置输出类型，包括【合成】和【亮度】两种类型。如果启用【显示拆分视图】复选框，则可以设置为分屏预览效果。

- ❏ **布局** 用于设置分屏预览布局，包括【水平】和【垂直】两种预览模式。

- ❏ **拆分视图百分比** 用于设置分配比例。

- ❏ **白平衡** 用于设置白色平衡，参数越大，画面中的白色就越多。

- ❏ **色相平衡和角度** 用于调整色相平衡和角度，可以直接使用它来改变画面的色调。

- ❏ **色相角度** 用于设置色相旋转的角度，默认值为 0，其负数表示向左旋转色轮，正数表示向右旋转色轮。

- ❏ **平衡数量级** 用于控制由【平衡角度】确定的颜色平衡校正量。

- ❏ **平衡增益** 可通过乘法调整亮度值，使较亮的像素受到的影响大于较暗的像素受到的影响。

- ❏ **平衡角度** 用于控制色相值的选择范围。

- ❏ **饱和度** 用于调整图像颜色的饱和度，默认值为 100，表示不影响颜色饱和度。

- ❏ **自动黑色阶** 用于提升剪辑中的黑色阶，可使图像中的阴影变亮。

- ❏ **自动对比度** 表示可同时应用自动黑色阶和自动白色阶，从而使高光变暗而阴影部分变亮。

- ❏ **自动白色阶** 用于降低剪辑中的白色阶，可使图像中的高光变暗。

- ❏ **黑/灰/白色阶** 用于设置阴影、中间调灰色和最亮高光的色阶，可通过吸管工具来采样图像中的目标颜色或监视器桌面上的任意颜色，也可通过单击【颜色】方框来自定义颜色。

❏ **输入色阶**　用于设置输入色阶的黑色、白色和灰色映射，外侧两个输入滑块用于黑场和白场的映射，中间滑块用于调整灰度系数。

❏ **输出色阶**　用于将黑场和白场输入色阶滑块映射到指定值，可以降低图像的总体对比度。

❏ **输入黑/灰/白色阶**　用于调整高光、中间调或阴影的黑场、中间调或白场的输入色阶。

❏ **输出黑/白色阶**　用于调整输入黑色对应的映射输出色阶以及高光、中间调或阴影对应的输入白色阶。

其中，【效果控件】面板中，各属性选项的具体含义，如下所述。

❏ **输出**　用于设置调整结果的显示类型，包括【复合】、【亮度】和【色调范围】类型。

❏ **显示拆分视图**　启用该复选框，可以将图像左侧或上边部分显示为校正视图，而将图像的右边或下边部分显示为未校正视图。

❏ **布局**　用于设置分屏预览布局，包括【水平】和【垂直】两种方式。

❏ **拆分视图百分比**　用于调整拆分视图的大小，其默认值为 50%。

❏ **色调范围定义**　该选项可以使用阈值和带衰减（柔和度）阈值来定义阴影和高光的色调范围。

❏ **色调范围**　用于指定应用明亮度调整类型，包括【主】、【高光】、【中间调】和【阴影】4 种类型。

❏ **亮度**　用于调整图像中的黑色阶。

❏ **对比度**　通过调整相对于原始对比度值的增益来影响图像的对比度。

❏ **对比度级别**　设置原始对比度值。

❏ **灰度系数**　该选项表示在不影响黑白色阶的情况下调整图像的中间调值。

❏ **基值**　该选项通过将固定偏移添加到图像的像素值来调整图像。

❏ **增益**　该选项通过乘法调整亮度值，从而影响图像的总体对比度，较亮的像素受到的影响大于较暗的像素受到的影响。

2．亮度校正器

【亮度校正器】视频效果可用于调整素材高光、中间调和阴影中的亮度和对比度。将该视频效果应用到素材中后，用户可在【效果控件】面板中，通过调整各属性选项，来设置颜色的调整效果。

❑ **辅助颜色校正** 用于指定由效果校正的颜色范围，可以通过色相、饱和度和明亮度定义颜色。

3．RGB 颜色校正器

【RGB 颜色校正器】视频效果将调整应用于高光、中间调和阴影定义的色调范围，从而调整素材中的颜色。将该视频效果应用到素材中后，用户可在【效果控件】面板中，通过调整各属性选项，来设置颜色的调整效果。

该【效果控件】面板中的参数大多都已介绍过，相对于其他效果来讲，【RGB 色彩校正器】效果多出一个 RGB 选项组，该选项组下各选项的具体含义，如下所述。

❑ **红色/绿色/蓝色灰度系数** 表示在不影响黑白色阶的情况下调整红色、绿色或蓝色通道的中间调值。

❑ **红色/绿色/蓝色基值** 通过将固定的偏移添加到通道的像素值中来调整红色、绿色或蓝色通道的色调值，该类型的选项与"增益"选项结合使用可增加通道的总体亮度。

❑ **红色/绿色/蓝色增益** 通过乘法调整红色、绿色或蓝色通道的亮度值，使较亮的像素受到的影响大于较暗的像素受到的影响。

10.1.2 亮度调整类

【亮度调整】类视频效果是专门针对视频画面的明暗关系，它可以针对 256 个色阶对素材进行亮度或者对比度调整。

1．亮度与对比度

【亮度与对比度】视频效果可以对图像的色调范围进行简单的调整。将该效果添加至素材时，在

【效果控件】面板中，该效果只有【亮度】和【对比度】两个属性选项，分别进行左右滑块拖动，便可改变画面中的明暗关系。

2．亮度曲线

　　【亮度曲线】视频效果虽然也是用来设置视频画面的明暗关系，但是该效果能够更加细致地进行调节。

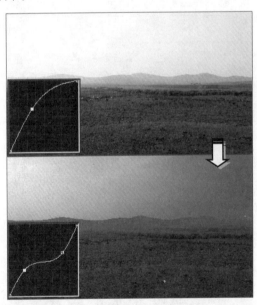

　　将该效果应用到素材中后，用户可在【亮度波形】方格中，向上单击并拖动曲线，可以提亮画面；

向下单击并拖动曲线，可以降低画面亮度。如果同时调节，则可以加强画面对比度。

10.1.3　饱和度调整类

　　【视频色彩校正】效果组中，还包括一些控制画面色彩饱和度的效果，比如分色、染色以及色彩平衡（HLS）效果。在该类型的视频效果中，有些效果是专门控制色彩饱和度效果，而有些则在饱和度控制的基础上，改变画面色相。

1．颜色平衡（HLS）

　　【颜色平衡（HLS）】视频效果不仅能够降低饱和度，还能够改变视频画面的色调与亮度。将该效果添加至素材后，在【效果控件】面板中，直接调整【色相】、【亮度】和【饱和度】属性选项，即可调整画面的色调。

2．分色

　　【分色】视频效果专门用来控制视频画面的饱和度效果，其中还可以在保留某种色相的基础上降低饱和度。将该效果添加至素材时，在【效果控件】面板中显示该效果的各个选项。

　　其中，【效果控件】面板中，各属性选项的具体含义，如下所述。

　　❏　**脱色量**　表示需要移除的颜色量，当值为

100%时可使不同于选定颜色的图像区域显示为灰度。

❑ **要保留的颜色**　用来设置需要保留的颜色，可以使用吸管工具吸取屏幕中的颜色。

❑ **容差**　表示颜色匹配运算的灵活性，值为0%时表示除所保留的颜色之外的所有像素脱色，而值为100%时表示无颜色变化。

❑ **边缘柔和度**　用于设置颜色边界的柔和度，值越高其颜色从彩色到灰色的过渡越平滑。

❑ **匹配颜色**　用于确定所需比较颜色的RGB值或色相值。

3．色彩

【色彩】视频效果同样能够将彩色视频画面转换为灰度效果，但是还能够将彩色视频画面转换为

双色调效果。在默认情况下，将该效果添加至素材后，彩色画面直接转换为灰度图。

技巧

当降低【着色量】属性选项值后，视频画面就会呈现低饱和度效果。

如果单击【将黑色映射到】与【将白色映射到】色块，选择黑白灰以外的颜色，那么就会得到双色调效果。

10.1.4 复杂颜色调整类

在【视频色彩校正】效果组中，不仅能够针对校正色调、亮度调整以及饱和度调整进行效果设置，还可以为视频画面进行更加综合的颜色调整设置。

1．RGB 曲线

【RGB 曲线】视频效果能够调整素材画面的明暗关系和色彩变化，并且能够平滑调整素材画面内的 256 级灰度，画面调整效果会更加细腻。将该效果添加至素材后，在【效果控件】面板中将显示该效果的属性选项，调整相应属性选项即可。

该效果与【亮度曲线】效果的调整方法相同，后者只能够针对明暗关系进行调整，前者则既能够调整明暗关系，还能够调整画面的色彩关系。

2．颜色平衡

【颜色平衡】视频效果能够分别为画面中的高光、中间调以及暗部区域进行红、蓝、绿色调的调整。将该效果添加至素材后，在【效果控件】面板中拖动相应的滑块，或者直接输入数值，即可改变相应区域的色调效果。

3．通道混合器

【通道混合器】视频效果是根据通道颜色进行调整视频画面效果的，在该效果中分别为红色、绿色、蓝色准备了该颜色到其他多种颜色的设置，从而实现了不同颜色的设置。

提示

当用户启用【单色】复选框后，素材颜色将变成灰度效果。

4．更改颜色

【更改颜色】视频效果用于调整颜色的色相、饱和度和亮度。将该视频效果应用到素材中后，用户可在【效果控件】面板中，通过调整各属性选项，来设置颜色的调整效果。

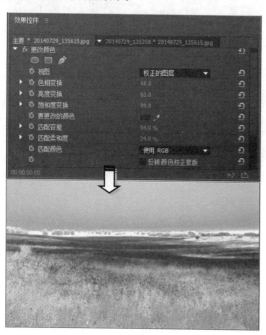

其中，【效果控件】面板中，各属性选项的具体含义，如下所述。

- ❏ **视图** 用于设置视图显示模式，其【校正的图层】模式将显示更改颜色效果的结构，而【颜色校正遮罩】模式将显示要更改的图层的区域。
- ❏ **色相变换** 用于设置色相的调整数量。
- ❏ **亮度变换** 正数使匹配的像素变亮，负数使匹配的像素变暗。
- ❏ **饱和度变换** 正数增加匹配像素的饱和度（向纯色移动），负数降低匹配像素的饱和度（向灰色移动）。
- ❏ **要更改的颜色** 用于设置范围中要更改的中间颜色。
- ❏ **匹配容差** 用于设置颜色与要匹配的颜色的差异度。
- ❏ **匹配柔和度** 用于设置不匹配像素受效果影响的程度。
- ❏ **匹配颜色** 用于确定一个比较颜色以用来确定相似性的色彩空间。
- ❏ **反转颜色校正蒙版** 反转受蒙版影响的颜色。

10.2 调整类视频效果

调整类视频效果主要通过调整图像的色阶、阴 影或高光，以及亮度、对比度等方式，达到优化影像质量或实现某种特殊画面效果的目的。

10.2.1　阴影/高光

　　【阴影/高光】视频效果能够基于阴影或高光区域,使其局部相邻像素的亮度提高或降低,从而达到校正由强光而形成的剪影画面。

　　将该视频效果应用到素材中后,用户可在【效果控件】面板中,通过调整各属性选项,来设置颜色的调整效果。

　　其中,【效果控件】面板中,各属性选项的具体含义,如下所述。

- **自动数量**　启用该复选框,将忽略【阴影数量】和【高光数量】选项,并使用适合变亮和恢复阴影细节的自动确定的数量。同时,启用该选项可激活【瞬时平滑(秒)】选项。

- **阴影数量**　控制画面暗部区域的亮度提高数量,取值越大,暗部区域变得越亮。

- **高光数量**　控制画面亮部区域的亮度提高数量,取值越大,高光区域的亮度越低。

- **瞬时平滑(秒)**　用于设置相邻帧相对于其周围帧的范围(以秒为单位),以确定每个帧所需的校正量。该值为 0 时,将独立分析每个帧,而不考虑周围的帧。

- **场景检测**　选择此选项,在分析周围帧的瞬时平滑时,超出场景变化的帧将被忽略。

- **阴影/高光色调宽度**　用于设置阴影和高光中的可调色调的范围。较低的值将可调范围分别限制到仅最暗和最亮的区域,而较高的值则会扩展可调范围。

- **阴影/高光半径**　用来设置阴影或高光像素的半径范围。

- **颜色校正**　用于设置所调整的阴影和高光的颜色校正量。

- **中间调对比度**　用于调整中间调的对比度的数量。较高的值可单独增加中间调中的对比度,而同时使阴影变暗、高光变亮;负值表示降低对比度。

- **减少黑色/白色像素**　用于设置阴影和高光被剪切到图像中新的极端阴影和高光颜色值。

- **与原始图像混合**　该选项的作用类似于为处理后的画面设置不透明度,从而将其与原画面叠加后生成最终效果。

10.2.2　色阶

　　【色阶】视频效果是较为常用,且较为复杂的视频效果之一。【色阶】视频效果的原理是通过调整素材画面内的阴影、中间调和高光的强度级别，从而校正图像的色调范围和颜色平衡。

为素材添加【色阶】视频效果后，在【效果控件】面板内列出一系列该效果的选项，用来设置视频画面的明暗关系以及色彩转换。

如果在设置参数时较为烦琐，还可以单击【色阶】选项中的【设置】按钮，即可弹出【色阶设置】对话框。

通过对话框中的直方图，可以分析当前图像颜色的色调分布，以便精确地调整画面颜色。其中，对话框中各选项的作用如下所述。

1. 输入阴影

控制图像暗调部分，取值范围为 0~255。增大

参数值后，画面会由阴影向高光逐渐变暗。在【色阶设置】对话框中【输入色阶】选项中的第 1 个方框内，输入阴影值，单击【确定】按钮即可。

2. 输入中间调

用于控制中间调在黑白场之间的分布，数值小于 1.00 图像则变暗；大于 1.00 时图像变亮。在【色阶设置】对话框中【输入色阶】选项中的第 2 个方框内，输入阴影值，单击【确定】按钮即可。

3. 输入高光

用于控制画面内的高光部分，数值范围为2~255。减小取值时，图像由高光向阴影逐渐变亮。在【色阶设置】对话框中【输入色阶】选项中的第3个方框内，输入阴影值，单击【确定】按钮即可。

4. 输出色阶

【输出色阶】类似于【输入色阶】，唯一不同的是【输出色阶】只包括【输出阴影】和【输出高光】两个可调参数。

其中，【输出阴影】可控制画面内最暗部分的效果，其取值越大，画面内最暗部分与纯黑色的差别也就越大。而【输出高光】则可以控制画面内最亮部分的效果，其默认值为255。在降低该参数的取值后，画面内的高光效果将变得暗淡，且参数值越低，效果越明显。

10.2.3 光照效果

【光照效果】视频效果可通过控制光源数量、光源类型及颜色，实现为画面内的场景添加真实光照效果的目的。

1. 默认灯光设置

应用【光照效果】视频效果后，Premiere 共提供了5盏光源供用户使用。默认情况下，Premiere 将只开启一盏灯光，在【效果控件】面板中单击【光照效果】效果名称后，即可在【节目监视器】面板内通过锚点调整该灯光的位置与照明范围。

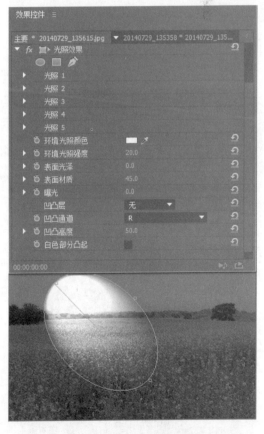

在【效果控件】面板中，各属性选项的具体含

义如下所述。

- ❑ **环境光照颜色**　用来设置光源色彩，在单击该选项右侧色块后，即可在弹出的对话框中设置灯光颜色。或者，也可在单击色块右侧的【吸管】按钮后，从素材画面内选择灯光颜色。

- ❑ **环境光照强度**　用于调整环境照明的亮度，其取值越小，光源强度越小；反之则越大。

- ❑ **表面光泽**　调整物体高光部分的亮度与光泽度。

- ❑ **表面材质**　通过调整光照范围内的中性色部分，从而达到控制光照效果细节表现力的目的。

- ❑ **曝光**　控制画面的曝光强度。在灯光为白色的情况下，其作用类似于调整环境照明的强度，但【曝光】选项对光照范围内的画面影响也较大。

- ❑ **凹凸层**　可以使用其他素材中的纹理或图案产生特殊光照效果。

- ❑ **凹凸通道**　用于设置凹凸层的通道类型。

- ❑ **凹凸高度**　用于设置凹凸层的渗透程度。

- ❑ **白色部分凸起**　启用该复选框，可以使白色部分凸起。

2. 精确调整灯光效果

若要更为精确地控制灯光，可在【光照效果】选项内单击相应灯光前的【展开】按钮，通过各个灯光控制选项进行调节。

Premiere 为用户提供了全光源、点光源和平行光 3 种不同类型的光源。其中，点光源的特点是仅照射指定的范围，例如聚光灯效果；平行光的特点是以光源为中心，向周围均匀地散播光线，强度则随着距离的增加而不断衰减；至于全光源，特点是光源能够均匀地照射至素材画面的每个角落。

除了可以通过【强度】属性选项来调整光源亮度外，还可利用【主要半径】属性选项，通过更改光源与素材平面之间的距离，达到控制照射强度的目的。

而【聚焦】属性选项，则用于控制焦散范围的大小与焦点处的强度，取值越小，焦散范围越小，焦点亮度也越小；反之，焦散范围越大，焦点处的亮度也越高。

10.2.4　其他调整类效果

在调整类效果组中，除了上述颜色调整效果外，还包括有些亮度调整、色彩调整以及黑白效果调整的效果。

1. 卷积内核

【卷积内核】视频效果是 Premiere 内部较为复杂的视频效果之一，其原理是通过改变画面内各个像素的亮度值来实现某些特殊效果。

在【效果控件】面板中，M11~M33 这 9 项参数全部用于控制像素亮度，单独调整这些选项只能实现调节画面亮度的效果。然而，通过组合使用这些选项，则可以获得重影、浮雕，甚至让略微模糊的图像变得清晰起来。

在 M11~M33 这 9 项参数中，每 3 项参数分为一组，如 M11~M13 为一组、M21~M23 为一组、M31~M33 为一组。调整时，通常情况下每组内的第 1 项参数与第 3 项参数应包含一个正值和一个负值，且两数之和为 0，至于第 2 项参数则用于控制画面的整体亮度。这样一来，便可在实现立体效果的同时保证画面亮度不会出现太大变化。

2. ProcAmp

ProcAmp 视频效果的作用是调整素材的亮度、对比度，以及色相、饱和度等基本的影像属性，从而实现优化素材质量的目的。

在【效果控件】面板中，各属性选项的具体含义如下所述。

- ❏ **亮度** 用于调整素材画面的整体亮度，取值越小画面越暗，反之则越亮。在实际应用中，该选项的取值范围通常在 –20~20 之间。

- ❏ **对比度** 用于调节画面亮部与暗部间的反差，取值越小反差越小，表现为色彩变得暗淡，且黑白色都开始发灰；取值越大则反差越大，表现为黑色更黑，而白色更白。

- ❏ **色相** 用于调整画面的整体色调。利用该选项，除了可以校正画面整体偏色外，还可创造一些诡异的画面效果。

- ❏ **饱和度** 用于调整画面色彩的鲜艳程度，取值越大色彩越鲜艳，反之则越暗淡，当取值为 0 时画面便会成为灰度图像。

- ❏ **拆分屏幕** 启用该选项，可以将屏幕拆分为左右两部分，以方便对比前后设置效果。

- ❏ **拆分百分比** 用户设置拆分屏幕的对比范围。

3. 提取

【提取】视频效果的功能是去除素材画面内的彩色信息，从而将彩色的素材画面处理为灰度画面。

当用户应用该效果之后，系统会使用默认提取参数来显示提取结果。除此之外，用户还可以通过调整【输入白色阶】、【输入黑色阶】和【柔和度】属性选项，来重设提取效果。

其中，【效果控件】面板中各属性选项的具体含义，如下所述。

- ❏ **输入黑色阶** 用于控制画面内黑色像素的数量，取值越小，黑色像素越少。
- ❏ **输入白色阶** 用于控制画面内白色像素的数量，取值越小，白色像素越少。
- ❏ **柔和度** 控制画面内灰色像素的阶数与数量，取值越小，上述两项内容的数量也就越少，黑、白像素间的过渡就越为直接；反之，则灰色像素的阶数与数量越多，黑、白像素间的过渡就越为柔和、缓慢。
- ❏ **反转** 当启用该复选框后，Premiere 便会置换图像内的黑白像素，即黑像素变为白像素、白像素变为黑像素。

10.3 Lumetri 预设效果

Lumetri 预设是 Premiere Pro CC 中新增的视频效果，它只能在 Premiere 中应用到序列中，而不能进行编辑。若想编辑某个效果，将 Lumetri 预设效果所在的序列导出，并在 Adobe SpeedGrade 中进行编辑。

10.3.1 应用 Lumetri 预设

Premiere Pro CC 中的 Lumetri 预设效果是一组颜色分级效果，按照颜色、用途、色彩温度以及色彩风格等分为 Filmstocks、SpeedLooks、【单色】和【影片】4 类效果。

1. Filmstocks

Filmstocks 效果选项组中提供了 5 种不同类型

的颜色效果，用户只要选中【效果】面板【Lumetri 预设】选项组中的 Filmstocks 选项组，即可在右侧查看其中各种效果的示意图。

针对不同的效果，用户只需将其应用到素材

中，即可查看该效果应用到视频中的画面效果。

针对不同的效果，用户只需将其应用到素材中，即可查看该效果应用到视频中的画面效果。

2．SpeedLooks

SpeedLooks 效果组下又分为 Universal 和【摄像机】两类，Universal 类中包含了【SL 淘金】、【SL 热金】、【SL 蓝月】等 25 种效果。用户只需选中 Lumetri 预设选项组中的 SpeedLooks 选项组下的【Universal】选项，即可在右侧查看其中各种效果的示意图。

而【摄像机】效果组中，又分为 ARRI Alexa、Canon 1D、Canon 5D、Canon 7D 等 10 类效果。每类效果所表现的颜色饱和度和类型也各不相同。

针对不同的效果，用户只需将其应用到素材中，即可查看该效果应用到视频中的画面效果。

3．单色

　　【单色】效果组中的效果主要以黑白色来加强素材的色彩分级，包含了【黑白强淡化】、【黑白打孔】、【黑白淡化】等 7 种效果。

4．影片

　　【影片】效果组下又分为 2 Strip、Cinespace 100、Cinespace 100 淡化胶片、Cinespace 25 等 7 种效果。用户只需选择【Lumetri 预览】下的【影片】效果组，即可显示全部效果。

　　针对不同的效果，用户只需将其应用到素材中，即可查看该效果应用到视频中的画面效果。

　　针对不同的效果，用户只需将其应用到素材中，即可查看该效果应用到视频中的画面效果。

当指定 EDL 文件的位置和名称后，单击【确定】按钮，在弹出的【将序列另存为 EDL】对话框中，单击【保存】按钮，即可保存后缀名为.edl 的文件。这时将该文件导入 SpeedGrade 中即可进行编辑。

10.3.2　导出 Lumetri 预设

Lumetri 预设效果中的每个效果，在 Premiere 中只能够应用而不能进行再设置。要想设置应用在视频片段中的 Lumetri 预设效果，首先要将视频所在的序列从 Premiere Pro 发送至 SpeedGrade 进行颜色分级，然后再导回 Premiere Pro 中。

在将视频所在的序列从 Premiere Pro 发送至 SpeedGrade 进行颜色分级之前，还需要将视频所在的序列进行导出。

首先，在 Premiere 中选中 Lumetri 预设效果所应用的序列。执行【文件】|【导出】|EDL 命令，弹出【EDL 导出设置】对话框。在该对话框中，可以导出 1 条视频轨道和最多 4 条音频声道，或导出 2 条立体声轨道。

> **提示**
>
> Adobe SpeedGrade 是 Adobe 公司出品的专业的调色软件，是一款高性能数码电影调色和输出软件，支持立体声 3D、RAW 处理以及数码调光。实时支持最高 8K 的电影级别分辨率。

10.4　练习：制作光晕反相效果

在 Premiere 中，除了单纯使用视频效果中的颜色类效果来调整画面颜色，还可以配合生成、过时和通道特效，来制作光晕反相效果。

在本练习中，将通过制作一段柯南动画宣传片，来详细介绍制作光晕反相效果的操作方法。

练习要点
● 新建项目
● 新建序列
● 导入素材
● 添加素材
● 应用【镜头光晕】效果
● 应用【反转】效果
● 应用【光照效果】效果

操作步骤 ►►►►

STEP|01 新建项目。启动 Premiere，在弹出的【欢迎使用 Adobe Premiere Pro CC 2015】对话框中，选择【新建项目】选项。

STEP|02 在弹出的【新建项目】对话框中，设置相应选项，并单击【确定】按钮。

STEP|03 新建序列。执行【文件】|【新建】|【序列】命令，激活【设置】选项卡，自定义序列选项，并单击【确定】按钮。

STEP|04 导入素材。双击【项目】面板空白区域，在弹出的【导入】对话框中，选项导入素材，单击【打开】按钮。

STEP|05 添加素材。将"1（07）.jpg"素材添加到 V1 轨道中，右击素材执行【速度/持续时间】命令。

STEP|06 在弹出的【剪辑速度/持续时间】对话框中，设置素材的【持续时间】选项，并单击【确定】按钮。

> **提示**
>
> 在添加视频素材时，还需要右击视频素材，执行【取消链接】命令，取消视频和音频的链接并删除音频素材。

STEP|07 在【效果控件】面板中，设置素材的【缩放】选项。使用同样的方法，添加其他图片和视频素材。

STEP|08 制作片头效果。选择 V1 轨道中的第 1 个素材，在【效果】面板中，展开【视频效果】下的【生成】效果组，双击【镜头光晕】效果，应用该效果。

STEP|09 将【当前时间指示器】调整至视频开头处，在【效果控件】面板中单击【光晕中心】选项左侧的【切换动画】按钮，并设置其参数。

STEP|10 将【当前时间指示器】调整至 00:00:02:00 位置处，在【效果控件】面板中设置【光晕中心】选项参数。

STEP|11 将【当前时间指示器】调整至 00:00:03:00 位置处，在【效果控件】面板中设置【光晕中心】选项参数。

STEP|12 选择 V2 轨道中的第 1 个素材，将【当前时间指示器】调整至 00:00:01:00 位置处，在【效果控件】面板中分别单击【缩放】、【旋转】和【不透明度】选项左侧的【切换动画】按钮，并设置其参数。

STEP|13 将【当前时间指示器】调整至 00:00:02:00 位置处，在【效果控件】面板中设置【缩放】和【旋转】选项参数。

STEP|14 将【当前时间指示器】调整至 00:00:02:15 位置处，在【效果控件】面板中设置【不透明度】选项参数。

STEP|15 将【当前时间指示器】调整至 00:00:02:23 位置处，在【效果控件】面板中设置【不透明度】选项参数。

STEP|16 选择 V2 轨道中的第 2 个素材，将【当前时间指示器】调整至 00:00:02:20 位置处，在【效果控件】面板中单击【不透明度】选项左侧的【切换动画】按钮，并设置其参数。

STEP|17 将【当前时间指示器】调整至 00:00:03:20 位置处，在【效果控件】面板中设置【不透明度】选项参数。

STEP|18 制作图片视频效果。选择 V1 轨道中的第 2 个素材，在【效果】面板中，展开【视频效果】下的【调整】效果组，双击【光照效果】效果。

STEP|19 在【效果控件】面板中设置基础参数，将【当前时间指示器】调整至 00:00:08:00 位置处，单击【角度】左侧的【切换动画】按钮，并设置其参数。

STEP|20 将【当前时间指示器】调整至 00:00:10:00 位置处，在【效果控件】面板中设置【角度】参数。

STEP|21 选择 V1 中的第 8 个素材，在【效果】面板中，展开【视频效果】下的【通道】效果组，双击【反转】效果，应用该效果。

STEP|22 将【当前时间指示器】调整至 00:00:27:00 位置处，在【效果控件】面板中单击【与原始图像混合】选项左侧的【切换动画】按钮，并设置其参数。

STEP|23 将【当前时间指示器】调整至 00:00:31:15 位置处，在【效果控件】面板中设置【与原始图像混合】选项参数。

STEP|24 将【当前时间指示器】调整至 00:00:31:00 位置处，在【效果控件】面板中设置【与原始图像混合】选项参数。

STEP|25 将【当前时间指示器】调整至 00:00:32:00 位置处，在【效果控件】面板中设置【与原始图像混合】选项参数。

STEP|26 将【当前时间指示器】调整至 00:00:32:10 位置处，设置【与原始图像混合】选项参数。

STEP|27 将【当前时间指示器】调整至 00:00:32:20 位置处，设置【与原始图像混合】选项参数。

STEP|28 制作音频素材。将音频素材分别添加到 A1 和 A2 轨道中，将【当前时间指示器】调整至 00:00:41:03 位置处，使用【剃刀工具】单击素材，分割音频素材。

STEP|29 删除分割后右侧的音频素材，在【效果】面板中，展开【音频过渡】下的【交叉淡化】效果组，将【恒定功率】效果拖到 A1 轨道素材的末尾处。使用同样方法，为 A2 轨道素材添加过渡效果。

STEP|30 添加视频过渡效果。在【效果】面板中，展开【视频过渡】下的【溶解】效果组，将【渐隐为白色】效果拖动到 V2 视频图片中间。

图片添加视频过渡效果。

STEP|31 将【渐隐为白色】效果拖动到 V2 视频第 2 个图片的末尾处，并在【效果控件】面板中设置【持续时间】选项。使用同样方法，分别为其他

10.5 练习：制作旧电视效果

Premiere 为用户提供了用于更改和替换素材画面内容颜色的图像控制特效，运用该效果不仅可以调节画面亮度和灰度，而且还可以改变画面的整体颜色，以达到突出画面内容的目的。在本练习中，将运用图形控制特效中的黑白效果，来制作一个旧式电视效果。

练习要点
● 新建项目
● 导入素材
● 分割素材
● 应用【镜头扭曲】效果
● 应用【位移】效果
● 应用【杂色】效果
● 应用【黑白】效果

操作步骤 ▶▶▶▶

STEP|01 新建项目。启动 Premiere，在弹出的【欢迎使用 Adobe Premiere Pro CC 2015】对话框中，

选择【新建项目】选项。

STEP|02 在弹出的【新建项目】对话框中，设置相应选项，并单击【确定】按钮。

STEP|03 导入素材。双击【项目】面板空白区域，在弹出的【导入】对话框中，选择素材文件，单击【打开】按钮。

STEP|04 在弹出的【导入分层文件:图层 2 旧式电视】对话框中，将【导入为】选项设置为【合并所有图层】，并单击【确定】按钮。

STEP|05 设置视频。将"猴子.avi"素材添加到 V1 轨道中，右击素材执行【取消链接】命令，取消视频和音频之间的链接。

STEP|06 删除音频素材，选择视频素材，在【效果控件】面板中，设置视频的【位置】和【缩放】选项参数。

STEP|07 分割视频。将【当前时间指示器】调整至 00:00:02:00 位置处，使用【工具】面板中的【剃刀工具】单击素材，对其进行分割。

STEP|08 将【当前时间指示器】调整至 00:00:03:22 位置处，使用【工具】面板中的【剃刀工具】单击素材，对其进行再次分割。

STEP|09 应用视频效果。选择第一段视频片段，在【效果】面板中，展开【视频效果】下的【扭曲】效果组，双击【镜头扭曲】效果，将其添加到所选视频片段中。

STEP|10 在【效果控件】面板中，设置【镜头扭曲】效果的各项效果选项。然后，右击效果名称，执行【复制】命令。

STEP|11 选择【时间轴】面板中的第 2 段视频片段，在【效果控件】面板中，右击执行【粘贴】命令，粘贴【镜头扭曲】效果。同样方法，将该效果复制到第 3 视频片段中。

STEP|12 选择第 2 个视频片段，在【效果】面板中，展开【视频效果】下的【扭曲】效果组，双击【位移】效果，将其添加到素材中。

STEP|13 将【当前时间指示器】调整至 00:00:02:00 位置处，在【效果控件】面板中，单击【将中心移位至】选项左侧的【切换动画】按钮，并设置其参数。

STEP|14 将【当前时间指示器】调整至 00:00:02:03 位置处，继续设置【将中心移位至】选项参数。使用同样方法，分别制作其他关键帧。

STEP|15 选择第 2 个视频片段，在【效果】面板中，展开【视频效果】下的【杂色与颗粒】效果组，双击【杂色】效果，将其添加到素材中。

STEP|16 将【当前时间指示器】调整至 00:00:03:00 位置处，在【效果控件】面板中单击【杂色数量】选项左侧的【切换动画】按钮，并设置其参数。

STEP|17 选择第 3 个视频片段，在【效果】面板

中，展开【视频效果】下的【图像控制】效果组，双击【黑白】效果，将其添加到素材中。

STEP|18 在【效果】面板中，展开【视频效果】下的【杂色与颗粒】效果组，双击【杂色】效果，将其添加到素材中。

STEP|19 将【当前时间指示器】调整至 00:00:04:00 位置处，在【效果控件】面板中单击【杂色数量】选项左侧的【切换动画】按钮，并设置其参数。

STEP|20 将【当前时间指示器】调整至 00:00:06:00 位置处，在【效果控件】面板中，设置【杂色数量】选项参数。

STEP|21 制作旧电视样式。将【项目】面板中的 "图层 2 旧式电视.psd" 素材添加到 V2 轨道中，拖动素材右侧调整素材的持续播放时间。

STEP|22 选择 V2 轨道中的素材，在【效果控件】面板中，禁用【等比缩放】复选框，并分别设置【位置】和【缩放高度】、【缩放宽度】选项参数。

10.6 练习：制作动植物切换视频

当拍摄的视频素材导入 Premiere 中后，不仅可以通过视频效果中的颜色类效果来调整画面的灰度和亮度之外，而且还可以通过校正和调整色彩类效果来调整画面的渐变颜色，以达到优化影像质量以及实现某种特殊画面效果的目的。在本练习中，将通过制作动植物切换视频，来详细介绍四色渐变、RGB 颜色调整等色彩调整和校正的操作方法和实用技巧。

练习要点
- 新建项目
- 添加素材
- 创建字幕素材
- 应用视频过渡效果
- 应用影片过渡效果
- 应用【RGB 曲线】效果
- 应用【相机模糊】效果
- 应用【四色渐变】效果
- 应用【边角定位】效果
- 设置动画关键帧

操作步骤 ►►►►

STEP|01 新建项目。启动 Premiere，在弹出的【欢迎使用 Adobe Premiere Pro CC 2015】对话框中，选择【新建项目】选项。

STEP|02 在弹出的【新建项目】对话框中，设置相应选项，并单击【确定】按钮。

STEP|03 新建序列。执行【文件】|【新建】|【序列】命令，在 DV-PAL 中选择【标准 48kHz】，其他保持默认设置，单击【确定】按钮。

STEP|04 导入素材。双击【项目】面板空白区域，在弹出的【导入】对话框中，选择素材文件，单击【打开】按钮。

STEP|05 制作变色花效果。将表示花的图片素材添加到 V1 轨道中，右击素材执行【速度/持续时间】

命令。

STEP|06 在弹出的【剪辑速度/持续时间】对话框中，设置【持续时间】选项，并单击【确定】按钮。

STEP|07 选中素材,在【效果】面板中,展开【视频效果】下的【颜色校正】效果组,双击【RGB曲线】效果,将其添加到该素材中。

STEP|08 在【效果控件】面板中,设置基础参数,单击【拆分视图百分比】选项左侧的【切换动画】按钮,并将其参数设置为100%。

STEP|09 将【当前时间指示器】调整至

00:00:03:24 位置处,在【效果控件】面板中,将【拆分视图百分比】选项设置为 0%。

STEP|10 制作模糊图像效果。将表示鸟的素材添加到 V1 轨道中,右击素材执行【速度/持续时间】命令。

STEP|11 在弹出的【剪辑速度/持续时间】对话框中,设置【持续时间】选项,并单击【确定】按钮。

STEP|12 在【效果控件】面板中,将【缩放】设置为 58。

STEP|13 在【效果】面板中，展开【视频效果】|
【模糊与锐化】效果组，双击【相机模糊】效果，
将其添加到当前素材中。

STEP|14 将【当前时间指示器】调整至 00:00:08:05
位置处，在【效果控件】面板中单击【百分比模糊】
选项左侧的【切换动画】按钮，并设置其参数。

STEP|15 将【当前时间指示器】调整至 00:00:08:18
位置处，在【效果控件】面板中设置【百分比模糊】
选项参数，创建第 2 个关键帧。使用同样方法，依
次创建其他关键帧。

STEP|16 制作四色渐变效果。将视频素材添加到
V1 轨道中，在【效果控件】面板中，将【缩放】
设置为 81.4。

STEP|17 在【时间轴】面板中，右击素材执行【取
消链接】命令，取消音视频之间的链接，并删除音
频素材。

STEP|18 在【效果】面板中，展开【视频效果】
下的【生成】效果组，双击【四色渐变】效果，将
其添加到该素材中。

STEP|19 在【效果控件】面板中，设置【四色渐变】效果的各项选项参数。

STEP|20 将【当前时间指示器】调整至00:00:30:01位置处，使用【工具箱】面板中的【剃刀工具】单击素材，分割素材并删除右侧素材片段。

STEP|21 将【当前时间指示器】调整至00:00:26:10位置处，使用【工具箱】面板中的【剃刀工具】单击素材，分割素材。

STEP|22 选择分割后的右侧素材，在【效果】面板中，展开【视频效果】下的【扭曲】效果组，双击【边角定位】效果，将其添加到该素材中。

STEP|23 将【当前时间指示器】调整至00:00:26:17位置处，在【效果控件】面板中，单击【右上】和【右下】选项左侧的【切换动画】按钮，并设置各项参数。

STEP|24 将【当前时间指示器】调整至00:00:29:14位置处，在【效果控件】面板中设置【右上】和【右下】选项参数。

STEP|25 制作字幕。在【项目】面板中，单击【新建项】按钮，选择【字幕】选项。

STEP|26 在弹出的【新建字幕】对话框中，设置
字幕选项，并单击【确定】按钮。

STEP|27 在【字幕】面板中，输入字幕文本，并
设置文本的字体格式。

STEP|28 在【字幕属性】面板中，启用【填充】
复选框，将【填充类型】设置为【实底】，将【颜
色】设置为【白色】。

STEP|29 选择【外描边】中的【添加】选项，添
加外描边效果并设置各项选项，并将【颜色】设置
为【白色】。

STEP|30 启用【阴影】复选框，将【颜色】设置
为【黑色】，并依次设置各选项参数。

STEP|31 执行【字幕】|【滚动/游动选项】命令，
在弹出的【滚动/游动选项】对话框中，设置各选
项，并单击【确定】按钮。

STEP|32 添加视频过渡效果。将"字幕 01"素材添加到 V2 轨道中，在【效果】面板中展开【视频过渡】下的【溶解】效果组，将【渐隐为白色】效果添加到 V1 轨道中第 1 个和第 2 个素材之间。

STEP|33 同样方法，为 V1 轨道中的第 2 个和第 3 个素材添加【渐隐为白色】过渡效果，并在【效果控件】面板中设置【对齐】选项。

STEP|34 添加音乐素材。将音乐素材添加到轨道中，同时将【当前时间指示器】调整至视频末尾处，使用【剃刀工具】单击素材，分割素材并删除右侧的素材片段。

STEP|35 在【效果】面板中，展开【音频过渡】下的【交叉淡化】效果组，将【指数淡化】效果添加到音频素材的末尾处。

10.7　新手训练营

练习 1：制作黑白效果

🌐downloads\10\新手训练营\黑白效果

　　提示：本练习中，首先新建项目，将图片素材添加到【时间轴】面板中。然后，在【效果】面板中，展开【视频效果】下的【颜色校正】效果组，将【色彩】效果添加到素材中。最后，在 00:00:00:00 位置处，将【着色量】设置为 0%，在 00:00:04:05 位置处，将【着色量】设置为 100%。

练习 2：替换图片颜色

⊙downloads\10\新手训练营\替换图片颜色

提示：本练习中，首先新建项目，将图片素材添加到【时间轴】面板中。然后，在【效果】面板中，展开【视频效果】下的【图像控制】效果组，将【颜色替换】效果添加到素材中，并在【效果控件】面板中设置基础参数。最后，在 00:00:00:00 位置处，将【相似性】设置为 0%，在 00:00:02:00 位置处，将【相似性】设置为 10%，在 00:00:03:15 位置处，将【相似性】设置为 20%。

练习 4：制作卷积内核特效

⊙downloads\10\新手训练营\卷积内核特效

提示：本练习中，首先新建项目，将图片素材添加到【时间轴】面板中。然后，在【效果】面板中，展开【视频效果】下的【调整】效果组，将【卷积内核】效果添加到素材中，并在【效果控件】面板中设置基础参数。最后，在 00:00:00:00 位置和 00:00:02:20 位置处分别创建动画关键帧。

练习 3：制作分色效果

⊙downloads\10\新手训练营\分色效果

提示：本练习中，首先新建项目，将图片素材添加到【时间轴】面板中。然后，在【效果】面板中，展开【视频效果】下的【颜色校正】效果组，将【分色】效果添加到素材中，并在【效果控件】面板中设置基础参数。最后，在 00:00:00:00 位置处，将【相似性】设置为 0%，在 00:00:02:05 位置处，将【相似性】设置为 80%。

第 **11** 章

创 建 字 幕

　　字幕是影视作品中的重要组成部分，能够帮助观众更好地理解影片的含义。此外，在各式各样的广告中，精美的字幕不仅能够起到为影片增光添彩的作用，还能够快速、直接地向观众传达信息。在本章中，将详细介绍 Premiere 字幕创建工具、Premiere 文本字幕的创建方法，以帮助用户更好地理解字幕的强大功能。

11.1 创建文本字幕

字幕是指在视频素材和图片素材之外，由用户自行创建的可视化元素，例如文字、图形等。在Premiere 中，用户不仅可以创建静态文本字幕，而且还可以创建滚动式的动态字幕。

11.1.1 字幕工作区

Premiere 为字幕准备了一个与音视频编辑区域完全隔离的字幕工作区，以便用户能够专注于字幕的创建工作。

执行【字幕】|【新建字幕】|【默认静态字幕】命令，在弹出的【新建字幕】对话框中，设置字幕尺寸和名称，单击【确定】按钮，即可弹出字幕工作区。

提示

用户也可以执行【文件】|【新建】|【字幕】命令，打开【新建字幕】对话框。

然后，在打开的工作区中，使用默认工具，在显示素材画面的区域内单击，即可输入文字内容。

1.【字幕】面板

【字幕】面板是创建、编辑字幕的主要工作场所，不仅可在该面板内直观地了解字幕应用于影片后的效果，还可直接对其进行修改。

【字幕】面板可分为"属性栏"和"编辑窗口"两部分，其中"编辑窗口"是创建和编辑字幕的区域，而"属性栏"内则包含【字体】、【字体样式】等字幕对象的常见属性设置项。

2.【字幕工具】面板

【字幕工具】面板内放置着制作和编辑字幕时所要用到的工具，包括选择工具、旋转工具、钢笔工具等。

其中，每种工具的具体功能，如下表所述。

图标	名　称	功　　能
▶	选择工具	用于选择文本对象
↻	旋转工具	用于对文本进行旋转操作
T	文字工具	用于输入水平方向上的文字
⊥T	垂直文字工具	用于在垂直方向上输入文字
區	区域文字工具	用于在水平方向上输入多行文字
區T	垂直区域文字工具	用于在垂直方向上输入多行文字

续表

图标	名 称	功 能
	路径文字工具	可沿弯曲的路径输入平行于路径的文本
	垂直路径文字工具	可沿弯曲的路径输入垂直于路径的文本
	钢笔工具	用于创建和调整路径
	删除锚点工具	用于减少路径上的节点
	添加锚点工具	用于添加路径上的节点
	转换锚点工具	通过调整节点上的控制柄，达到调整路径形状的作用
	矩形工具	用于绘制矩形图形，配合 Shift 键使用时可绘制正方形
	圆角矩形工具	用于绘制圆角矩形，配合 Shift 键使用后可绘制出长宽相同的圆角矩形
	切角矩形工具	用于绘制八边形，配合 Shift 键后可绘制出正八边形
	圆角矩形工具	用于绘制形状类似于胶囊的图形，所绘图形与圆角矩形图形的差别在于：圆角矩形图形具有 4 条直线边，而圆矩形图形只有 2 条直线边
	楔形工具	用于绘制不同样式的三角形
	弧形工具	用于绘制封闭的弧形对象
	椭圆工具	用于绘制椭圆形
	直线工具	用于绘制直线

3．【字幕动作】面板

【字幕动作】面板中的工具用于对齐或排列【字幕】面板中编辑窗口中的所选对象。其中，各工具的具体作用，如下表所示。

名 称		作 用
对齐	水平靠左	所选对象以最左侧对象的左边线为基准进行对齐
	水平居中	所选对象以中间对象的水平中线为基准进行对齐
	水平靠右	所选对象以最右侧对象的右边线为基准进行对齐

续表

名 称		作 用
对齐	垂直靠上	所选对象以最上方对象的顶边线为基准进行对齐
	垂直居中	所选对象以中间对象的垂直中线为基准进行对齐
	垂直靠下	所选对象以最下方对象的底边线为基准进行对齐
中心	水平居中	在垂直方向上，与视频画面的水平中心保持一致
	垂直居中	在水平方向上，与视频画面的垂直中心保持一致
分布	水平靠左	以左右两侧对象的左边线为界，使相邻对象左边线的间距保持一致
	水平居中	以左右两侧对象的垂直中心线为界，使相邻对象中心线的间距保持一致
	水平靠右	以左右两侧对象的右边线为界，使相邻对象右边线的间距保持一致
	水平等距离间隔	以左右两侧对象为界，使相邻对象的垂直间距保持一致
	垂直靠上	以上下两侧对象的顶边线为界，使相邻对象顶边线的间距保持一致
	垂直居中	以上下两侧对象的水平中心线为界，使相邻对象中心线的间距保持一致
	垂直靠下	以上下两侧对象的底边线为界，使相邻对象底边线的间距保持一致
	垂直等距离间隔	以上下两侧对象为界，使相邻对象的水平间距保持一致

注意

至少应选择两个对象后，【对齐】选项组内的工具才会被激活，而【分布】选项组内的工具则至少要在选择 3 个对象后才会被激活。

4．【字幕样式】面板

【字幕样式】面板存放着 Premiere 内的各种预

置字幕样式,可应用于所有字幕对象,包括文本与图形。利用这些字幕样式,用户只需选择所创建的字幕文本,单击【字幕样式】面板中相应的样式,即可快速获得各种精美的字幕素材。

5.【字幕属性】面板

【字幕属性】面板中放置了与字幕内各对象相关的选项,不仅放置了对字幕的位置、大小、颜色等基本属性进行调整的基本属性,而且还放置了为其定制描边与阴影效果的高级属性。

11.1.2 创建文本字幕

Premiere 中的文本字幕分为多种类型,包括水平文字字幕、垂直文本字幕和路径文本字幕。

1. 创建水平文本字幕

水平文本字幕是指沿水平方向进行分布的字幕类型。首先,在【字幕工具】面板中,选择【文字工具】 T 。然后,在【字幕】面板中,单击编

辑窗口中的任意位置,直接输入字幕文字,即可创建水平文本字幕。

在输入文本内容的过程中,用户可通过按下 Enter 键的方法,来实现换行操作,从而使接下来的内容另起一行。

此外,用户还可以选择【文本工具】面板中的【区域文字工具】 ,在编辑窗口内绘制文本框,输入文字内容后即可创建水平多行文本字幕。

在实际应用中,虽然使用【文本工具】 T 时只需按下 Enter 键即可获得多行文本效果,但仍旧与【区域文字工具】 所创建的水平多行文本字幕有着本质的区别。例如,当使用【选择工具】 拖动文本字幕的角点时,字幕文字将会随角点位置的变化而变形;但在使用相同方法调整多行文本字幕时,只是文本框的形状发生变化,从而使文本的位置发生变化,但文字本身却不会有什么改变。

2．创建垂直文本字幕

　　垂直类文本字幕的创建方法与水平类文本字幕的创建方法极为类似。用户可以使用【垂直文字工具】 在编辑窗口内单击后，输入相应的文字内容即可；或者使用【垂直区域文字工具】 在编辑窗口内绘制文本框后，输入相应文字即可。

> **提示**
>
> 无论是普通的垂直文本字幕，还是垂直多行文本字幕，其阅读顺序都是从上至下、从右至左的顺序。

3．创建路径文本字幕

　　路径文本字幕可以通过调整路径形状而改变文本字幕的整体形态。

　　首先，在【字幕工具】面板中，选择【路径文字工具】 。然后，单击字幕编辑窗口内的任意位置，创建路径中的第一个节点。使用相同方法创建路径中的第二个节点，并通过调整节点上的控制柄来修改路径形状。

　　完成路径的绘制后，使用相同的工具在路径中单击，直接输入文本内容，即可完成路径文本的创建。

　　运用相同方法，使用【垂直路径文字工具】 ，则可创建出沿路径垂直方向的文本字幕。

注意

创建路径文本字幕时必须重新创建路径，而无法在现有路径的基础上添加文本。

11.2 创建动态字幕

在 Premiere 内，除了可以创建静态字幕之外，还可以创建本身即可运动的动态字幕，包括游动字幕和滚动字幕两种类型。

11.2.1 创建游动字幕

游动字幕是指在屏幕上进行水平运动的动态字幕，它可分为"从左至右游动"和"从右至左游动"两种方式。其中，在 Premiere 主界面中，执行【字幕】|【新建字幕】|【默认游动字幕】命令，在弹出的【新建字幕】对话框中设置字幕素材的各项属性，并单击【确定】按钮。

在打开的【字幕】面板中按照静态字幕的创建方法，创建静态字幕。然后，选择字幕文本，执行【字幕】|【滚动/游动选项】命令，在弹出的【滚动/游动选项】对话框中启用【开始于屏幕外】和【结束于屏幕外】复选框，单击【确定】按钮即可。

在【滚动/游动选项】对话框中，各选项的含义及其作用，如下表所示。

选项组	选项名称	作　用
字幕类型	静止图像	将字幕设置为静态字幕
	滚动	将字幕设置为滚动字幕
	向左游动	设置字幕从右向左运动
	向右游动	设置字幕从左向右运动
定时（帧）	开始于屏幕外	将字幕运动的起始位置设于屏幕外侧
	结束于屏幕外	将字幕运动的结束位置设于屏幕外侧
	预卷	字幕在运动之前保持静止的帧数
	缓入	字幕在到达正常播放速度之前，逐渐加速的帧数
	缓出	字幕在即将结束之时，逐渐减速的帧数
	过卷	字幕在运动之后保持静止的帧数

11.2.2 创建滚动字幕

滚动字幕的效果是从屏幕下方逐渐向上运动，

在影视节目制作中多用于节目末尾演职员表的制作。

在 Premiere 中，执行【字幕】|【新建字幕】|【默认滚动字幕】命令，并在弹出的【新建字幕】对话框内设置字幕素材的属性。

然后，参照静态字幕的创建方法，在字幕工作区内创建滚动字幕。然后执行【字幕】|【滚动/游动选项】命令，设置其选项即可。

单击对话框内的【确定】按钮后，即可完成游动字幕的创建工作。此时，便可将其添加至【时间轴】面板内，并预览其效果。

11.3　使用字幕模板

Premiere 为用户提供了一套专业的字幕模板，帮助用户快速创建各种类型的文本字幕。但是，最新版本的 Premiere 并没有内置所有的字幕模板，用户还需要从相应网站中下载字幕模板，替换安装文件后才能查看字幕模板。

11.3.1　创建模板字幕

在 Premiere 中，既可以基于模板创建字幕，又可以为已创建的字幕应用模板样式。

1. 基于模板创建字幕

执行【字幕】|【新建字幕】|【基于模板】命

令，弹出【模板】对话框。展开左侧的【字幕设计器预设】选项组，在其列表中选择相应的字幕模板，即可在右侧预览区域中预览该模板。

单击【确定】按钮之后，调整模板中的字幕文本，即可获得一个完整的字幕素材。

2．为当前字幕应用模板

Premiere 不仅可以直接从字幕模板中创建字幕素材，而且还可以在编辑普通字幕的过程中应用模板字幕。

首先，打开已编辑好的字幕素材，在【字幕】面板中单击【模板】按钮 。

然后，在弹出的【模板】对话框中，选择相应的模板，单击【确定】按钮即可。

11.3.2　保存字幕模板

Premiere 不仅可以应用字幕模板，而且还可以将常用的字幕素材保存为模板，以及将字幕文件保存为模板，以方便下次使用。

1．将当前字幕保存为模板

完成字幕的编辑操作之后，在【字幕】面板中单击属性栏中的【模板】按钮。在弹出的【模板】对话框中，单击模板预览区上方的三角按钮，在级联菜单中选择【导入当前字幕为模板】选项。

然后，在弹出的【另存为】对话框中，设置模板名称，单击【确定】按钮即可。此时，刚创建的字幕模板将出现在对话框的左侧列表中。

2. 将字幕文件保存为模板

在【模板】对话框中，单击预览区域上的三角
按钮，在级联菜单中选择【导入文件为模板】选项。
然后，在弹出的【导入字幕为模板】对话框中，选
择字幕文件，单击【打开】按钮。

然后，在弹出的【另存为】对话框中，设置模
板名称，单击【确定】按钮即可。

11.4 应用图形字幕对象

在 Premiere 中，图形字幕对象主要通过【矩
形工具】□、【圆角矩形工具】□、【切角矩形工
具】□等绘图工具绘制而成。在本节中，将详细
创建图形对象，以及对图形对象进行变形和风格化
处理时的操作方法。

11.4.1 绘制图形

任何使用 Premiere 绘图工具可直接绘制出来
的图形，都称为基本图形。而且，所有 Premiere
基本图形的创建方法都相同，只需选择某一绘制工
具后，在字幕编辑窗口内单击并拖动鼠标，即可创
建相应的图形字幕对象。

在选择绘制的图形字幕对象后，还可在【字幕
属性】面板内的【属性】选项组中，通过选择【图
形类型】下拉列表内的选项，将一种基本图形转化
为其他基本图形。

11.4.2　赛贝尔曲线工具

在创建字幕的过程中，仅仅依靠 Premiere 所提供的绘图工具往往无法满足图形绘制的需求。此时，用户可通过变形图形对象，并配合使用【钢笔工具】、【转换定位点工具】等工具，实现创建复杂图形字幕对象的目的。

1. 新建遮罩素材

首先执行【文件】|【新建】|【颜色遮罩】命令，在弹出的【新建颜色遮罩】对话框中设置相应选项，并单击【确定】按钮。

此时，系统会自动弹出【拾色器】对话框。在该对话框中，设置遮罩颜色，并单击【确定】按钮。

然后，在弹出的【选择名称】对话框中，设置遮罩名称，单击【确定】按钮，并将创建的颜色遮罩素材导入【时间轴】面板内的轨道中。

2. 绘制字幕

新建字幕，并在【字幕工具】面板中选择【钢笔工具】。然后，在【字幕】面板的绘制区内创建第一个路径节点。

使用相同方法，连续创建多个带有节点控制柄的路径节点，并使其形成字幕图形的基本外轮廓。

然后，在【字幕工具】面板内选择【转换定位点工具】█后，调整各个路径节点的节点控制柄，从而改变字幕对象外轮廓的形状。

11.4.3　插入徽标

Premiere 为了弥补其绘图功能的不足，特内置了导入标记元素功能，以方便用户将图形或照片导入字幕工作区内，并将其作为字幕的创作元素进行使用，从而满足用于创建精美字幕的需求。

首先，执行【文件】|【新建】|【字幕】命令，新建一个字幕。然后，右击【字幕】面板内的字幕编辑窗口区域，执行【图形】|【插入图形】命令。

在弹出的【导入图形】对话框中，选择所要添加的照片或图形文件，单击【打开】按钮，即可将所选素材文件作为标记元素导入到字幕工作区内。

最后，添加字幕文本，并设置其属性即可。图形在作为标记导入 Premiere 后会遮盖其下方的内容，因此当需要导入非矩形形状的标记时，必须将图形文件内非标记部分设置为透明背景，以便正常显示这些区域下的视频画面。

11.5 练习：制作滚动字幕

滚动字幕的效果即是文本从屏幕的下方向上运行，这种效果在影视节目制作中尤为常见，例如节目的片头或末尾出现的演员表大部分都是使用这种效果。在本练习中，将通过制作一个游戏简介字幕，来详细介绍滚动字幕的制作方法和实用技巧。

练习要点

- 新建项目
- 新建序列
- 导入素材
- 设置速度/持续时间
- 制作滚动字幕
- 设置字幕属性
- 添加视频效果

操作步骤 》》》》

STEP|01 新建项目。启动 Premiere，在弹出的【欢迎使用 Adobe Premiere Pro CC 2015】对话框中，选择【新建项目】选项。

STEP|02 在弹出的【新建项目】对话框中，设置相应选项，并单击【确定】按钮。

STEP|03 新建序列。执行【文件】|【新建】|【序列】命令，在 DV-PAL 中选择【标准 48kHz】，其他保持默认设置，单击【确定】按钮。

STEP|04 导入素材。双击【项目】面板空白区域，在弹出的【导入】对话框中，选项导入素材，单击【打开】按钮。

STEP|05 制作滚动字幕。执行【字幕】|【新建】|【默认滚动字幕】命令，在弹出的【新建字幕】对话框中，设置字幕大小，并单击【确定】按钮。

STEP|06 在【字幕工具】面板中，单击【区域文字工具】按钮。然后，在【字幕】面板中，使用该工具绘制文本区域，并输入所有文本。

STEP|07 使用【文字工具】选择"战神："文本，在【字体属性】面板中的【属性】选项组中，设置文本的基本格式。

STEP|08 启用【填充】复选框，将【填充类型】设置为【线性渐变】，将渐变颜色分别设置为#E37600 和#850202，并设置其余填充选项。

STEP|09 选择【外描边】选项中的【添加】选项，添加外描边效果，将【颜色】设置为#EE0000，并设置其余描边选项。

STEP|10 再次选择【外描边】选项中的【添加】选项，添加第 2 个外描边效果，将【颜色】设置为#F50000，并设置其余描边选项。

STEP|11 启用【阴影】复选框，将【颜色】设置为#00D2C6，并设置其余阴影选项。

STEP|12 使用【文字工具】选择其余介绍文本，在【字体属性】面板中的【属性】选项组中，设置文本的基本格式。

STEP|13 启用【填充】复选框，将【填充类型】设置为【线性渐变】，将渐变颜色分别设置为#F2D126 和#A74310，并设置其余填充选项。

STEP|14 启用【阴影】复选框，将【颜色】设置为#00C6C4，并设置其余阴影选项。

STEP|15 执行【字幕】|【滚动/游动选项】命令，在弹出的【滚动/游动选项】对话框中，设置滚动选项，并单击【确定】按钮。

STEP|16 添加素材。将图片素材添加到【时间轴】面板中的 V1 轨道中，右击素材执行【速度/持续时间】命令。

STEP|17 在弹出的【剪辑速度/持续时间】对话框中，设置【持续时间】选项，并单击【确定】按钮。使用同样方法，将字幕素材添加到 V2 轨道中。

STEP|18 在【时间轴】面板中，选择图片素材，在【效果控件】面板中，设置其【缩放】和【位置】

选项参数。

STEP|19 添加视频效果。在【时间轴】面板中，选择字幕素材，在【效果】面板中，展开【视频效果】下的【透视】效果组，双击【基本 3D】效果，将其添加到该字幕素材中。

STEP|20 在【效果控件】面板中，设置【旋转】与【倾斜】选项参数即可。

STEP|21 在【节目监视器】面板中，单击【播放-停止切换】按钮，预览视频效果。

11.6 练习：制作打字效果

在电视广告及电影中经常会看到屏幕中出现逐个输入文字的效果，与背景打字音效相融合后，能够起到吸引注意、警示的作用，因此常用于新闻和纪录片当中。在本练习中，将详细介绍使用 Premiere 制作打字效果的操作方法。

练习要点

- 新建项目
- 新建序列
- 导入素材
- 设置速度/持续时间
- 制作字幕
- 设置文本属性
- 添加视频效果
- 添加视频过渡效果

操作步骤 〉〉〉〉

STEP|01 新建项目。启动 Premiere，在弹出的【欢迎使用 Adobe Premiere Pro CC 2015】对话框中，选择【新建项目】选项。

STEP|02 在弹出的【新建项目】对话框中，设置相应选项，并单击【确定】按钮。

STEP|03 新建序列。执行【文件】|【新建】|【序列】命令，在 DV-PAL 中选择【标准 48kHz】，其他保持默认设置，单击【确定】按钮。

STEP|04 导入素材。双击【项目】面板空白区域，在弹出的【导入】对话框中，选项导入素材，单击【打开】按钮。

STEP|05 添加素材。将图片素材添加到【时间轴】面板中的 V1 轨道中，右击素材，执行【速度/持续时间】命令。

STEP|06 在弹出的【剪辑速度/持续时间】对话框中，设置【持续时间】选项，并单击【确定】按钮。

STEP|07 将音频素材添加到 A1 轨道中的 00:00:01:10 位置处，然后拖入两次音频素材，并依次添加到 A1 轨道中。

STEP|08 制作字幕素材。在【项目】面板中，单击【新建项】按钮，选择【字幕】选项。

STEP|09 在弹出的【新建字幕】对话框中，保持默认设置，单击【确定】按钮。

STEP|10 在【字幕】面板中，输入字幕文本，并在【字幕属性】面板中的【属性】选项组中，设置文本的基本格式。

STEP|11 启用【填充】复选框，将【填充类型】设置为【实底】，将【颜色】设置为#00DA00。

STEP|12 启用【阴影】复选框，将【颜色】设置为#3E005E，并设置其他阴影选项。

STEP|13 添加字幕素材。将"字幕01"素材添加到V2轨道中的00:00:01:10位置处，右击素材执行【速度/持续时间】命令。

STEP|14 在弹出的【剪辑速度/持续时间】对话框中，设置【持续时间】选项，并单击【确定】按钮。

STEP|15 在【效果】面板中，展开【视频效果】下的【变换】效果组，双击【裁剪】效果，将其添加到字幕素材中。

STEP|16 将【当前时间指示器】调整至 00:00:01:10 位置处，在【效果控件】面板中，单击【右侧】左侧的【切换动画】按钮，创建动画关键帧并设置各选项参数。

STEP|17 将【当前时间指示器】调整至 00:00:06:09 位置处，在【效果控件】面板中设置【右侧】选项参数。

STEP|18 将"字幕 01"素材添加到 V3 轨道中的 00:00:06:01 位置处，并调整其播放持续时间。

STEP|19 为其添加【裁剪】效果，在【效果控件】面板中创建【右侧】动画关键帧，并设置各选项参数。

STEP|20 将【当前时间指示器】调整至 00:00:11:00 位置处，在【效果控件】面板中设置【右侧】选项参数。

STEP|21 将"字幕 01"素材添加到 V4 轨道中的 00:00:11:00 位置处,并调整其播放持续时间。

STEP|22 为其添加【裁剪】效果,在【效果控件】面板中创建【右侧】动画关键帧,并设置各选项参数。

STEP|23 将【当前时间指示器】调整至 00:00:16:05

位置处,在【效果控件】面板中设置【右侧】选项参数。使用同样方法,添加其他字幕素材并设置其视频效果。

STEP|24 添加过渡效果。在【效果】面板中,展开【视频过渡】下的【擦除】效果组,将【油漆飞溅】效果添加到 V1 轨道的开头处。

11.7 练习:制作混合字幕

字幕是影视节目的重要组成部分,而混合字幕效果则是一种包含静态字幕和游动字幕类型的组合字幕,它们的完美组合不仅可以为影片增光添彩,而且还可以快速、直接地向观众传达信息。在本练习中,将通过制作一个有关丽江旅游的宣传片,来详细介绍制作混合字幕效果的操作方法和实用技巧。

练习要点

- 创建静态字幕
- 创建游动字幕
- 创建嵌套序列
- 应用视频效果
- 创建动画关键帧
- 应用视频过渡效果
- 应用音频过渡效果
- 分割音频

操作步骤 ▶▶▶▶

STEP|01 新建项目。启动 Premiere，在弹出的【欢迎使用 Adobe Premiere Pro CC 2015】对话框中，选择【新建项目】选项。

STEP|02 在弹出的【新建项目】对话框中，设置相应选项，并单击【确定】按钮。

STEP|03 新建序列。执行【文件】|【新建】|【序列】命令，在弹出的对话框中激活【设置】选项卡，设置各项选项即可。

STEP|04 导入素材。在【项目】面板中，双击空白区域，在弹出的【导入】对话框中选择素材，并单击【打开】按钮。

STEP|05 制作静态字幕。执行【字幕】|【新建字幕】|【默认静态字幕】命令，在弹出的【新建字幕】对话框中，设置字幕属性，并单击【确定】按钮。

STEP|06 在【字幕】面板中，输入字幕文本，并在【字幕属性】面板中的【属性】效果选项组中，设置字幕的字体系列、字体样式等基本属性。

STEP|07 启用【填充】复选框，并设置字体的填充类型、填充颜色等填充效果。

STEP|08 单击【外描边】选项中的【添加】按钮，添加外描边效果并设置其各效果选项。

STEP|09 启用【阴影】复选框，设置字体的阴影颜色、不透明度、距离、大小等阴影选项。使用同样的方法，创建其他静态字幕。

STEP|10 创建游动字幕。执行【字幕】|【新建字幕】|【默认游动字幕】命令，在弹出的【新建字幕】对话框中，设置字幕属性，并单击【确定】按钮。

STEP|11 在【字幕】面板中，输入字幕文本，并在【字幕属性】面板中的【属性】效果选项组中，设置字幕的字体系列、字体样式等基本属性。

STEP|12 启用【填充】复选框，并设置字体的填充类型、填充颜色等填充效果。

STEP|13 单击【外描边】选项中的【添加】按钮，添加外描边效果并设置其各效果选项。

STEP|14 启用【阴影】复选框，设置字体的阴影颜色、不透明度、距离、大小等阴影选项。使用同样的方法，创建其他游动字幕。

STEP|15 制作嵌套序列。将"丽江古城"、"丽江古城-系"和"边框"素材分别添加到 V1~V3 轨道中。

STEP|16 右击 V2 轨道中的素材，执行【取消链接】命令，取消视频和音频链接，并删除音频素材。

STEP|17 右击素材，执行【速度/持续时间】命令，在弹出的对话框中设置素材的持续播放时间。同样方法，设置其他素材的持续播放时间。

提示

用户也可以在【时间轴】面板中，将鼠标移至素材末尾处，当指针改变形状时，拖动鼠标即可调整其持续播放时间。

STEP|18 选择 V2 轨道中的素材，在【效果控件】面板中，设置【位置】和【缩放】选项参数。

STEP|19 选择 V1 轨道中的素材，在【效果控件】面板中，设置素材的【位置】、【缩放高度】和【缩放宽度】效果选项。

STEP|20 同时选择所有轨道中的素材，右击执行【嵌套】命令，在弹出的【嵌套序列名称】对话框中，输入序列名称，并单击【确定】按钮。同样方法，制作其他嵌套序列。

STEP|21 添加视频素材。将"背景"素材添加到V1 轨道中，右击执行【取消链接】命令，取消视频和音频的链接状态，并删除音频素材。

STEP|22 右击素材执行【速度/持续时间】命令，在弹出的【剪辑速度/持续时间】对话框中，设置素材的播放速度，并单击【确定】按钮。

STEP|23 使用同样的方法，依次添加其他素材，并设置素材的持续播放时间和具体位置。

STEP|24 设置效果选项。选择 V1 轨道中的第 2 个素材，在【效果控件】面板中设置其【缩放】和【位置】选项参数。使用同样方法，设置其他视频的缩放效果。

STEP|25 设置动画关键帧。选择 V2 轨道中的第 1 个素材，在【效果控件】面板中，单击【位置】选项左侧的【切换动画】按钮，并设置其选项参数。

STEP|26 将【当前时间指示器】调整至 00:00:02:00 位置处，并设置【位置】选项参数。

提示

在调整【当前时间指示器】时，除了使用鼠标拖动之外，还可以在【时间轴】面板中，单击【播放指示器位置】处，直接输入需要调整的位置时间即可。

STEP|27 在【效果】面板中，双击【视频效果】下【模糊与锐化】效果组中的【快速模糊】效果，将其添加到该素材中。

STEP|28 将 【当前时间指示器】 调整至 00:00:00:00 位置处，在【效果控件】面板中单击【模糊度】选项左侧的【切换动画】按钮，并设置其参数。

STEP|29 将 【当前时间指示器】 调整至 00:00:02:00 位置处，在【效果控件】面板中设置【模糊度】选项参数。

STEP|30 选择 V2 轨道中的第 2 个素材，将【当前时间指示器】调整至 00:00:03:00 位置处，在【效果控件】面板中设置【不透明度】选项参数。

STEP|31 将【当前时间指示器】调整至 00:00:04:00 位置处，在【效果控件】面板中设置【不透明度】选项参数。

STEP|32 将【当前时间指示器】调整至 00:00:08:00 位置处，在 【效果控件】 面板中设置【不透明度】

选项参数。

STEP|33 将【当前时间指示器】调整至 00:00:08:21 位置处，在【效果控件】面板中设置【不透明度】选项参数。使用同样的方法，分别设置其他素材的动画关键帧。

STEP|34 添加视频过渡效果。在【效果】面板中，展开【视频过渡】下的【缩放】效果组，将【交叉缩放】效果拖动到 V1 轨道中第 2 个和第 3 个素材之间。

STEP|35 在【效果控件】面板中设置过渡效果的【持续时间】和【对齐】选项。使用同样的方法，分别为其他素材添加视频过渡效果。

STEP|36 添加音频素材。将音频素材添加到 A1 轨道中，将【当前时间指示器】调整至视频结尾处，使用【剃刀工具】单击时间线处，分割音频并删除右侧音频片段。

STEP|37 在【效果】面板中，展开【音频过渡】下的【交叉淡化】效果组，将【指数淡化】效果拖到音频的末尾处。

STEP|38 在【效果控件】面板中，设置【持续时间】选项。

11.8　新手训练营

练习 1：制作路径字幕

⦿downloads\11\新手训练营\路径字幕

提示：本练习中，首先，在【字幕工具】面板中，选择【路径文字工具】 ⬈。然后，单击字幕编辑窗口内的任意位置，创建路径中的第一个节点。使用相同方法创建路径中的第二个节点，并通过调整节点上的控制柄来修改路径形状。

最后，使用相同的工具在路径中单击，直接输入文本内容，即可完成路径文本的创建。

练习 2：制作滚动字幕

⦿downloads\11\新手训练营\滚动字幕

提示：本练习中，首先执行【字幕】|【新建字幕】|【默认滚动字幕】命令，并在弹出的【新建字幕】对话框内设置字幕素材的属性。然后，在字幕工作区内输入字幕文本，并设置文本样式和基本输出。最后，执行【字幕】|【滚动/游动选项】命令，设置其选项即可。

练习 3：制作游动字幕

⦿downloads\11\新手训练营\游动字幕

提示：本练习中，首先，执行【字幕】|【新建字幕】|【默认游动字幕】命令，在弹出的【新建字幕】对话框中设置字幕素材的各项属性，并单击【确定】按钮。然后，在打开的【字幕】面板中输入字幕文本，并设置文本字体样式和基本属性。最后，选择字幕文本，执行【字幕】|【滚动/游动选项】命令，在弹出的【滚动/游动选项】对话框中启用【开始于屏幕外】和【结束于屏幕外】复选框，单击【确定】按钮即可。

紧接着, 在【字幕属性】面板中设置图片字幕的扭曲、填充、描边和阴影效果。最后, 执行【字幕】|【滚动/游动选项】命令, 设置其选项即可。

练习 4: 制作徽标字幕

downloads\11\新手训练营\徽标字幕

提示: 本练习中, 首先, 执行【字幕】|【新建字幕】|【默认静态字幕】命令, 并在弹出的【新建字幕】对话框内设置字幕素材的属性。在字幕工作区内输入字幕文本, 设置文本样式和基本输出。然后, 右击【字幕】模板空白处, 执行【图形】|【插入图形】命令, 在弹出的对话框中选择图形文件, 单击【打开】按钮。

第12章

编 辑 字 幕

　　在 Premiere 创建字幕后，用户会发现所创建字幕的样式、格式和一些基本属性都是系统默认的，既不具有美观性也不具有凸显性。此时，用户可以通过设置字幕文本属性效果和样式，来增加字幕文本的绚丽性，从而达到丰富视频画面以及清晰地表达视频主题内容的目的。在本章中，将详细介绍设置字幕文本填充、描边、阴影等效果，以及应用字幕样式增加文本美观性的基础知识和使用技巧。

12.1 设置基本属性

基本属性包括【变换】和【属性】两个属性选项组，主要用于设置字幕文本的宽度、高度、字体样式、字体样式等基础样式设置。

12.1.1 设置变换属性

在【字幕属性】面板中的【变换】选项组中，用户可以对字幕在屏幕画面中的位置、尺寸大小与角度等属性进行调整。

其中，【变换】选项组中各参数选项的作用，如下所述。

- ❑ **不透明度** 决定字幕对象的透明程度，为0%时完全透明，100%时不透明。

- ❑ **Y/X 位置** 【X 位置】选项用于控制对象中心距画面原点的水平距离，而【Y 位置】选项用于控制对象中心距画面原点的垂直距离。

- ❑ **宽度/高度** 【宽度】选项用于调整对象最左侧至最右侧的距离，而【高度】选项则用于调整对象最顶部至最底部的距离。

- ❑ **旋转** 控制对象的旋转对象，默认为 0°，即不旋转。输入数值，或者单击下方的角度圆盘，即可改变文本显示角度。

12.1.2 设置文本属性

在【字幕属性】面板中的【属性】选项组中，用户可以调整字幕文本的字体类型、大小、颜色等基本属性。

其中，【字体】选项用于设置字体的类型，即可直接在【字体】列表框内输入字体名称，也可在单击该选项的下拉按钮后，在弹出的【字体】下拉列表内选择合适的字体类型。

根据字体类型的不同,某些字体拥有多种不同的形态效果,而【字体样式】选项便用于指定当前所要显示的字体形态。

提示

其中【字体样式】选项并不是一成不变的,它会根据【字体类型】选项的改变而改变,但大多数字体仅拥有 Regular 样式。

【字体大小】选项用于控制文本的尺寸,其取值越大,则字体的尺寸越大;反之,则越小。而【宽高比】选项则是通过改变字体宽度来改变字体的宽高比,其取值大于 100%时,字体将变宽;当取值小于 100%时,字体将变窄。

其中,【属性】选项组中其他选项的具体功能,如下所述。

❑ **行距** 用于设置文本行与文本行之间的距离。

❑ **字偶间距** 用于调整字与字之间的距离。

❑ **字符间距** 用于调整字与字之间位置的宽度。随着参数值的增大,字幕的右边界逐渐远离最右侧文字的右边界,而调整【字偶间距】选项却不会出现上述情况。

❑ **基线位移** 用于设置文字基线的位置,通常在配合【字体大小】选项后用于创建上标文字或下标文字。

❑ **倾斜** 用于调整字体的倾斜程度,其取值越大,字体所倾斜的角度也就越大。

❑ **小型大写字母** 启用该选项后,当前所选择的小写英文字母将被转化为大写英文字母。

❑ **小型大写字母大小** 用于调整转化后大写英文字母的字体大小。

❑ **下划线** 启用该复选框,可在当前字幕或当前所选字幕文本的下方添加一条直线。

❑ **扭曲** 在该选项中,分别通过调整 X 和 Y 选项的参数值,便可起到让文字变形的效果。其中,当 X 项的取值小于 0 时,文字顶部宽度减小的程度会大于底部宽度减小的程度,此时文字会呈现出一种金字塔般的形状;当 X 项的取值大于 0 时,文字则会呈现出一种顶大底小的倒金字塔形状。

12.2 设置填充属性

在【字幕属性】面板中启用【填充】复选框，并对该选项内的各项参数进行调整，即可对字幕的填充颜色进行控制。开启字幕的填充效果后，单击【填充类型】下拉按钮，可在其下拉列表中选择填充样式。

12.2.1 渐变类填充

渐变类填充包括【线性渐变】、【径向渐变】和【四色渐变】3 种类型，不同类型的渐变效果拥有不同种类的渐变颜色，其主要功能是从一种颜色渐变到另外一种或两种以上的颜色。

1．线性渐变

【线性渐变】填充是从一种颜色逐渐过渡到另一种颜色的填充方式。用户可通过双击游标，在弹出的【拾色器】中设置不同渐变颜色，即可得到渐变效果。除此之外，用户还可以通过设置【角度】参数值，来调整渐变的方向。

其中，【线性渐变】填充类型中的各属性选项的具体功能，如下所述。

- ❑ **颜色** 该选项通过一条含有两个游标的色度滑杆来进行调整，色度滑杆的颜色便是字幕填充色彩。在色度滑杆上，游标的作用是确定线性渐变色彩在字幕上的位置分布情况。
- ❑ **色彩到色彩** 该选项的作用是调整线性

渐变填充的颜色。在【色彩】色度滑杆上选择某一游标后，单击【色彩到色彩】色块，即可在弹出对话框内设置线性渐变中的一种填充色彩；选择另一游标后，使用相同方法，即可设置线性渐变中的另一种填充色彩。

- ❑ **色彩到不透明** 用于设置当前游标所代表填充色彩的透明度，100%为完全不透明，0%为完全透明。
- ❑ **角度** 用于设置线性渐变填充中的色彩渐变方向。
- ❑ **重复** 用于控制线性渐变在字幕上的重复排列次数，其默认取值为 0，表示仅在字幕上进行 1 次线性色彩渐变；在将其取值调整为 1 后，Premiere 将会在字幕上填充 2 次线性色彩渐变；如果【重复】选项的取值为 2，则进行 3 次线性渐变填充，其他取值效果可以此类推。

2．径向渐变

【径向渐变】填充也是从一种颜色逐渐过渡至另一颜色的填充样式，但该填充效果会将某一点作为中心点后，然后向四周扩散到另一颜色。

【径向渐变】填充的选项及选项含义与【线性渐变】填充样式的选项完全相同，因此其设置方法在此不再进行详细介绍。但是，由于【径向渐变】

是从中心向四周均匀过渡的渐变效果，因而在此处调整【角度】选项不会影响放射渐变的填充效果。

3．四色渐变

【四色渐变】填充类型具有 4 种渐变色彩，从而便于实现更为复杂的色彩渐变。其中，【颜色】颜色条 4 角的色块分别用于控制填充目标对应位置处的颜色，整体填充效果则由这 4 种颜色共同决定。

12.2.2　其他渐变类型

在 Premiere 中的填充效果中，除了包含 3 种渐变填充类型之外，还包括【实底】、【斜面】、【消除】和【重影】4 种不同的填充样式。其中，不同的填充方式，所得到的显示效果也不尽相同。

1．实底

【实底】又称单色填充，即字体内仅填充有一种颜色。用户可通过单击【颜色】色块，在弹出对话框内选择字幕的填充色彩。

2．斜面

在【斜面】填充类型中，Premiere 通过为字幕

对象设置阴影色彩的方式，来模拟一种中间较高，边缘逐渐降低的三维浮雕效果。

其中，【斜面】填充类型中各属性选项的具体功能，如下所述。

- ❏ **高光颜色**　用于设置字幕文本的主体颜色，即字幕内"较高"部分的颜色。

- ❏ **高光不透明度**　用于调整字幕主体颜色的透明程度。

- ❏ **阴影颜色**　用于设置字幕文本边缘处的颜色，即字幕内"较低"部分的颜色。

- ❏ **阴影不透明度**　用于调整字幕边缘颜色的透明程度。

- ❏ **平衡**　用于控制字幕内"较高"部分与"较低"部分间的落差，效果表现为高亮颜色与阴影颜色之间在过渡时的柔和程度，其取值范围为–100~100。在实际应用中，【平衡】选项的取值越大，高亮颜色与阴影颜色的过渡越柔和，反之则较锐利。

- ❏ **大小**　用于控制高亮颜色与阴影颜色的过渡范围，其取值越大，过渡范围越大；取值越小，则过渡范围越小，其取值范围介于 1~200 之间。

- ❏ **变亮**　当启用该复选框，可为当前字幕应用灯光效果，此时字幕文本的浮雕效果会更为明显。

- ❏ **光照角度**　用于调整灯光相对于字幕的照射角度。

- ❏ **光照强度**　用于控制灯光的光照强度。取值越小，光照强度越弱，阴影颜色在受光

面和背光面的反差越小；反之，则光照强度越强，阴影颜色在受光面和背光面的反差也越大。

❑ **管状** 启用该复选框，字幕文本将呈现出一种由圆管环绕后的效果。

3．消除与重影

【消除】与【重影】两种填充类型都能够实现隐藏字幕的效果。但是，【消除】填充类型能够暂时性地"删除"字幕文本，包括其阴影效果；而"重影"填充类型则只能隐藏字幕本身，而不会影响其阴影效果。

> **提示**
>
> 上图所展示的消除与重影填充效果对比图中，黑色轮廓线为描边效果，灰色部分为阴影效果。在消除模式的填充效果图中，灰色部分为黑色轮廓线的阴影，而字幕对象本身的阴影已被隐藏。

12.2.3　纹理

【纹理】属性选项的作用是隐藏字幕本身的填充效果，而显示其他纹理贴图的内容。在启用【纹理】复选框后，双击【纹理】选项右侧的图标，即可在弹出的【选择纹理图像】对话框中选择纹理图片。

在【纹理】属性选项组中，还包括【缩放】、【对齐】和【混合】选项组。

1．缩放

该选项组内的各个参数用于调整纹理图像的长宽比例与大小。

其中，【缩放】选项组中各属性选项的具体功能，如下所述。

❑ **对象 X/Y** 用于指定向对象应用纹理时沿 x 或 y 轴拉伸纹理的方式。其中，【纹理】选项不拉伸纹理，而是将纹理应用于对象表面（从左上角到右下角）；【切面】选项拉伸纹理，以使其适合表面（不含内描边所涵盖的区域）；【面】选项拉伸纹理，以使其与面完全吻合；【扩展字符】选项会添加描边。

❑ **水平/垂直** 可将纹理拉伸到指定百分比。其单一值可能会产生不同的结果，取

决于所选的其他缩放选项。范围是从
1%~500%，默认值为 100%。

- □ 平铺 **X/Y**　用于控制纹理在水平方向和垂直方向上的填充方式。

2. 对齐

该选项组内的各个参数用于调整纹理图像在字幕中的位置。

其中，【对齐】选项组中各属性选项的具体功能，如下所述。

- □ 对象 **X/Y**　用于指定与纹理对齐的对象部分。其中，【滤色】选项可将纹理与标题（而不是对象）对齐，使用户可以移动对象而不移动纹理；【切面】选项可将纹理与剪切的区域面（不含内描边的面）对齐；【面】选项可将纹理与常规面对齐，但计算范围时不考虑描边；【扩展字符】选项可将纹理与扩展面（不含外描边的面）对齐。

- □ 规则 **X/Y**　可将纹理与【对象 X】和【对象 Y】所指定对象的左上、中心或右下位置对齐。

- □ 偏移 **X/Y**　用于指定纹理与计算的应用程序点之间的水平和垂直偏移（以像素为单位）。应用程序点是基于【对象 X/Y】和【规则 X/Y】设置算出的，其范围是介于–1000~1000 之间，默认值为 0。

3. 混合

默认情况下，Premiere 会在字幕开启纹理填充功能后，忽略字幕本身的填充效果。不过，【混合】

选项组内的各个参数则能够在显示纹理效果的同时，使字幕显现出原本的填充效果。

其中，【混合】选项组中各属性选项的具体功能，如下所述。

- □ 混合　用于指定渲染时纹理与常规填充的比率。其中，取值范围介于–100~100 之间。当值为–100 时表示不使用纹理，而主要应用渐变；当值为 100 时表示只使用纹理；值为 0 时表示均衡使用对象的这两个方面。

- □ 填充键　启用该复选框，表示将使用【填充键】选项设置。

- □ 纹理键　启用该复选框，表示将使用【纹理键】选项设置。

- □ **Alpha** 缩放　用于重新调整纹理的整体 Alpha 值。通过此选项，可以轻松地将对象设为透明状态。如果 Alpha 通道的范围划分正确，则该选项的作用将类似于透明度滑块。

- □ 合成规则　指定用于确定透明度的进入纹理通道。大多数情况都是使用 Alpha 通道，如果使用黑红色纹理，则可能需要指定红色通道在红色区域中施加透明度。

- □ 反转合成　用于反转进入 Alpha 值。

12.2.4　光泽

【光泽】属性选项属于字幕填充效果内的通用选项，其功能是在字幕上叠加一层逐渐向两侧淡化的光泽颜色层，从而模拟物体表面的光泽感。

其中,【光泽】选项组内各个选项参数的作用,如下表所示。

选项	作 用
颜色	用于设置光泽颜色层的色彩,可实现模拟有色灯光照射字幕的效果
不透明度	用于设置光泽颜色层的透明程度,可起到控制光泽强弱的作用
大小	用于控制光泽颜色层的宽度,其取值越大,光泽颜色层所覆盖字幕的范围越大;反之,则越小
角度	用于控制光泽颜色层的旋转角度
偏移	用于调整光泽颜色层的基线位置,与【角度】选项配合使用后可使光泽效果出现在字幕上的任意位置

12.3 设置描边效果

在 Premiere 中,除了可以设置文本字幕的填充效果之外,还可以设置其描边效果,以增加字幕文本的凸显性。

12.3.1 添加描边

Premiere 将描边分为【内描边】和【外描边】两种类型,其中【内描边】的效果是从字幕边缘向内进行扩展,因此会覆盖字幕原有的填充效果;而【外描边】的效果是从字幕文本的边缘向外进行扩展,因此会增大字幕所占据的屏幕范围。

1. 添加单个描边

展开【描边】选项组,单击【内描边】选项右侧的【添加】按钮,即可显示内描边属性,同时为当前所选字幕对象添加默认的黑色描边效果。

外描边的添加方法与内描边的添加方法相同,用户只需单击【外描边】选项右侧的【添加】按钮,即可显示外描边属性,同时为当前所选字幕对象添加默认的黑色描边效果。

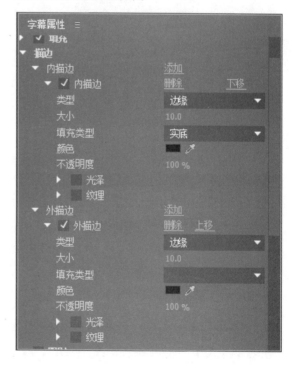

2．添加多重描边

Premiere 为用户提供了多重描边效果，当用户已添加内描边属性之后，再次单击【内描边】选项右侧的【添加】按钮，即可添加第 2 个内描边属性。

添加多个描边属性之后，可通过单击每个属性顶部的【删除】按钮，来删除多余的描边属性。同时，还可以通过单击【上移】或【下移】按钮，来调整不同描边属性的上下顺序。

12.3.2　设置描边属性

添加描边效果之后，用户还需要通过设置内、外描边属性，来增加字幕文本的凸显性。描边中的属性选项除了固定的几项之外，其他的选项是跟随【类型】选项的改变而改变的。在【类型】下拉列表中，Premiere 根据描边方式的不同提供了【深度】、【边缘】和【凹进】3 种不同选项。

其中，内描边和外描边的属性选项的设置方法和内容是完全相同的，下面将以设置外描边为例，详细介绍描边效果的设置方法。

1．深度

在【类型】下拉列表中选择【深度】选项，创建可以产生凸出效果的描边效果。此时，系统将自动显示有关【深度】类型描边的属性选项。

其中，【深度】描边类型下的各属性选项的具体功能，如下所述。

- ❏ **大小**　用于指定描边的大小。
- ❏ **角度**　用于指定描边的偏移角度。
- ❏ **填充类型**　用于指定描边的填充类型，包括【实底】、【线性渐变】、【径向渐变】等 7 种类型。
- ❏ **颜色**　用于设置描边的填充颜色。
- ❏ **不透明度**　用于设置描边的透明性。

提示

描边属性选项中的【纹理】和【光泽】选项组中各选项的具体含义，请参考【填充】属性中的【纹理】和【光泽】属性选项含义。

2．边缘

在【类型】下拉列表中选择【边缘】选项，创建包含对象内边缘或外边缘的描边效果。此时，系统将自动显示有关【边缘】类型描边的属性选项。该类型的属性选项包含了所有类型下的基础属性选项，用户只需要设置【填充类型】、【颜色】和【大小】选项即可。

3. 凹进

在【类型】下拉列表中选择【凹进】选项，创建具有投影效果的描边效果。此时，系统将自动显示有关【凹进】类型描边的属性选项。

相对于【深度】描边类型来讲，【凹进】描边效果中的属性选项多出一项【强度】选项，而减少一项【大小】选项。其中，【强度】选项，主要用于指定描边的高度，该参数值越大，其描边效果就越"远离"字幕文本，从而凸显描边中的投影效果。

12.4 设置阴影与背景效果

阴影和背景效果是一种可选效果，用户只需启用相应的复选框，即可为字幕文本添加该类型的效果。其中，阴影效果是通过为字幕文本添加投影的方式，来凸显字幕文本；而背景效果则是通过更改字幕文本的背景，来达到美化视频字幕的目的。

12.4.1 设置阴影效果

在【字幕属性】面板中，启用【阴影】复选框，即可激活并应用该效果。此时，字幕文本中所显示的阴影效果是系统默认的设置，用户可通过设置各属性选项的方法，来增加阴影的美观性。

其中，【阴影】选项组中的各选项的具体功能，

如下所述。

- ❏ **颜色** 用于控制阴影的颜色，用户可根据字幕颜色、视频画面的颜色，以及整个影片的色彩基调等多方面进行考虑，从而最终决定字幕阴影的色彩。

- ❏ **不透明度** 控制投影的透明程度。在实际应用中，应适当降低该选项的取值，使阴影呈适当的透明状态，从而获得接近于真实情形的阴影效果。

- ❏ **角度** 用于控制字幕阴影的投射位置。

- ❏ **距离** 用于确定阴影与主体间的距离，其取值越大，两者间的距离越远；反之，则越近。

- ❏ **大小** 默认情况下，字幕阴影与字幕主体的大小相同，而该选项的作用便是在原有字幕阴影的基础上，增大阴影的大小。

- ❏ **扩展** 用于控制阴影边缘的发散效果，其取值越小，阴影就越为锐利；取值越大，阴影就越为模糊。

12.4.2　设置背景效果

在【字幕属性】面板中,启用【背景】复选框,即可激活并应用该效果。此时,字幕文本中的背景将显示为系统默认的颜色,用户可通过设置各属性选项的方法,来设置字幕背景的显示效果。

其中,【背景】选项组中的各选项,类似于【填充】效果中的各选项,其具体选项将根据【填充类型】选项的改变而改变。当用户将【填充类型】设

置为【径向渐变】选项时,其各属性选项的具体情况如下图所示。

当用户将【填充类型】设置为【斜面】选项并设置各个选项参数后,其最终效果如下图所示。

12.5　设置字幕样式

字幕样式是 Premiere 预置的字幕属性设置方案,以方便用户快速设置各种样式的字幕属性。在【字幕】面板中,不仅能够应用预设的样式效果,还可以自定义文字样式。

12.5.1　应用样式

在 Premiere 中,字幕样式的应用方法极其简单,只需在输入相应的字幕文本内容后,在【字幕

样式】面板内单击某个字幕样式的图标,即可将其应用于当前字幕。

> **提示**
>
> 为字幕添加字幕样式后,可在【字幕属性】面板内设置字幕文本的各项属性,从而在字幕样式的基础上获取新的字幕效果。

如果需要有选择地应用字幕样式所记录的字幕属性，则可在【字幕样式】面板内右击字幕样式预览图，执行【应用带字体大小的样式】或【仅应用样式颜色】命令。

12.5.2　创建字幕样式

为了进一步提高用户创建字幕时的工作效率，Premiere 还为用户提供了自定义字幕样式的功能，从而方便将常用的字幕属性配置方案保存起来，便

于随后设置相同属性或相近属性的设置。

首先，新建字幕，使用【文字工具】在字幕编辑窗口内输入字幕文本。然后在【字幕属性】面板内调整字幕的字体、字号、颜色，以及填充效果、描边效果和阴影。

完成后，在【字幕样式】面板内单击【面板菜单】按钮，选择【新建样式】选项。在弹出的【新建样式】对话框中，输入字幕样式名称后，单击【确定】按钮，Premiere 便会以该名称保存字幕样式。

12.6　练习：制作特效字幕

在制作视频广告或影视节目片头时，动态的、光彩夺目的文字内容较普通文字更加能够吸引观众的注意力。为此，在本练习中将介绍运用 Premiere 内置滤镜制作光芒字幕及制作具有填充效果的光影字幕的操作方法。

练习要点

- 设置缩放效果
- 创建静态字幕
- 设置字幕属性
- 应用【Alpha 发光】效果
- 应用【轨道遮罩键】效果
- 创建动画关键帧

操作步骤 >>>>

STEP|01 新建项目。启动 Premiere，在弹出的【欢迎使用 Adobe Premiere Pro CC 2015】对话框中，选择【新建项目】选项。

STEP|02 在弹出的【新建项目】对话框中，设置相应选项，并单击【确定】按钮。

STEP|03 导入素材。执行【文件】|【导入】命令，在弹出的【导入】对话框中，选择素材文件，单击【打开】按钮。

STEP|04 新建序列。执行【文件】|【新建】|【序列】命令，在弹出的【新建序列】对话框中，保持默认设置，单击【确定】按钮即可。

STEP|05 创建静态字幕。执行【字幕】|【新建】|【默认静态字幕】命令，在弹出的【新建字幕】对话框中，设置选项并单击【确定】按钮。

STEP|06 在【字幕】面板中输入字幕文本，并在【字幕属性】面板中的【属性】效果组中，设置文本的基本属性。

STEP|07 启用【填充】复选框，将【填充类型】设置为【斜面】，并分别设置各项效果选项。

STEP|08 启用【光泽】复选框，在展开的效果组中设置各属性选项。

STEP|09 单击【外描边】选项右侧的【添加】按钮，添加外描边效果并设置各选项参数。

提示

线性渐变的填充颜色，左侧颜色值为#E87707，其右侧的颜色值为#461101。

STEP|10 启用【阴影】复选框，并设置阴影效果下的各选项参数。

STEP|11 执行【字幕】|【新建字幕】|【默认静态字幕】命令，在弹出的【新建字幕】对话框中，设置选项并单击【确定】按钮。

STEP|12 在【字幕】面板中输入字幕文本，并在【字幕属性】面板中的【属性】效果组中，设置文本的基本属性。

STEP|13 添加素材。将【项目】面板中的各素材，按照设计顺序分别添加到 V1~V3 轨道中，并设置第 2 段上下素材的持续播放时间。

STEP|14 缩放素材。选择 V1 轨道中的第 1 个素材，在【效果控件】面板中设置素材的【缩放】效

果选项。

STEP|15 选择 V1 轨道中的第 2 个素材，在【效果控件】面板中设置素材的【缩放】效果选项。

STEP|16 设置特效字幕。选择 V2 轨道中的第 1 个素材，在【效果】面板中，双击【视频效果】下【风格化】效果组中的【Alpha 发光】效果。

STEP|17 将【当前时间指示器】调整至视频开始处，在【效果控件】面板中，单击【发光】和【起始颜色】选项左侧的【切换动画】按钮，并分别设

置其参数。

STEP|18 将【当前时间指示器】调整至 00:00:02:12 位置处,设置【发光】选项参数,并单击【起始颜色】选项颜色块,将颜色设置为#FFBA00。

STEP|19 将【当前时间指示器】调整至 00:00:05:00 位置处,设置【发光】选项参数,并单击【起始颜色】选项颜色块,将颜色设置为#C0C0C0。

STEP|20 选择 V2 轨道中的第 2 个素材,在【效果控件】面板中调整素材的具体位置。

STEP|21 在【效果】面板中,双击【视频效果】下【键控】效果组中的【轨道遮罩键】效果。

STEP|22 在【效果控件】面板中,设置【遮罩】和【合成方式】选项即可。

STEP|23 选择 V3 轨道中的素材,在【效果控件】面板中,设置文本的显示位置。

12.7　练习：制作图片字幕

在 Premiere 中，除了可以制作常用的静态字幕、滚动字幕和游动字幕之外，还可以运用字幕的填充功能，来制作一些包含具体图片内容的字幕。在本练习中，将通过制作一个最佳电视剧片头，来详细介绍制作图片字幕效果的操作方法和实用技巧。

练习要点

- 分割音视频
- 应用音频过渡效果
- 设置动画关键帧
- 创建图片字幕
- 应用【基本 3D】效果
- 应用【斜面 Alpha】效果
- 应用【镜头光晕】效果

操作步骤 ▶▶▶▶

STEP|01 新建项目。启动 Premiere，在弹出的【欢迎使用 Adobe Premiere Pro CC 2015】对话框中，选择【新建项目】选项。

相应选项，并单击【确定】按钮。

STEP|02 在弹出的【新建项目】对话框中，设置

STEP|03 导入素材。执行【文件】|【导入】命令，

在弹出的【导入】对话框中，选择素材文件，并单击【打开】按钮。

STEP|04 新建序列。执行【文件】|【新建】|【序列】命令，在弹出的【新建序列】对话框中，设置序列名称，保持默认设置，单击【确定】按钮即可。

STEP|05 创建静态字幕。执行【字幕】|【新建字幕】|【默认静态字幕】命令，在弹出的【新建字幕】对话框中，设置选项参数，并单击【确定】按钮。

STEP|06 在【字幕】面板中输入字幕，并在【字幕属性】面板中的【属性】效果组中，设置文本的基本属性。

STEP|07 启用【填充】复选框，将【填充类型】选项设置为【四色渐变】，并将渐变颜色分别设置为# FBD008、# B30BF1、# 09F541 和# EE0B36。

STEP|08 单击【内描边】选项右侧的【添加】按钮，添加内描边，并设置内描边类型、大小和颜色参数。使用同样方法，添加外描边效果。

STEP|09 启用【阴影】复选框，设置各项参数选项，并将【颜色】选项的颜色值设置为#422307。

STEP|10 添加素材。将"标题"素材添加到 V2 轨道中，同时将"背景"素材添加到 V1 轨道中，右击素材执行【取消链接】命令，取消音视频的链接状态，并删除音频素材。

STEP|11 将【当前时间指示器】调整到 00:00:15:05 位置处，使用【剃刀工具】单击该位置中的视频，分割视频并删除右侧多余的视频片段。

STEP|12 创建图片字幕。执行【字幕】|【新建字幕】|【默认静态字幕】命令，在弹出的【新建字幕】对话框中，设置选项参数，并单击【确定】按钮。

STEP|13 在【字幕面板】中，单击左侧的【矩形工具】按钮，绘制一个矩形形状，并调整形状的大小和位置。

STEP|14 在【字幕属性】面板中，将【图形类型】设置为【图形】，并单击【图形路径】选项右侧的方框。

STEP|15 在弹出的【选择纹理图像】对话框中，选择图片文件，并单击【打开】按钮。使用同样的方法，分别制作其他矩形形状，并排列形状位置。

STEP|16 单击左侧的【矩形工具】按钮，继续在面板中绘制一个矩形形状，并调整其大小和位置。

STEP|17 在【字幕属性】面板中，启用【填充】复选框，并将【填充类型】设置为"实底"，将【颜色】设置为"黑色"。

STEP|18 右击黑色填充的矩形形状，执行【排列】|【移到最后】命令，将该形状移动到图片字幕的下方。使用同样的方法，分别制作其他黑色矩形形状。

STEP|19 重复步骤（10）～（16），制作其他图片字幕。并将各个字幕素材添加到【时间轴】面板中的 V2~V5 轨道中。

STEP|20 设置素材效果。选择 V1 轨道中的素材，在【效果控件】面板中设置【缩放】选项参数。

STEP|21 选择 V2 轨道中的第 1 个素材,将【当前时间指示器】调整至视频开头处,设置其【位置】选项参数,并单击【缩放】选项左侧的【切换动画】按钮,并设置其选项参数。

STEP|22 将【当前时间指示器】调整到 00:00:02:00 位置处,在【效果控件】面板中设置【缩放】选项参数。

STEP|23 在【效果】面板中,将【视频效果】下【透视】效果组中的【斜面 Alpha】效果添加到该素材中,并在【效果控件】面板中设置其选项参数。

STEP|24 将【视频效果】下【生成】效果组中的【镜头光晕】效果添加到该素材中,并在【效果控件】面板中设置其选项参数。

STEP|25 将【当前时间指示器】调整到 00:00:01:16 位置处,单击【光晕亮度】选项左侧的【切换动画】按钮,并设置其选项参数。

STEP|26 将【当前时间指示器】调整到 00:00:02:02 位置处,单击【光晕中心】选项左侧的【切换动画】按钮,并设置【光晕中心】和【光晕亮度】选项参数。

STEP|27 将【当前时间指示器】调整到 00:00:02:14 位置处，分别设置【光晕中心】和【光晕亮度】选项参数。

STEP|28 将【当前时间指示器】调整到 00:00:02:23 位置处，设置【光晕亮度】选项参数。

STEP|29 选择 V5 轨道中的素材，将【当前时间指示器】调整到 00:00:08:15 位置处，单击【位置】选项左侧的【切换动画】按钮，并设置【位置】和【缩放】选项参数。

STEP|30 将【当前时间指示器】调整到 00:00:09:06 位置处，设置【位置】选项参数。

STEP|31 将【当前时间指示器】调整到 00:00:11:06 位置处，设置【位置】选项参数。

STEP|32 将【当前时间指示器】调整到 00:00:11:22 位置处，设置【位置】选项参数。

STEP|33 将【视频效果】下【透视】效果组中的【基本 3D】效果添加到该素材中，并在【效果控件】面板中设置其选项参数。使用同样的方法，分别为其他图片字幕添加视频效果和动画关键帧。

STEP|34 添加音频素材。将音频素材添加到 A1 轨道中，并将【当前时间指示器】调整至视频结尾处，使用【剃刀工具】分割音频素材，并删除多余的音频片段。

STEP|35 在【效果】面板中，展开【音频过渡】下的【交叉淡化】效果组，将【指数淡化】效果拖到音频的末尾处。

12.8　新手训练营

练习 1：制作四色渐变文字

🔘 downloads\12\新手训练营\四色渐变文字

提示：本练习中，首先，新建项目并新建序列。新建字幕，在【字幕】面板中输入文本，并在【字幕属性】面板中的【属性】选项组中，设置文本的基本属性。

然后，启用【填充】复选框，将【填充类型】设置为【四色渐变】，并分别设置相应的渐变颜色。同时，启用【阴影】复选框，并分别设置阴影颜色和参数。

最后，将图片素材和字幕素材分别添加到 V1 和 V2 轨道中即可。

练习 2：制作波动文字

🔘 downloads\12\新手训练营\波动文字

提示：本练习中，首先制作四色渐变字幕，并将字幕素材和图片素材分别添加到 V2 和 V1 轨道中。然后，在【效果】面板中，展开【视频效果】下的【过渡】效果组，将【块溶解】效果添加到字幕素材中。同时，在【效果控件】面板中，创建【过渡完成】选项从 0~100 的动画关键帧。最后，在【效果】面板中，展开【视频效果】下的【扭曲】效果组，将【波形变形】效果添加到字幕素材中，并在【效果控件】面板中设置其具体参数。

练习 3：制作图片填充文字

🔘 downloads\12\新手训练营\图片填充文字

提示：本练习中，首先新建字幕，输入字幕文本，设置基本属性。同时，启用【填充】复选框，并启用【纹理】复选框，设置纹理图片和各项选项。然后，将图片素材和字幕素材分别添加到 V1 和 V2 轨道中。为字幕素材添加【镜头光晕】视频效果，并创建【光晕中心】选项的动画关键帧。最后，为字幕素材添加【球面化】效果，并创建【半径】选项的动画关键帧。

第 13 章

设置运动特效

　　运动是视频的主要特征，它不仅可以给人带来趣味，还可以提高任何表现形式的影响力。Premiere为用户提供了强大的动画支持，使得视频作品更加丰富多彩。而这些动画支持主要是通过帧动画来实现的，用户还需要通过添加关键帧来形成独特的动画效果。在本章中，将详细介绍添加关键帧、设置关键帧参数，以及添加运动效果等基础知识和操作方法，为用户创作绚丽和独特的动画视频奠定基础。

13.1 设置关键帧

帧是影片中的最小单位，而 Premiere 中的视频动画效果则是通过建立关键帧来实现的。关键帧主要用于制作具有运动和属性变化的动画效果，既具有独立性又具有相互作用性。

Premiere 拥有强大的动画生成功能，用户只需进行少量设置，即可使静态的素材画面产生运动效果，或为视频画面添加更为精彩的视觉内容。

13.1.1 添加关键帧

Premiere 中的关键帧可以帮助用户控制视频或者音频效果内的参数变化，并将效果的渐变过程附加在过渡帧中，从而形成个性化的节目内容。在 Premiere 中，为素材添加关键帧可以通过【时间轴】或【效果控件】面板等方式来实现。

1. 使用【时间轴】面板

通过【时间轴】面板，不仅可以针对应用于素材的任意视频效果属性进行添加或删除关键帧的操作，而且还可控制关键帧在【时间轴】面板中的可见性。

首先，在【时间轴】面板中选择需要添加关键帧的素材。然后，将【当前时间指示器】移动到要添加关键帧的位置，单击【添加-移除关键帧】按钮◇即可。

提示

在【时间轴】面板上添加关键帧后，保持【当前时间指示器】的位置不变，再次单击【添加-移除关键帧】按钮◇，即可将该位置上的关键帧删除。

2. 使用【效果控件】面板

在【效果控件】面板中，不仅可以添加或删除关键帧，还可以通过对关键帧各项参数的设置，来实现素材的运动效果。

首先，在【时间轴】面板中选择需要添加关键帧的素材。此时，在【特效控制台】面板中，将显示该素材具有的视频效果。

在该面板中，只需单击属性左侧的【切换动画】按钮⊙，即可在当前位置上创建一个关键帧。例如，单击【缩放】属性左侧的【切换动画】按钮⊙，即可在【当前时间指示器】位置处，创建第一个关键帧。

通常情况下，动画效果需要由多个关键帧组成。在该面板中，将【当前时间指示器】移动到合适位置，单击该属性下的【添加-移除关键帧】按钮◇，即可在该位置处创建第二个关键帧。

创建关键帧之后，用户还需要通过设置属性参数，来显示动画效果。在此，将【缩放】属性中的第一个关键帧的参数设置为 100，将第二个关键帧的属性参数设置为 200。以此类推，用户可以设置多个关键帧。

> **技巧**
>
> 在【效果空间】面板中，添加关键帧之后，只需再次单击【切换动画】按钮，即可取消关键帧。

13.1.2　编辑关键帧

创建关键帧之后，为了保证动画效果的流畅性、平滑性和特效性，还需要对关键帧进行一系列的编辑操作。

1．选择关键帧

编辑素材关键帧时，需要先选择关键帧，然后才能进行操作。用户除了可以使用鼠标单击的方法，来选择所需关键帧之外；还可以使用面板中的功能按钮来选择关键帧。

无论是在【时间轴】面板中还是在【效果控件】面板中，当某段素材上含有多个关键帧时，可以通过单击【转到上一关键帧】按钮◀和【转到下一关键帧】按钮▶，在各关键帧之间进行选择。

> **技巧**
>
> 在【效果控件】面板中，可通过按下 Ctrl 或 Shift 键的同时单击多个关键帧的方法，来同时选择多个关键帧。

2．移动关键帧

当用户需要将关键帧移动到其他位置，只需在【效果控件】面板中，选择要移动的关键帧，单击并拖动鼠标至合适的位置即可。

3．复制和粘贴关键帧

在设置影片动画特效的过程中，如果某一素材上的关键帧具有相同的参数，则可以利用关键帧的复制和粘贴功能来提高操作效率。

首先，在【效果控件】面板中，右击需要复制的关键帧，执行【复制】命令。然后，将【当前时间指示器】移动到合适位置，右击轨道区域，执行【粘贴】命令，即可在当前位置创建一个与之前对象完全相同的关键帧。

> **提示**
>
> 右击关键帧执行【清除】按钮，即可清除该关键帧。另外，右击轨道执行【清除所有关键帧】命令，即可清除轨道内的所有关键帧。

13.2 设置动画效果

Premiere 是基于关键帧的概念对目标的运动、缩放、旋转以及特效等属性进行动画设置的。用户可以通过【效果控件】面板中，通过设置各属性参数，来快速创建各种不同运动效果。

13.2.1 设置运动效果

运动效果是通过设置【运动】属性组中的【位置】属性，来实现素材在不同轨迹中移动的一种动画效果。

首先，在【效果控件】面板中，将【当前时间指示器】移动到合适位置，单击【位置】属性左侧的【切换动画】按钮，创建第一个关键帧。同时，将【当前时间指示器】移至新位置中。

然后，在【节目监视器】面板中，双击素材画面即可选择屏幕最顶层的视频素材。此时，所选素材上将会出现一个中心控制点，而素材周围也会出现 8 个控制柄。

在【节目监视器】面板中，拖动所选素材，即可调整该素材在屏幕画面中的位置。而此时，系统则会自动在【效果控件】面板中显示移动素材时所自动创建的关键帧。

由于事先创建了【位置】关键帧，因此用户在移动素材时，将会在屏幕中出现一条标识素材运动轨迹的直线路径。

然后，将【当前时间指示器】移至新位置处，调整【缩放】属性参数值，即可创建第二个关键帧，完成缩放动画的第二个设置工作。

技巧

在【节目监视器】面板中，利用素材四周的控制柄可以调整素材图像在屏幕画面中的尺寸大小。

创建移动轨迹之后，用户可拖动路径端点附近的锚点，将素材画面的运动轨迹更改为曲线状态，以满足素材不同方向和弧度的运动方式。

以此类推，直至完成所有缩放动画的设置工作。单击【节目监视器】面板中的【播放-停止切换】按钮，观看动画设置效果。

13.2.2 设置缩放效果

缩放运动效果是通过调整素材在不同关键帧中素材的大小来实现的。在【时间轴】面板中选择相应的素材，并在【效果控件】面板中，将【当前时间指示器】移至合适位置，单击【缩放】属性左侧的【切换动画】按钮，创建缩放关键帧。

13.2.3 设置旋转效果

旋转运动效果是指素材图像围绕指定轴线进行转动，并最终使其固定至某一状态的运动效果。在 Premiere 中，用户可通过调整素材旋转角度的方法来制作旋转效果。

首先，在【时间轴】面板中选择相应的素材，并在【效果控件】面板中，将【当前时间指示器】移至合适位置，单击【旋转】属性左侧的【切换动画】按钮，创建旋转关键帧，开启该属性的动画选项。

然后，将【当前时间指示器】移至新位置处，调整【旋转】属性参数值，即可创建第二个关键帧，完成旋转动画的第二个设置工作。以此类推，直至完成所有缩放动画的设置工作。

最后，单击【节目】监视器面板中的【播放-停止切换】按钮，观看动画设置效果。

13.2.4　设置不透明度效果

制作影片时，降低素材的不透明度可以使素材画面呈现半透明效果，有利于各素材之间的混合处理。

在【时间轴】面板中选择相应的素材，在【效果控件】面板内展开【不透明度】折叠按钮，单击【不透明度】属性左侧的【切换动画】按钮，即可创建第一个关键帧。

然后，将【当前时间指示器】移至新位置处，调整【不透明度】属性参数值，即可创建第二个关键帧，完成旋转动画的第二个设置工作。以此类推，直至完成所有缩放动画的设置工作。

最后，单击【节目】监视器面板中的【播放-停止切换】按钮，观看动画设置效果。

13.3　预设动画效果

Premiere 为用户提供了一系列的预设动画效果，既解决了丰富视频内容的问题，又解决了设置动画属性参数的难题。用户只需在【效果】面板中，展开【预设】效果组，将相应效果应用到素材中，便能基本解决视频画面中所遇到的各种效果。

13.3.1　预设画面效果

预设画面效果是一些专门用来修饰视频画面

效果的特效，例如【斜边角】与【卷积内核】效果。

1．斜边角

【斜边角】效果可以实现画面厚、薄两种斜边角效果。在【预设】效果组中，将【斜边角】组中的【厚斜边角】效果或【薄斜边角】效果添加到【时间轴】面板中的素材上即可。

厚、薄两个斜边角效果是同一个效果的不同参数所得到的效果，当用户将一个效果应用到素材之上，而将另外一个效果叠加到该素材中时，便会出现复合斜边角效果。

> **提示**
>
> 用户为素材添加【斜边角】效果之后，也可以在【效果控件】面板中的【斜边角】属性组中，通过设置各项属性来更改斜边角效果。

2．卷积内核

【卷积内核】效果是通过改变画面内各个像素的亮度值来实现某些特殊效果，包括卷积内核查找边缘、卷积内核模糊、卷积内核浮雕、卷积内核锐化等 10 种效果。

在【预设】效果组中，将【卷积内核】组中的相应效果添加到【时间轴】面板中的素材上即可。

13.3.2　预设入画/出画效果

入画/出画效果是专门用来设置素材在播放的开始或结束时的画面效果，包括扭曲、模糊、过度曝光、模糊、画中画等类型。

1．扭曲

【扭曲】效果组能够为画面添加扭曲效果，而该效果组中包括【扭曲入点】与【扭曲出点】两个效果。这两个效果效果相同，只是播放时间不同，一个是在素材播放开始时显示，一个是在素材播放结束时显示。用户也可以将两个效果同时添加到同一个素材中，形成开始和结束的共同扭曲效果。

2．过度曝光

【过度曝光】效果组是改变画面色调显示曝光效果，包括【过度曝光入点】与【过度曝光出点】两个效果。虽然同样是曝光过度效果，但是入画与出画曝光效果除了在播放时间方面不一样，其效果也完全相反。

3. 模糊

【模糊】效果组中同样包括【快速模糊入点】和【快速模糊出点】两个效果，并且其效果表现过程也完全相反。用户只需将【快速模糊入点】或者【快速模糊出点】效果添加至素材上即可。

4. 马赛克

【马赛克】效果组中也包括【马赛克入点】与【马赛克出点】两个效果，两个效果也是同一个效果中的两个相反的动画效果。当用户为素材添加这两个效果时，它们会被分别设置在播放的前一秒或者后一秒中。

5. 画中画

当两个或两个以上的素材出现在同一时间段时，要想同时查看效果，必须将位于上方的素材画面缩小。而【画中画】效果组中提供了一种用于显示缩放尺寸为 25% 的画中画；并且以该比例的画面为基准，设置了 25% 的画面的各种运动动画。

新版的 Premiere 为用户提供了 25%LL、25%LR、25%UL、25%UR 和 25% 运动 5 种类型，并且每种类型中又分别被划分为不同运动效果。例如，25%LL 类型中提供了画中画 25%LL、画中画 25%LL 从完全按比例缩小、画中画 25%LL 按比例放大至完全、画中画 25%LL 旋转入点、画中画 25%LL 旋转出点、画中画 25%LL 缩放入点、画中画 25%LL 缩放出点 7 种效果。

13.4 练习：制作万马奔腾效果

万马奔腾效果是在 Premiere 中通过有关马的图片和视频，运用运动关键帧功能，使图片具有交互运动和缩放旋转效果，从而体现了静态图片的动态特效。本练习中，将详细介绍运用关键帧制作万马奔腾效果的操作方法。

操作步骤 ▶▶▶▶

STEP|01 创建项目。启动 Premiere，在弹出的【欢迎使用 Adobe Premiere Pro CC 2015】对话框中，选择【新建项目】选项。

STEP|02 在弹出的【新建项目】对话框中，设置新项目名称、位置和常规等选项，并单击【确定】按钮。

STEP|03 新建序列。执行【文件】|【新建】|【序列】命令，在弹出的对话框中激活【设置】选项卡，设置视频大小，并单击【确定】按钮。

STEP|04 导入素材。双击【项目】面板，在弹出的【导入】对话框中，选择需要导入的素材，单击【打开】按钮。

STEP|05 添加轨道。在【时间轴】面板中，右击

轨道右侧的空白区域，执行【添加单个轨道】命令，依次添加 3 个单个轨道。

STEP|06 添加素材。分别将【项目】面板中的图片和视频素材，按照设计顺序拖到不同的轨道中。

STEP|07 调整素材。将鼠标移至素材右侧，拖动鼠标调整素材的长度。同时，根据播放需求调整素材的开始位置。

STEP|08 设置关键帧。选择 V2 轨道中的素材，将【当前时间指示器】调整至 V2 轨道的开始处，在【效果控件】面板中，单击【位置】和【旋转】效果左侧的【切换动画】按钮，并设置【位置】和【缩放】选项参数值。

STEP|09 将【当前时间指示器】调整至 00:00:06:20 位置处，并设置【位置】和【旋转】选项参数值，创建第二个关键帧。

STEP|10 将【当前时间指示器】调整至 00:00:10:06 位置处，并设置【位置】和【旋转】选项参数值，创建第三个关键帧。使用同样方法，分别为其他素材创建关键帧。

STEP|11 制作视频素材。选择 V6 轨道中的素材，在【效果控件】面板中，将【缩放】参数值设置为323。

STEP|12 在【效果】面板中，展开【视频过渡】下的【划像】效果组，将【圆划像】效果拖到 V6 轨道素材中。

STEP|13 制作音频素材。将音频素材添加到【时间轴】面板中，向左移动素材并将【当前时间指示器】调整至合适位置。

STEP|14 在【工具】面板中，选择【剃刀工具】工具，在【当前时间指示器】处单击音乐素材，分割该素材。

STEP|15 使用【工具】面板中的【选择工具】选择左侧素材片段，按下 Delete 键删除该片段。

STEP|16 将音乐素材移到视频的开始位置，同时将【当前时间指示器】调整至视频轨道的结束位置。

STEP|17 使用【工具】面板中的【剃刀工具】单击【当前时间指示器】位置处的音乐素材，分割素材并删除分割后的右侧素材。

STEP|18 在【节目】面板中，单击【播放-停止切换】按钮，预览影片效果。

13.5 练习：制作产品展示视频

电子产品的展示视频，主要通过 Premiere 中设置关键帧的功能，来呈现图片的运动效果。除此之外，还需要通过字幕和动画效果，来丰富视频画面，从而达到吸引消费者眼球和有效宣传的目的。在本练习中，将通过制作一个有关音乐电子产品展示视频，来详细介绍 Premiere 运动特效的操作技巧和制作方法。

练习要点

- 新建项目
- 添加素材
- 创建字幕素材
- 设置位置关键帧
- 设置缩放关键帧
- 设置不透明度关键帧
- 应用视频效果
- 设置视频效果关键帧

操作步骤 ▶▶▶▶

STEP|01 创建项目。启动 Premiere，在弹出的【欢迎使用 Adobe Premiere Pro CC 2015】对话框中，选择【新建项目】选项。

STEP|02 在弹出的【新建项目】对话框中，设置新项目名称、位置和常规等选项，并单击【确定】按钮。

STEP|03 新建序列。执行【文件】|【新建】|【序列】命令，保持默认设置，单击【确定】按钮。

STEP|04 导入素材。双击【项目】面板，在弹出的【导入】对话框中，选择需要导入的素材，单击【打开】按钮。

STEP|05 制作字幕素材。在【项目】面板中，单击【新建项】按钮，选择【字幕】选项。

STEP|06 在弹出的【新建字幕】对话框中，保持默认设置，单击【确定】按钮。

STEP|07 在【字幕】面板中，输入字幕文本，并在【字幕样式】面板中选择字幕样式。

STEP|08 在【字幕属性】面板中的【属性】选项组中，设置文本的字体系列、字体大小等文本属性。

STEP|09 制作背景效果。将"背景.jpg"素材添

加到 V1 轨道中,右击素材执行【速度/持续时间】命令。

STEP|10 在弹出的【剪辑速度/持续时间】对话框中,设置【持续时间】选项,并单击【确定】按钮。

STEP|11 同时,在【效果控件】面板中,将【缩放】选项设置为48。

STEP|12 添加轨道。在【时间轴】面板中,右击视频轨道头空白处,执行【添加单个轨道】命令,添加两个轨道。

STEP|13 添加剩余素材。将【当前时间指示器】调整至00:00:00:22位置处,将"1.psd""2.psd"和"3.psd"素材分别添加到 V2~V4 轨道中的该位置处。

STEP|14 将【当前时间指示器】调整至00:00:03:00位置处,将"6.psd"素材添加到 V5 轨道中的该位置处。使用同样的方法,分别添加其他素材并设置各素材的持续播放时间。

STEP|15 制作动画关键帧。选择 V2 轨道中的素材,将【当前时间指示器】调整至00:00:00:22位置处,在【效果控件】面板中,单击【位置】左侧的【切换动画】按钮,并设置其参数。

STEP|16 将【当前时间指示器】调整至 00:00:01:22 位置处,在【效果控件】面板中设置【位置】选项参数。

STEP|17 将【当前时间指示器】调整至 00:00:02:00 位置处,在【效果控件】面板中设置【位置】和【缩放】选项参数,并单击【缩放】左侧的【切换动画】按钮。

STEP|18 将【当前时间指示器】调整至 00:00:03:00 位置处,在【效果控件】面板中设置【位置】和【缩放】选项参数。使用同样方法,制作其他素材的【位置】和【缩放】关键帧。

STEP|19 选择 V5 轨道中的第 2 个素材,将【当前时间指示器】调整至 00:00:09:22 位置处,在【效

果控件】面板中设置【不透明度】选项参数。

STEP|20 将【当前时间指示器】调整至 00:00:10:23 位置处,在【效果控件】面板中设置【不透明度】选项参数。

STEP|21 添加视频效果。选择 V5 轨道中的第 1 个素材,在【效果】面板中,展开【视频效果】下的【生成】效果组,双击【镜头光晕】效果,将其添加到该素材中。

STEP|22 将【当前时间指示器】调整至 00:00:03:00 位置处,在【效果控件】面板中单击【光晕中心】和【光晕亮度】左侧的【切换动画】按钮,并设置其选项参数。

STEP|23 将【当前时间指示器】调整至 00:00:03:15 位置处，在【效果控件】面板中设置【光晕亮度】选项参数。

STEP|24 将【当前时间指示器】调整至 00:00:03:16 位置处，在【效果控件】面板中设置【光晕亮度】选项参数。

STEP|25 将【当前时间指示器】调整至 00:00:07:08 位置处，在【效果控件】面板中设置【光晕亮度】选项参数。

STEP|26 将【当前时间指示器】调整至 00:00:08:00 位置处，在【效果控件】面板中设置【光晕中心】和【光晕亮度】选项参数。

STEP|27 将【快速模糊】效果添加到该素材中，将【当前时间指示器】调整至 00:00:06:24 位置处，在【效果控件】面板中设置【模糊度】左侧的【切换动画】按钮，并设置其选项参数。

STEP|28 将【当前时间指示器】调整至 00:00:08:00 位置处，在【效果控件】面板中设置【模糊度】选项参数。使用同样方法，为其他素材添加【快速模糊】视频动画效果。

果控件】面板中创建【球面半径】关键帧。

STEP|29 选择 V5 轨道中的最后一个素材，为其添加【旋转】视频效果，将【当前时间指示器】调整至 00:00:11:03 位置处，在【效果控件】面板中创建关键帧并设置其选项参数。

STEP|32 将【当前时间指示器】调整至 00:00:16:03 位置处，在【效果控件】面板中设置【球面半径】选项参数。

STEP|30 将【当前时间指示器】调整至 00:00:12:03 位置处，在【效果控件】面板中设置【角度】和【旋转扭曲半径】选项参数。使用同样方法，为其他素材添加【旋转】视频动画效果。

STEP|33 在【节目监视器】面板中，单击【播放-停止切换】按钮，预览视频效果。

STEP|31 将【当前时间指示器】调整至 00:00:11:03 位置处，为该素材添加【球面化】效果，并在【效

13.6 练习：制作公益宣传片

Premiere 主要用来处理影视后期中的视频和声音，其动画制作功能并不像 After Effects CC 那样丰富。但是，运用 Premiere 中的关键帧功能，同样可以将静止图片制作成独特的动画效果。除了关键帧之外，用户还可以通过使用内置的视频过渡和视频效果，来增加视频的绚丽性，从而制作出独特的视频效果。在本练习中，将通过运用关键帧、视频效果和特效等功能，来制作一个有关保护动物的公益宣传片。

练习要点

- 新建项目
- 新建序列
- 导入素材文件夹
- 新建字幕素材
- 设置动画关键帧
- 应用视频效果
- 应用视频过渡效果
- 应用音频过渡效果
- 分割音乐素材

操作步骤 >>>>

STEP|01 新建项目。启动 Premiere，在弹出的【欢迎使用 Adobe Premiere Pro CC 2015】对话框中，选择【新建项目】选项。

STEP|02 在弹出的【新建项目】对话框中，设置相应选项，并单击【确定】按钮。

STEP|03 新建序列。执行【文件】|【新建】|【序列】命令，在【新建序列】对话框中激活【设置】选项卡，设置序列选项，并单击【确定】按钮。

STEP|04 导入素材。双击【项目】面板空白区域，在弹出的【导入】对话框中，选择素材文件夹，单击【导入文件夹】按钮，依次导入多个素材文件夹。

STEP|07 在【字幕】面板中，单击中心区域输入字幕文本，并设置字体样式、大小和行距。

STEP|05 创建字幕素材。在【项目】面板中，单击【新建项】按钮，在展开的列表中选择【字幕】选项。

STEP|08 在【字幕属性】面板中，启用【阴影】复选框，设置文本的阴影效果。

STEP|06 在弹出的【新建字幕】对话框中，设置字幕选项，并单击【确定】按钮。

STEP|09 设置开始字幕。将"字幕 01"素材添加到【时间轴】面板中的 V1 轨道中，并将【当前时间指示器】调整至视频开始处。

STEP|10 在【效果控件】面板中，单击【不透明度】选项左侧的【切换动画】按钮，并将其参数设置为0%。

提示

添加关键帧之后，用户可通过单击【不透明度】选项左侧的【切换动画】按钮，删除所有关键帧。

STEP|11 将【当前时间指示器】调整至00:00:04:15位置处，将【不透明度】选项参数设置为100%。

STEP|12 选择字幕素材，在【效果】面板中，展开【视频效果】下的【扭曲】效果组，双击【球面化】效果，将其添加到所选素材中。

STEP|13 在【效果控件】面板中，根据字幕文本的具体位置，设置【半径】选项。

STEP|14 添加素材。将【项目】面板中的"1"素材箱中的素材根据设计顺序添加到V1轨道中，并调整素材的持续播放时间。

提示

右击图片素材，执行【速度/持续时间】命令，可在弹出的对话框中更改素材的持续播放时间。

STEP|15 将【项目】面板中的"2"素材箱中的素材根据设计顺序添加到V2~V8轨道中，并调整素材的持续播放时间和具体位置。

提示

在添加素材之前，用户还需要右击轨道空白区域，在弹出的菜单中选择【添加单个轨道】选项，添加 5 个轨道。

STEP|16 将【项目】面板中的 "3" 素材箱中的素材根据设计顺序添加到 V1～V2 轨道中，并调整素材的持续播放时间。

STEP|17 将【项目】面板中的 "4" 素材箱中的素材根据设计顺序添加到 V3 轨道中，并调整素材的持续播放时间。

STEP|18 设置动画效果。选择 V1 轨道中的第 2 个图片素材，并将【当前时间指示器】调整至 00:00:05:00 位置处。

STEP|19 在【效果控件】面板中，单击【缩放】选项左侧的【切换动画】按钮，并将参数值设置为 600。

STEP|20 将【当前时间指示器】调整至 00:00:06:20 位置处，将【缩放】选项的参数值设置为 320。

STEP|21 将【当前时间指示器】调整至 00:00:08:06 位置处，将【缩放】选项的参数值设置为 351.6。

STEP|22 在【效果】面板中，展开【视频效果】下的【扭曲】效果组，双击【放大】效果，将其添加到第 1 个图片素材中。

STEP|23 在【效果控件】面板中，设置各选项的具体参数，并将【当前时间指示器】调整至 00:00:06:20 位置处。单击【中央】选项左侧的【切换动画】按钮，并设置其参数值。

STEP|24 将【当前时间指示器】调整至 00:00:09:19 位置处，并设置【中央】选项参数值。使用同样的方法，分别为其他图片设置关键帧。

STEP|25 添加过渡效果。在【效果】面板中，展开【视频过渡】下的【溶解】选项组，将【渐隐为黑色】效果拖动到 V1 轨道中第 1 个和第 2 个图片中间。

STEP|26 使用同样的方法，分别在其他图片之间添加【渐隐为黑色】过渡效果。

STEP|27 设置末尾字幕素材。将"字幕 02"素材添加到轨道 V3 中，选中该素材。然后，在【效果】面板中，展开【视频效果】下的【过渡】效果组，双击【线性擦除】效果。

提示

在为字幕素材添加效果之前，用户还需要分别设置每个图片素材的【缩放】参数，以使图片大小符合序列视频大小。

STEP|28 将【当前时间指示器】调整至 00:02:13:21 位置处，在【效果控件】面板中，单击【过渡完成】选项左侧的【切换动画】按钮，并设置【过渡完成】和【擦除角度】选项参数。

STEP|29 将【当前时间指示器】调整至 00:02:17:14 位置处，设置【过渡完成】选项的参数值。

STEP|30 设置音乐素材。添加音乐素材，将【当前时间指示器】调整至视频的末尾处，使用【工具】面板中的【剃刀工具】单击音频素材，分割并删除右侧的音乐片段。

STEP|31 在【效果】面板中，展开【音频过渡】下的【交叉淡化】效果组，将【恒定功率】效果添加到音频素材中。

STEP|32 在【效果控件】面板中，将【持续时间】选项设置为 00:00:04:00。

13.7 新手训练营

练习 1：制作斜边角效果

⬤downloads\13\新手训练营\斜边角效果

提示：本练习中，首先将素材添加到轨道中，在【效果】面板中，展开【预设】下的【斜边角】效果组，将【厚斜边角】效果添加到该素材中。然后，将

【当前时间指示器】调整至开始处，在【效果控件】面板中，单击【边缘厚度】和【光照强度】左侧的【切换动画】按钮，并设置其参数。最后，分别在 00:00:01:11 和 00:00:02:17 位置处添加【边缘厚度】和【光照强度】关键帧。

材中即可。

练习 2：设置模糊效果

⊙downloads\13\新手训练营\模糊效果

　　提示：本练习中，将素材添加到轨道中，在【效果】面板中，展开【预设】下的【模糊】效果组，将【快速模糊出点】和【快速模糊入点】效果添加到该素材中即可。

练习 3：设置马赛克效果

⊙downloads\13\新手训练营\马赛克效果

　　提示：本练习中，将素材添加到轨道中，在【效果】面板中，展开【预设】下的【马赛克】效果组，将【马赛克入点】和【马赛克出点】效果添加到该素

练习 4：制作画中画效果

⊙downloads\13\新手训练营\画中画效果

　　提示：本练习中，首先将表示背景的素材添加到V1 轨道中，然后将需要作为画中画的素材放在 V2 轨道中。其次，再次将作为画中画的素材放在 V2 轨道中，并调整 V1 轨道中素材的持续播放时间。

　　再次，为 V2 轨道中的第 1 个素材添加【画中画】下 25%LL 效果组中的【画中画 25%LL 从完全按比例缩小】效果。最后，为 V2 轨道中的第 2 个素材添加【画中画】下【25%运动】效果组中的【画中画 25%LL 至 LR】效果。

第 14 章

应用遮罩与抠像

在影视节目的后期制作中，对于令人炫目的视觉效果，特别是现实中无法实现的效果，则需要在后期制作过程中，通过视频遮罩效果技术来完成。而利用视频效果中的合成技术，可以使一个场景中的人物出现在另一场景内，从而得到那些无法通过拍摄来完成的视频画面。在本章中将详细介绍遮罩与抠像的基础知识和使用技巧，以协助用户创建出能够让人感到奇特、炫目和惊叹的画面效果。

14.1 合成概述

合成视频是非线性视频编辑类视频效果中的重要功能之一，而所有合成效果都具有的共同点，便是能够让视频画面中的部分内容成为透明状态，从而显露出其下方的视频画面。

14.1.1 调节不透明度

在 Premiere 中，操作最为简单、使用最为方便的视频合成方式，便是通过降低顶层视频轨道中的素材透明度，从而显现出底层视频轨道上的素材内容。操作时，只需选择顶层视频轨道中的素材后，在【效果控件】面板中，直接降低【不透明度】选项的参数值，所选视频素材的画面将会呈现一种半透明状态，从而隐约透出底层视频轨道中的内容。

注意

要想通过不透明度来进行两个素材之间的合成，必须将这两个素材放置在同一时间段内。否则即使降低了【不透明度】参数值，也无法查看下方的素材画面。

上述操作多应用于两段视频素材的重叠部分。也就是说，通过添加【不透明度】关键帧，影视编辑人员可以使用降低素材透明度的方式来实现过渡效果。

14.1.2 导入含 Alpha 通道的 PSD 图像

Alpha 通道是指图像额外的灰度图层，其功能用于定义图形或者字幕的透明区域。利用 Alpha 通道，可以将某一视频轨道中的图像素材、徽标或文字与另一视频轨道内的背景组合在一起。

首先在图像编辑程序中创建具有 Alpha 通道的素材。比如，在 Photoshop 内打开所要使用的图像素材。然后将图像主体抠取出来，并在【通道】面板内创建新通道后，使用白色填充主体区域。

接下来，将包含 Alpha 通道的图像素材添加至影视编辑项目内，并将其添加至 V2 视频轨道内。此时，可看出图像素材除主体外的其他内容都被隐藏了，而产生这一效果的原因便是之前在图像素材内创建的 Alpha 通道。

14.2 应用视频遮罩

新版的 Premiere 为用户提供了视频遮罩功能，几乎涵盖了所有的视频效果。运用遮罩功能，不仅可以将视频效果界定在画面中的特定区域内，而且还可以使用跟踪遮罩功能，跟踪画面中运动的点。

14.2.1 添加遮罩

当用户在【效果】面板中的【视频效果】效果组中使用相应效果时，会在【效果控件】面板中发现【创建椭圆形蒙版】、【创建4点多变形蒙版】和【自由绘制贝塞尔曲线】3个按钮。

1. 创建蒙版

当用户将某个视频效果应用到素材中时，在【效果控件】面板中单击【创建椭圆形蒙版】按钮，即可在【节目监视器】面板中显示蒙版形状。

提示

部分视频效果在默认情况下不会改变画面效果，此时应用遮罩只会在【节目监视器】面板中显示一个蒙版形状。

此时，将鼠标移至蒙版形状中间，当鼠标变成 🖐 形状时，拖动鼠标即可移动蒙版形状的位置。

然后，将鼠标移至蒙版形状的4个控制点上，当鼠标变成三角形状时，拖动鼠标即可更改蒙版形状的大小。

2. 设置蒙版属性

当用户为素材添加遮罩效果后，在【效果控件】面板中将会显示相对应的属性选项。

其中,各蒙版属性选项的具体功能,如下所述。

❑ **蒙版路径** 用于跟踪所选蒙版。

❑ **蒙版羽化** 用于设置蒙版形状边界的羽化效果。

❑ **蒙版扩展** 用于调整蒙版在既定范围内的大小。

❑ **蒙版不透明度** 用于调整蒙版的透明性。

❑ **已反转** 启用该复选框,可以反转蒙版效果和原画面。

14.2.2 跟踪遮罩

跟踪遮罩功能是在运动素材中,通过为某点添加遮罩并实现跟踪的一种效果。在【效果控件】面板中,Premiere 为用户提供了【向前跟踪所选蒙版】、【向后跟踪所选蒙版】、【向前跟踪所选蒙版 1 个帧】和【向后跟踪所选蒙版 1 个帧】4 种跟踪方式。下面,通过为素材添加【马赛克】视频效果的方法,来介绍跟踪遮罩的操作方法。

1. 创建遮罩

首先,将视频素材添加到【时间轴】面板中,并将【风格化】中的【马赛克】视频效果应用到该素材中。然后,在【效果控件】面板中,将【水平块】和【垂直块】参数值分别设置为100。

在【效果控件】面板中,单击【创建椭圆形蒙版】按钮,创建蒙版并在【节目监视器】面板中调

整蒙版的大小和位置。

2. 创建跟踪

创建蒙版之后,在【效果控件】面板中,单击【跟踪方法】按钮,在其列表中选择一种跟踪方法,在此选择【位置】选项。

然后,单击【向前跟踪所选蒙版】按钮,开始向前跟踪蒙版。此时,系统将弹出【正在跟踪】对话框,显示跟踪进度条。

当【节目监视器】面板中的蒙版形状跟不上播放进度时,也就是蒙版和所需要遮盖的区域产生差异时,需要在【正在跟踪】对话框中单击【停止】按钮,停止跟踪。然后,在【节目监视器】面板中手动调整蒙版位置,再次单击【向前跟踪所选蒙版】

按钮，继续跟踪蒙版。

当用户完成向前跟踪蒙版之后，为了完善蒙版跟踪效果，还需要在【效果控件】面板中单击【向后跟踪所选蒙版】按钮，向后跟踪蒙版。

此时，便完成整个蒙版的跟踪操作了。在【节目监视器】面板中，单击【播放-停止切换】按钮，观看最终效果。

> **提示**
>
> 创建蒙版跟踪效果之后，在【效果控件】面板中的【蒙版路径】属性选项右侧显示关键帧。

14.3 应用遮罩效果

在 Premiere Pro 中的【键控】效果组中包含了几乎所有的抠像效果，主要用于隐藏多个重叠素材中最顶层的素材中的部分内容，从而在相应位置处显现出底层素材的画面，实现拼合素材的目的。

14.3.1 差异类遮罩效果

差异类遮罩效果不仅能够通过遮罩点来进行局部遮罩，而且还可以通过矢量图形、明暗关系等因素，来设置遮罩效果，比如亮度键、轨道遮罩键、差异遮罩等效果。

1. Alpha 调整

【Alpha 调整】效果的功能是控制图像素材中的 Alpha 通道，通过影响 Alpha 通道实现调整影片效果的目的。将该效果添加到素材中后，在【效果控件】面板中将显示该效果各属性选项。

其中，【不透明度】属性选项主要用于控制 Alpha 通道的透明程度，因此在更改其参数值后会直接影响相应图像素材在屏幕画面上的表现效果。

而启用【忽略 Alpha】复选框后，序列将会忽略图像素材 Alpha 通道所定义的透明区域，并使用黑色像素填充这些透明区域。

启用【反转 Alpha】复选框后，会反转 Alpha 通道所定义透明区域的范围。因此，图像素材内原本应当透明的区域会变得不再透明，而原本应当显示的部分则会变成透明的不可见状态。

启用【仅蒙版】复选框后，图像素材在屏幕画面中的非透明区域将显示为通道画面（即黑、白、灰图像）。

2. 亮度键

【亮度键】效果用于去除素材画面内较暗的部分，用户可通过调整【效果控件】面板中的【阈值】和【屏蔽度】属性选项，来调整显示效果。

3. 差值遮罩

【差值遮罩】效果的作用是对比两个相似的图像剪辑，并去除两个图像剪辑在屏幕画面上的相似部分，而只留下有差异的图像内容。因此，该效果在应用时对素材剪辑的内容要求较为严格。但在某些情况下，能够很轻易地将运动对象从静态背景中抠取出来。

当在不同的轨迹中导入素材后，需要同时选中这两个素材，并将【差异遮罩】效果同时添加至两个素材中。然后在上方素材添加的效果中，设置【差异图层】为【视频1】选项，即可显示差异的图像。

其中，在【差异遮罩】视频效果的选项组中，各个选项的作用如下。

❏ **视图** 用于确定最终输出于【节目监视器】面板中的画面内容。其中，【最终输出】选项用于输出两个素材进行差异匹配后的结果画面；【仅限源】选项用于输出应用该效果的素材画面；【仅限遮罩】选项则用于输出差异匹配后产生的遮罩画面。

❏ **差值图层** 用于确定与源素材进行差异匹配操作的素材位置，即确定差异匹配素材所在的轨道。

❏ **如果图层大小不同** 当源素材与差异匹配素材的尺寸不同时，可通过该选项来确定差异匹配操作将以何种方式展开。

❏ **匹配容差** 该选项的取值越大，相类似的匹配也就越宽松；其取值越小，相类似的匹配也就越严格。

❏ **匹配柔和度** 该选项会影响差异匹配结果的透明度，其取值越大，差异匹配结果的透明度也就越大；反之，则匹配结果的透明度也就越小。

❏ **差值前模糊** 根据该选项取值的不同，Premiere 会在差异匹配操作前对匹配素材进行一定程度的模糊处理。因此，【差异前模糊】选项的取值将直接影响差异匹配的精确程度。

4. 轨道遮罩键

【轨道遮罩键】效果通过一个素材（叠加的剪辑）显示另一个素材（背景剪辑），此过程中使用第三个文件作为遮罩，在叠加的剪辑中创建透明区域。此效果需要两个素材和一个遮罩，每个素材位于自身的轨道上。遮罩中的白色区域在叠加的剪辑中是不透明的，防止底层剪辑显示出来；遮罩中的黑色区域是透明的，而灰色区域是部分透明的。

首先，分别将不同作用的素材添加到不同的3个轨道中。此时，由于视频轨道叠放顺序的原因，【节目监视器】面板中只显示最上层的素材画面。

然后，选择3个轨道中的中间轨道，即【视频2】轨道。将【轨道遮罩键】效果添加到该轨道中的素材上。在【效果控件】面板中将显示属性选项。将【遮罩】设置为【视频3】，同时将【合成方式】设置为【亮度遮罩】。此时，在【节目监视器】面板中，将显示遮罩后的效果。

> **提示**
>
> 当启用【轨道遮罩键】效果中的【反向】选项，即可在【节目监视器】面板中显示与之相反的显示效果。

5. 图像遮罩键

【图像遮罩键】效果根据静止图像剪辑（充当遮罩）的明亮度值抠出剪辑图像的区域。透明区域显示下方轨道中的剪辑产生的图像。可以指定项目中要充当遮罩的任何静止图像剪辑；它不必位于序列中。

首先，分别在【视频1】和【视频2】中添加相应的素材，并选定用于遮罩的图像。

然后，将该效果添加到素材中，在【效果控件】面板中单击【设置】按钮。然后在弹出的【选择遮罩图像】对话框中，选择遮罩文件，并单击【打开】按钮。

视频 2

视频 1

遮罩图像

接下来，在【效果控件】面板中，将【合成使用】选项设置为【亮度遮罩】选项。这时图像素材内所有位于遮罩图像黑色区域中的画面都将被隐藏，只有位于白色区域内的画面仍旧是可见状态，并呈现出透明状态。

此时，如果启用【反向】复选框，则会颠倒所应用遮罩图像中的黑、白像素。

14.3.2　颜色类遮罩效果

在 Premiere 中，最常用的遮罩方式，是根据颜色来隐藏或显示局部画面。在【键控】效果组中，为用户提供了用于颜色遮罩的【非红色键】、【颜色键】等颜色类遮罩效果。

1. 非红色键

【非红色键】效果可以同时去除视频画面内的蓝色和绿色背景。将该效果应用到素材中，在【效果控件】面板中，设置各项属性选项即可。

其中，【效果控件】面板中的各属性选项的具体含义，如下所述。

❑ 阈值　用于设置用于确定剪辑透明区域的蓝色阶或绿色阶。

❑ **屏蔽度** 用于设置由【阈值】选项指定的不透明区域的不透明度。

❑ **去边** 从剪辑不透明区域的边缘移除残余的绿屏或蓝屏颜色。

❑ **平滑** 用于指定 Premiere 应用于透明和不透明区域之间边界的消除锯齿（柔化）量。

❑ **仅蒙版** 启用该复选框，表示仅显示剪辑的 Alpha 通道。

2. 颜色键

【颜色键】效果的作用是抠取屏幕画面内的指定色彩，因此多用于屏幕画面内包含大量色调相同或相近色彩的情况。

首先，分别将相应的素材添加到相同时间内不同的轨道中。选择上层轨道中的素材，并添加该视频效果。然后，在【效果控件】面板中，单击【主要颜色】后面的【吸管】按钮，拾取屏幕中的颜色，并分别设置【效果控件】面板中的其他属性选项即可。

其中，【效果控件】面板中各属性选项的具体含义，如下所述。

❑ **主要颜色** 用于指定目标素材内所要抠除的颜色。

❑ **颜色容差** 用于扩展所抠除色彩的范围，根据其选项参数的不同，部分与【主要颜色】选项相似的色彩也将被抠除。

❑ **边缘细化** 该选项能够在图像色彩抠取结果的基础上，扩大或减小【主要颜色】所设定颜色的抠取范围。

❑ **羽化边缘** 当该参数的取值为负值时，Premiere 将会减小根据【主要颜色】选项所设定的图像抠取范围；反之，则会进一步增大图像抠取范围。

14.4 练习：制作望远镜效果

在影视作品中，经常采用望远镜等对比的手法来突出其主体内容，使观众的注意力集中在影片所需要表现的对象上。在本练习中，将通过使用 Premiere 进行影视后期特殊处理手法，来制作一个模拟望远镜的画面效果，从而达到突出人物的目的。

练习要点
● 新建项目
● 导入素材
● 设置不透明度
● 添加遮罩
● 跟踪遮罩

操作步骤 ▶▶▶▶

STEP|01 新建项目。启动 Premiere，在弹出的【欢迎使用 Adobe Premiere Pro CC 2015】对话框中，选择【新建项目】选项。

STEP|02 在弹出的【新建项目】对话框中，设置相应选项，并单击【确定】按钮。

STEP|03 导入素材。双击【项目】面板空白区域，在弹出的【导入】对话框中，选择素材文件，单击【打开】按钮。

STEP|04 创建素材。在【项目】面板中，单击【新建项】按钮，在展开的列表中选择【黑场视频】选项。

STEP|05 在弹出的【新建黑场视频】对话框中，设置视频选项，并单击【确定】按钮。

STEP|06 添加素材。将"序列 01"素材添加到 V1 轨道中，同时将"黑场视频"素材添加到 V2 轨道中。

STEP|07 将鼠标移至 V2 轨道素材的最右侧，当鼠标变成▶形状时，向右拖动鼠标调整素材的持续播放时间。

STEP|08 设置不透明度。选择 V2 轨道中的素材，将【当前时间指示器】调整至最开始处，在【效果控件】面板中，将【不透明度】选项参数设置为 55%。

STEP|09 创建遮罩。单击【不透明度】效果组中的【创建椭圆形蒙版】按钮，创建椭圆形遮罩，并启用【已反转】复选框。

STEP|12 跟踪遮罩。将【当前时间指示器】调整至视频的开始位置，在【效果控件】面板中，单击【蒙版路径】选项中的【向前跟踪所选蒙版】按钮。

STEP|10 在【节目监视器】面板中，通过拖动遮罩四周的控制点，调整遮罩的大小。

STEP|11 将鼠标移至遮罩中，当鼠标变成 形状时，拖动鼠标调整遮罩的具体位置。

STEP|13 跟踪遮罩时，当出现遮罩位置不适合时，单击【停止】按钮，停止跟踪，并在【节目监视器】面板中调整遮罩位置。

停止切换】按钮，预览影片。

STEP|14 在【节目监视器】面板中，单击【播放-

14.5 练习：制作放大镜效果

放大镜效果主要运用【轨道遮罩键】视频效果，通过制作遮罩
效果来将画面的局部进行放大，并配以动画关键帧等功能，来凸显放
大镜特效。在本练习中，将通过制作一个护肤品广告影片，来详细介
绍键控视频效果的使用方法和操作技巧。

练习要点
● 新建项目
● 新建序列
● 导入素材
● 调整播放时间
● 应用键控视频效果
● 应用动画关键帧
● 应用过渡视频效果

操作步骤 ▷▷▷▷

STEP|01 新建项目。启动 Premiere，在弹出的【欢
迎使用 Adobe Premiere Pro CC 2015】对话框中，
选择【新建项目】选项。

STEP|02 在弹出的【新建项目】对话框中，设置
相应选项，并单击【确定】按钮。

STEP|03 新建序列。执行【文件】|【新建】|【序
列】命令，在弹出的【新建序列】对话框中，选择
预设样式，单击【确定】按钮。

输入广告语文本，并设置文本大小。

STEP|04 导入素材。在【项目】面板中，双击空白区域，在弹出的【导入】对话框中，选择导入素材，单击【打开】按钮。

STEP|05 创建遮罩素材。执行【字幕】|【新建字幕】|【静态默认字幕】命令，在【字幕】面板中使用【椭圆工具】绘制一个椭圆形形状。

STEP|06 创建静态字幕。执行【字幕】|【新建字幕】|【静态默认字幕】命令，在【字幕】面板中

STEP|07 使用【选择工具】调整文本位置，并在【字幕属性】面板中的【属性】效果组中，设置文本的基本属性。

STEP|08 启用【填充】复选框，在该效果组中设置文本的填充效果。

STEP|09 启用【阴影】复选框，在该效果组中设置文本的阴影效果。使用同样的方法，分别制作其他字幕素材。

STEP|10 添加素材。将【项目】面板中的"素材"素材添加到 V1 轨道中，右击该素材执行【速度/持续时间】命令。

STEP|11 在弹出的【剪辑速度/持续时间】对话框中，设置素材的持续播放时间。使用同样的方法，分别添加其他素材并设置素材的播放持续时间和位置。

STEP|12 设置素材效果。选择 V1 轨道中的素材，在【效果控件】面板中设置【缩放】效果选项参数。

STEP|13 选择 V2 轨道中的素材，在【效果控件】面板中设置【缩放】效果选项参数。

STEP|14 在【效果】面板中，将【视频效果】下的【键控】效果组中的【轨道遮罩键】效果添加到素材中，并在【效果控件】面板中设置其效果参数。

STEP|15 设置遮罩效果。选择 V3 轨道中的素材，将【当前时间指示器】调整至视频开头处，在【效果控件】面板中，单击【位置】选项左侧的【切换

动画】按钮，并设置其选项参数。

位置处，在【效果控件】面板中设置【不透明度】选项参数。

STEP|16 将【当前时间指示器】调整至 00:00:04:00 位置处，在【效果控件】面板中设置【位置】选项参数。

STEP|17 将【当前时间指示器】调整至 00:00:11:15 位置处，在【效果控件】面板中设置【位置】选项参数。使用同样方法，添加其他位置关键帧。

STEP|20 设置放大镜效果。选择 V4 轨道中的素材，将【当前时间指示器】调整至 00:00:00:00 位置处，单击【位置】选项左侧的【切换动画】按钮，并设置【位置】和【缩放】选项参数。

STEP|18 将【当前时间指示器】调整至 00:00:42:04 位置处，设置【不透明度】选项参数。

STEP|19 将【当前时间指示器】调整至 00:00:44:14

STEP|21 将【当前时间指示器】调整至 00:00:00:14 位置处，在【效果控件】面板中调整【位置】选项参数。使用同样方法，根据遮罩运动路径设置其位置关键帧。

STEP|22 将【当前时间指示器】调整至00:00:41:24位置处，设置【不透明度】选项参数。

STEP|23 将【当前时间指示器】调整至00:00:44:10位置处，在【效果控件】面板中设置【不透明度】选项参数。

STEP|24 设置字幕效果。选择 V5 轨道中的"广告语"素材，将【视频效果】下【过渡】效果组中的【百叶窗】效果添加到该素材中，并在【效果控件】面板中设置选项参数。

STEP|25 将【当前时间指示器】调整至00:00:04:00 位置处，单击【过渡完成】选项左侧的

【切换动画】按钮，并设置其选项参数。

STEP|26 将【当前时间指示器】调整至00:00:05:00 位置处，在【效果控件】面板中设置【过渡完成】选项参数。

STEP|27 将【视频效果】下【扭曲】效果组中的【波形变形】效果添加到该素材中，并在【效果控件】面板中设置选项参数。

STEP|28 将【视频效果】下【过渡】效果组中的【块溶解】效果添加到该素材中，并在【效果控件】面板中设置选项参数。

STEP|29 将【当前时间指示器】调整至 00:00:12:00 位置处，单击【过渡完成】选项左侧的【切换动画】按钮，并设置其选项参数。

STEP|30 将【当前时间指示器】调整至 00:00:14:06 位置处，在【效果控件】面板中设置【过渡完成】选项参数。

STEP|31 选择 V5 轨道中的"洁面乳"素材，将【视频效果】下【扭曲】效果组中的【旋转】效果添加到该素材中，并在【效果控件】面板中设置选项参数。

STEP|32 将【视频效果】下【过渡】效果组中的【渐变擦除】效果添加到该素材中，并在【效果控件】面板中设置选项参数。

STEP|33 将【当前时间指示器】调整至 00:00:19:00 位置处，单击【过渡完成】选项左侧的【切换动画】按钮，并设置其选项参数。

STEP|34 将【当前时间指示器】调整至 00:00:20:14 位置处，在【效果控件】面板中设置【过渡完成】

选项参数。

STEP|35 将【当前时间指示器】调整至
00:00:14:08 位置处，单击【位置】和【缩放】选项
左侧的【切换动画】按钮，并设置其选项参数。

STEP|36 将【当前时间指示器】调整至
00:00:16:20 位置处，并分别设置【位置】和【缩放】
选项参数。使用同样的方法，分别设置其他字幕素
材的视频效果和动画关键帧。

14.6　练习：制作战争动画效果

　　在影视节目的后期制作中，对于一些令人炫目的视觉效果，特
别是现实中无法实现的效果，则需要在后期制作过程中，通过颜色遮
罩技术根据颜色来隐藏或显示局部画面来完成。在本练习中，将通过
制作一个战争动画效果，来详细介绍颜色遮罩的使用方法和操作
技巧。

练习要点

- 新建项目
- 添加素材
- 设置持续时间
- 取消音视频链接
- 分割素材
- 应用键控视频效果
- 应用生成视频效果
- 应用音频过渡效果
- 应用动画关键帧

操作步骤 ❯❯❯❯

STEP|01 新建项目。启动 Premiere，在弹出的【欢

迎使用 Adobe Premiere Pro CC 2015】对话框中，
选择【新建项目】选项。

STEP|02 在弹出的【新建项目】对话框中，设置相应选项，并单击【确定】按钮。

STEP|03 导入素材。在【项目】面板中，双击空白区域，在弹出的【导入】对话框中，选择导入素材，单击【打开】按钮。

STEP|04 制作闪电效果。将"背景.avi"素材添加到 V1 轨道中，右击素材执行【取消链接】命令，

取消音视频链接，并删除音频素材。

STEP|05 将【当前时间指示器】调整至 00:00:19:11 位置处，使用【剃刀工具】单击素材，分割素材并删除右侧的素材片段。

STEP|06 将【当前时间指示器】调整至开始位置处，在【效果】面板中，展开【视频效果】下的【生成】效果组，双击【闪电】效果，将其添加到该素材中。

STEP|07 在【效果控件】面板中，单击【结束点】选项左侧的【切换动画】按钮，并设置各闪电选项参数。

STEP|08 将【当前时间指示器】调整至 00:00:01:07 位置处，设置【结束点】选项参数，创建第 2 个动画关键帧。

STEP|09 制作遮罩效果。将"马~1.avi"素材添加到 V2 轨道中,右击素材执行【取消链接】命令,取消音视频链接,并删除音频素材。

STEP|10 将【当前时间指示器】调整至 00:00:19:11 位置处,使用【剃刀工具】单击素材,分割素材并删除右侧的素材片段。

STEP|11 在【效果】面板中,展开【视频效果】下的【键控】效果组,双击【非红色键】效果,将其添加到该素材中。

STEP|12 在【效果控件】面板中,将【阈值】设置为 50%。

STEP|13 同时,将【缩放】选项设置为 47,并调整马素材的显示位置。

STEP|14 制作火效果。将"火.mov"素材添加到 V3 轨道中 00:00:10:01，右击素材执行【取消链接】命令，取消音视频链接，并删除音频素材。

STEP|15 将【键控】效果组中的【颜色键】效果添加到该素材中，在【效果控件】面板中，将【主要颜色】设置为【黑色】，并调整各选项参数。

STEP|16 同时，将【缩放】选项设置为 81.2，并调整火素材的显示位置。

STEP|17 添加音频素材。将"火.mp3"素材添加到 A1 轨道中的 00:00:10:01 位置处，将【当前时间指示器】调整至视频末尾处，使用【剃刀工具】单击素材，分割素材并删除右侧的素材片段。

STEP|18 将"747.mp3"素材添加到 A2 轨道中，将【当前时间指示器】调整至视频末尾处，使用【剃刀工具】单击素材，分割素材并删除右侧的素材片段。

STEP|19 在【效果】面板中，展开【音频过渡】下的【交叉淡化】效果组，将"指数淡化"效果添加到 A2 轨道中音频素材的末端位置处。

STEP|20 在【效果控件】面板中，将【持续时间】设置为 00:00:01:29。

14.7　新手训练营

练习 1：制作蒙版效果

downloads\14\新手训练营\蒙版效果

提示：本练习中，首先将素材添加到【时间轴】面板中，选中该素材，在【效果】面板中，展开【视频效果】下的【风格化】效果组，双击【浮雕】效果。

然后，在【效果控件】面板中，单击【浮雕】效果下的【创建椭圆形蒙版】按钮，创建椭圆形蒙版，并在【节目监视器】面板中，调整其具体大小和位置。

最后，在【效果控件】面板中，将【蒙版扩展】设置为 36，将【蒙版羽化】设置为 35。

练习 2：调整 Alpha 通道

downloads\14\新手训练营\调整 Alpha 通道

提示：本练习中，首先分别在 V1 和 V2 轨道中添加相应的素材。然后，选择 V2 轨道中的素材，在【效果】面板中，展开【视频效果】下的【键控】效果组，双击【Alpha 通道】效果，将其添加到该素材中。最后，在【效果控件】面板中，将【不透明度】设置为 70%，并启用【忽略 Alpha】和【反转 Alpha】复选框。

练习 3：制作颜色遮罩效果

downloads\14\新手训练营\颜色遮罩

提示：本练习中，首先将素材添加到轨道中，并选中该素材。然后，将【键控】效果组中的【非红色键】效果添加到该素材中。最后，在【效果控件】面板中，设置各选项参数即可。

练习 4：制作轨道遮罩效果

⊙downloads\14\新手训练营\轨道遮罩

提示：本练习中，首先将 3 个素材分别添加到不同的轨道中。然后，将【轨道遮罩键】效果添加到 V2 轨道中的素材上。最后，在【效果控件】面板中将显示属性选项。将【遮罩】设置为【视频 3】，同时将【合成方式】设置为【亮度遮罩】。

第 15 章

设置音频特效

在现代影视节目的制作过程中，所有节目都会在后期编辑时添加适合的背景音效，从而使节目能够更加精彩、完美。Premiere 提供了各种便捷的音频处理功能，用户可以在多个音频素材之间添加过渡效果，使整个影视节目播放得更加顺畅。在本章中，将详细介绍添加、编辑音频，以及音频过渡和音频效果的使用方法和操作技巧。

15.1 音频效果基础

音频是正常人耳所能听到的所有声音,相应于正弦声波的任何频率。一般情况下,具有声音的画面更有感染力,而声音素材的好坏则直接影响到整个影视节目的质量。在为影片应用音频效果之前,还需要先了解一下音频混合的基础知识。

15.1.1 音频概述

人类能够听到的所有声音都可被称为音频,如话语声、歌声、乐器声和噪声等,但由于类型的不同,这些声响都具有一些与其他类音频不同的特性。

声音通过物体振动所产生,正在发声的物体被称为声源。由声源振动空气所产生的疏密波在进入人耳后,会通过振动耳膜产生刺激信号,并由此形成听觉感受,这便是人们"听"到声音的整个过程。

1. 声音的类型

声源在发出声音时的振动速度称为声音频率,以 Hz 为单位进行测量。通常情况下,人类能够听到的声音频率在20Hz~20kHz范围之内。按照内容、频率范围和时间领域的不同,可以将声音大致分为以下几种类型:

- ❏ **自然音** 自然音是指大自然的声音,如流水声、雷鸣声或风的声音等。
- ❏ **纯音** 当声音只由一种频率的声波所组成时,声源所发出的声音便称为纯音。例如,音叉所发出的声音便是纯音。
- ❏ **复合音** 复合音是由基音和泛音结合在一起形成的声音,即由多个不同频率声波构成的组合频率。复合音的产生原因是声源物体在进行整体振动的同时,其内部的组合部分也在振动而形成的。
- ❏ **协和音** 协和音由两个单独的纯音组合而成,但它与基音存在正比的关系。例如,当按下钢琴相差 8 度的音符时,二者听起来犹如一个音符,因此被称为协和音;若

按下相邻 2 度的音符,则由于听起来不融合,因此会被称为不协和音。

- ❏ **噪声** 噪声是一种会引起人们烦躁或危害人体健康的声音,主要来源于交通运输、车辆鸣笛、工业噪声、建筑施工等。
- ❏ **超声波与次声波** 频率低于 20Hz 的音波信号称为次声波,而当音波的频率高于 20kHz 时,则被称为超声波。

2. 声音的三要素

在日常生活中我们会发现,轻轻敲击钢琴键与重击钢琴键时感受到的音量大小会有所不同;敲击不同钢琴键时产生的声音不同;甚至钢琴与小提琴在演奏相同音符时的表现也会有所差别。根据这些差异,人们从听觉心理上为声音归纳出响度、音高与音色这 3 种不同的属性。

- ❏ **响度** 又称声强或音量,用于表示声音能量的强弱程度,主要取决于声波振幅的大小,振幅越大响度越大。声音的响度采用声压或声强来计量,单位为帕(Pa),与基准声压比值的对数值称为声压级,单位为分贝(dB)。响度是听觉的基础,正常人听觉的强度范围在 0～140dB 之间,当声音的频率超出人耳可听频率范围时,其响度为 0。
- ❏ **音高** 音高也称为音调,表示人耳对声音高低的主观感受。音调由频率决定,频率越高音调越高。一般情况下,较大物体振动时的音调较低,较小物体振动时的音调较高。
- ❏ **音色** 音色也称为音品,由声音波形的谐波频谱和包络决定。

15.1.2 音频信号的数字化处理技术

随着科学技术的发展,无论是广播电视、电影、音像公司、唱片公司,还是个人录音棚,都在使用

数字化技术处理音频信号。数字化正成为一种趋势，而数字化的音频处理技术也将拥有广阔的前景。

1. 数字音频技术概述

所谓数字音频是指把声音信号数字化，并在数字状态下进行传送、记录、重放以及加工处理的一整套技术。它是随着数字信号音频处理技术、计算机技术、多媒体技术的发展而形成的一种全新的声音处理手段。

在数字音频技术中，将声音信号在模拟状态下进行加工处理的技术称为模拟音频技术。模拟音频信号的声波振幅具有随时间连续变化的性质，音频数字化的原理就是将这种模拟信号按一定时间间隔取值，并将取值按照二进制编码表示，从而将连续的模拟信号变换为离散的数字信号的操作过程。

与模拟音频相比，数字音频拥有较低的失真率和较高的信噪比，能经受多次复制与处理而不会明显降低质量。在多声道音频领域中，数字音频还能够消除通道间的相位差。不过，由于数字音频的数字量较大，因此会提高存储与传输数据时的成本和复杂性。

2. 数字音频技术的应用

由于数字音频在存储和传输方面拥有很多模拟音频无法比拟的技术优越性，因此数字音频技术已经广泛地应用于如今的音频制作过程中。

❑ **数字录音机**　数字录音机采用了数字化方式记录音频信号，因此能够实现很高的动态范围和极好的频率响应，抖晃率也低于可测量的极限。与模拟录音机相比，剪辑功能也有极大的增强与提高，还可以实现自动编辑。

❑ **数字音轨混合器**　数字音轨混合器除了具有 A/D 和 D/A 转换器外，还具有 DSP 处理器。在使用及控制方面，音轨混合器附设有计算机磁盘记录、电视监视器，以及各种控制器的调校程序、位置、电平、声源记录分组等均具有自动化功能，包括推拉电位器运动、均衡器、滤波器、压限器、输入、输出、辅助编组等，均由计算机控制。

❑ **数字音频工作站**　数字音频工作站是一种计算机多媒体技术应用到数字音频领域后的产物。它包括了许多音频制作功能。多轨数字记录系统可以进行音乐节目录音、补录、搬轨及并轨使用，用户可以根据需要对轨道进行扩充，从而能够更方便地进行音频、视频同步编辑等后期制作。

15.2　添加与编辑音频

音频素材是指能够持续一段时间，含有各种乐器音响效果的声音。在影片制作过程中，优美的画面还需要搭配音色好的音频素材，才能真正制作出高质量的视频。

15.2.1　添加音频

在 Premiere 中，添加音频素材的方法与添加视频素材的方法基本相同，既可以添加单个音频素材又可以添加多个音频素材。

1. 添加单个音频素材

在【项目】面板中，右击音频素材，执行【插入】命令，即可将相应素材添加到音频轨道中。

除此之外，用户将【项目】面板中的音频素材，直接拖至相应音频轨道，松开鼠标即可完成添加。

2. 添加多个音频素材

用户还可在音频轨道中同时添加多个音频素材，并为其应用默认的音频过渡效果。在【项目】面板内同时选择多个音频素材，单击【自动匹配序列】按钮。

然后，在弹出的【序列自动化】对话框中，禁用【应用默认视频过渡】复选框，并单击【确定】按钮。

15.2.2　在时间轴中编辑音频

当源音频素材无法满足用户创建需求时，则可以通过【时间轴】面板来编辑音频素材。

1. 使用音频单位

对于视频来说，视频帧是其标准的测量单位，通过视频帧可以精确地设置入点或者出点。然而在 Premiere 中，音频素材应当使用毫秒或音频采样率来作为显示单位。

当用户想查看音频单位及音频素材的声波图形时，需要先将音频素材添加至【时间轴】面板中。然后，展开音频轨道，单击【时间轴显示设置】按钮，选择【显示音频波形】选项，即可显示该素材的音频波形。

> **提示**
>
> 用户可以调整音频轨的宽度，以便查看音频素材的波形文件。

而当用户需要显示音频单位时，只需在【时间轴】面板中单击【面板菜单】按钮，在展开的级联菜单中选择【显示音频时间单位】选项，即可在时间标尺上显示相应的时间单位。

Premiere 项目文件会采用音频采样率作为音频素材单位，用户可根据需要将其修改为毫秒。执

行【文件】|【项目设置】|【常规】命令,在弹出
的【项目设置】对话框中,单击【音频】选项组中
的【显示格式】下拉按钮,在其下拉列表中选择【毫
秒】选项即可。

2.调整音频素材的持续时间

音频素材的持续时间是指音频素材的播放长
度,用户可以通过设置音频素材的入点和出点的方
法,来调整其持续时间。除此之外,Premiere还允
许用户通过更改素材长度和播放速度的方式来调
整其持续时间。

当用户需要通过更改其长度来调整音频素材
的持续时间时,可在【时间轴】面板中,将鼠标置
于音频素材的末尾,当光标变成◀形状时,拖动鼠
标即可更改其长度。

提示

在调整素材长度时,向左拖动鼠标则持续时
间变短,向右拖动鼠标则持续时间变长。但
是当音频素材处于最长持续时间状态时,将
不能通过向外拖动鼠标的方式来延长其持
续时间。

使用鼠标拖动来延长或者缩短音频素材持续
时间的方式,会影响到音频素材的完整性。因此,
若要保证音频内容的完整性,还需要通过调整播放
速度的方式来实现。

在【时间轴】面板中右击音频素材,执行【速
度/持续时间】命令。在弹出的【剪辑速度/持续时
间】对话框内调整【速度】参数值,即可改变音频
素材【持续时间】的长度。

除了调整【速度】参数值之外,用户还可以通
过更改【持续时间】参数值,精确控制素材的播放
长度。

3.设置轨道头

Premiere为【时间轴】面板中的轨道添加了自
定义轨道头功能,以方便用户通过自定义编辑与控
制音频的功能按钮,来快速地操作编辑音频素材。

单击【时间轴】面板中的【时间轴显示设置】
按钮 ,选择【自定义音频头】选项,在打开的
【按钮编辑器】面板中,将音频轨道中没有,或者
需要的功能按钮拖入轨道头中即可。

单击【确定】按钮后,关闭【按钮编辑器】面
板,所添加的功能按钮将显示在音频轨道头中。

音频轨道中的功能按钮操作起来非常简单,在
播放音频的过程中,只要单击某个功能按钮,即可
在音频中听到相应的变化。其中,每个功能按钮的

名称，以及作用如下表所示。

名 称	按钮	作 用
静音轨道	M	单击该按钮，相对应轨道中的音频将无法播放出声音
独奏轨道	S	当两个或两个以上的轨道同时播放音频时，单击其中一个轨道中的该按钮即可禁止播放除该轨道以外其他轨道中的音频
启用轨道以进行录制	R	单击该按钮，能够启用相应的轨道进行录音。如果无法进行录音，只要执行【编辑】|【首选项】|【音频硬件】命令，在弹出的【首选项】对话框中单击【ASIO 设置】按钮，弹出【音频硬件设置】对话框。在其中【输入】选项卡中，启用【麦克风】选项，连续单击【确定】按钮，即可开始录音
轨道音量	◢	添加该按钮后以数字形式显示在轨道头。直接输入或者单击并左右拖动鼠标，即可降低或提高音频音量
左/右平衡	[•]	添加该按钮后以圆形滑轮形式显示在轨道头。单击并左右拖动鼠标，即可控制左右声道音量的大小
轨道计	▮▮	将在音频轨道头处显示一个水平音频计
轨道名称	A1	添加该按钮后，显示轨道名称
显示关键帧	◆	该按钮用来显示添加的关键帧，单击该按钮可以选择【剪辑关键帧】或者【轨道关键帧】选项
添加-移除关键帧	◇	单击该按钮可以在轨道中添加关键帧
转到上一关键帧	◀	当轨道中添加两个或两个以上关键帧时，可以通过单击该按钮选择上一个关键帧
转到下一关键帧	▶	当轨道中添加两个或两个以上关键帧时，可以通过单击该按钮选择下一个关键帧

15.2.3 在效果控件中编辑音频

在 Premiere 中，除了可以在【时间轴】面板中快速地编辑音频外，还可以在【效果控件】面板中对音频素材进行精确的设置。

当选中【时间轴】面板中的音频素材后，在【效果控件】面板中将显示【音量】、【声道音量】以及【声像器】三个选项组。

1. 音量

展开【音量】选项组，用户可发现在该选项组中只包含了【旁路】和【级别】两个选项。其中，【旁路】选项用于指定是应用还是绕过合成效果的关键帧选项；而【级别】选项则用来控制总体音量的高低。

在【级别】选项中，可以通过添加关键帧的方法，使音频素材在播放时的音量出现时高时低的波动效果。首先，将【当前时间指示器】调整到合适位置。然后，在【效果控件】面板中单击【级别】选项左侧的【切换动画】按钮 ⏱，即可创建第一个关键帧。

接下来，将【当前时间指示器】调整至新位置，直接调整【级别】选项的参数值，即可创建第二个关键帧。

提示

用户也可以通过单击【级别】选项右侧的【添加/移除关键帧】按钮◇，添加第二个关键帧。

使用同样的方法，添加其他关键帧。此时，用户可通过单击【转到上一关键帧】按钮◀或者【转到下一关键帧】按钮▶，来查看关键帧或修改关键帧中的【级别】选项参数值。

2．声道音量

【声道音量】选项组中的选项是用来设置音频素材的左右声道的音量，在该选项组中既可以同时设置左右声道的音量，还可以分别设置左右声道的音量。其设置方法与【音量】选项组中的方法相同。

3．声像器

【声像器】选项组是用来设置音频的立体声声道。在该选项组中，只包含了一个【平衡】选项。用户可以为该选项创建多个关键帧，创建关键帧之后还可以通过拖动改变点与点之间线弧度的方法，来调整声音变化的缓急，以达到改变音频立体声效果的目的。

15.2.4　声道映射

声道是指录制或者播放音频素材时，在不同空间位置采集或回放的相互独立的音频信号。在 Premiere 中，不同的音频素材具有不同的音频声道，如左右声道、立体声道和单声道等。

1．源声道映射

在编辑影片的过程中，当遇到卡拉 OK 等双声道或多声道的音频素材时，可通过源声道映射功能，对音频素材中的声道进行转换。

首先，将音频素材导入至 Premiere 项目中，双击该音频素材，在【素材源】面板中查看音频素材的声道情况。

然后，在【项目】面板中选择该音频素材，执行【剪辑】|【修改】|【音频声道】命令。在弹出的【修改剪辑】对话框中，上半部分显示了音频素材的所有轨道格式，而下半部分则列出了当前音频

素材具有的源声道模式。

2. 拆分为单声道

在 Premiere 中,用户还可以将音频素材中的各个声道分离为单独的音频素材,也就是将一个多声道的音频素材分离为多个单声道的音频素材。

在【项目】面板中选择音频素材,执行【剪辑】|【音频选项】|【拆分为单声道】命令,即可将原始素材分离为多个不同声道的音频素材。

3. 提取音频

在编辑某些影视节目时,可能会遇到只使用某段视频素材中部分音频的现象。此时,用户可运用提取音频功能,将素材中的部分音频提取为独立的音频素材。

在【项目】面板中选择相应的视频素材,执行【剪辑】|【音频选项】|【提取音频】命令,Premiere便会利用提取出的音频部分生成独立的音频素材文件,并将其自动添加至【项目】面板中。

15.2.5 增益和均衡

在 Premiere 中,音频素材内音频信号的声调高低称为增益,而音频素材内各声道间的平衡状况被称为均衡。

1. 调整增益

调整增益是为了避免整体音频素材出现声调过高或过低的情况,而影响整个影片的制作效果。

在【项目】或【时间轴】面板中选择音频素材,执行【剪辑】|【音频选项】|【音频增益】命令,在弹出的【音频增益】对话框中,选中【将增益设置为】选项,并在右侧文本框内输入增益值,单击【确定】按钮即可。

<table>
<tr><td>

注意

当设置的参数大于 0dB 时，表示增大音频素材的增益；当其参数小于 0dB 时，则为降低音频素材的增益。

</td><td>

提示

使用【工具】面板中的【选择工具】，也可以调整关键帧调节线。

</td></tr>
</table>

2．均衡立体声

在 Premiere 中，可以在【时间轴】面板上通过【钢笔工具】为音频素材添加关键帧的方法，来调整关键帧位置上的音量大小，从而达到均衡立体声的目的。

首先，将音频素材添加到【时间轴】面板中，并在音频轨道内展开音频素材。然后，右击音频素材，执行【显示剪辑关键帧】|【声像器】|【平衡】命令，即可将【时间轴】面板中的关键帧控制模式切换至【平衡】音频效果方式。

单击该音频轨道中的【添加-移除关键帧】按钮，同时使用【工具】面板中的【钢笔工具】调整关键帧调节线，即可调整立体声的均衡效果。

3．设置渐变音频

渐变音频可以使音频产生一种由高到低或由低到高的音效，由此形成一种意犹未尽的影视意境。

渐变音频效果主要是通过调整音频中的关键帧来实现，至少应当为音频素材添加两个关键帧。其中一个关键帧应位于声音开始淡化的起始阶段，而另一个位于淡化效果的末尾阶段。

然后，在【工具】面板中选择【钢笔工具】，并使用钢笔工具降低淡化效果末尾关键帧的增益，即可实现相应音频素材的逐渐淡化至消失的效果。

对两段音频素材分别应用音量逐渐降低和音量逐渐增大的设置，则能够创建出两段音频素材交叉淡出与淡入的效果。

15.3 音频过渡和音频效果

Premiere 不仅为用户内置了多种视频过渡和视频效果，而且还为用户内置了多种音频过渡和音频效果，以用来保证音频素材间的连接更为自然、融洽，从而提高影片的整体质量。

15.3.1 应用音频过渡

与视频切换效果相同，音频过渡也放在【效果】面板中。在【效果】面板中依次展开【音频过渡】中的【交叉淡化】选项组，即可显示 Premiere 内置的 3 种音频过渡效果。

1．添加音频过渡效果

【交叉淡化】选项组中不同的音频过渡类型可以实现不同的音频处理效果。若要为音频素材应用过渡效果，首先将音频素材添加至【时间轴】面板。然后，将相应的音频过渡效果拖动至音频素材的开始或末尾位置即可。

> **提示**
>
> 【恒定功率】音频过渡可以使音频素材以逐渐减弱的方式过渡到下一个音频素材；【恒定增益】能够让音频素材以逐渐增强的方式进行过渡。

2．设置默认音频效果

在【效果】面板中右击任意一个音频过渡效果，执行【将所选过渡设置为默认过渡】命令，即可将该音频过渡设置为默认的音频过渡。

默认情况下，所有音频过渡的持续时间均为 1 秒，用户可以在【时间轴】面板中单击默认音频过渡特效，在【特效控制台】面板中设置其过渡时间。

15.3.2 添加音频效果

Premiere 为用户提供了大量音频特效滤镜。利用这些滤镜，用户可以非常方便地为影片添加混响、延时、反射等声音特技。

由于 Premiere 将音频素材根据声道数量划分为不同类型，其内置的音频特效也被分为 5.1 声道、立体声和单声道 3 大类型，并被集中放置在【效果】面板内的【音频效果】文件夹中。

在应用音频特效时，不同类型的音频特效必须应用于对应的音频素材。例如，5.1 音频特效就必须应用于 5.1 轨道内的音频素材上。其添加音频特效的方法与添加视频特效的方法相同，用户既可通过【时间轴】面板来完成，也可通过【效果控件】面板来完成。

1．通过【时间轴】添加

通过【时间轴】面板添加音频效果，只需在【效果】面板中选择音频特效后，将其拖动至相应的音频素材上即可。

2．通过【效果控件】添加

通过【效果控件】面板添加音频效果，只需在【时间轴】面板中选择音频素材后，将【效果】面板内的音频特效拖动至【效果控件】面板中即可。

15.3.3　相同的音频效果

尽管 Premiere 音频效果被统一放置在一起，但是由于声道类型的不同有些音频效果适用于所有类型的声道，而有些音频效果只特定用于某个类型声道。下面这些音频效果则适用于所有类型的声道。

1．EQ（均衡器）

该音频效果用于实现参数平衡效果，可对音频素材中的声音频率、波段和多重波段均衡等进行设置。

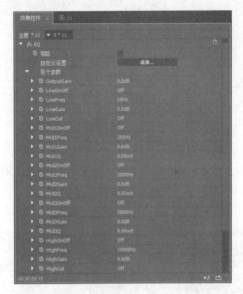

在【效果控件】面板中，单击【编辑】按钮，可在弹出的【剪辑效果编辑器】对话框中，分别启动 Low、Mid 和 High 复选框，并使用鼠标拖动相应的控制点即可。

其中，EQ 选项组中部分重要参数的功能与作用如下表所示。

名称	作用
Low、Mid 和 High	用于显示或隐藏自定义滤波器
Gain	该选项用于设置常量之上的频率值
Cut	启用该复选框，即可设置从滤波器中过滤掉的高低波段
Frequency	该选项用于设置波段增大和减小的次数
Q	该选项用于设置各滤波器波段的宽度
Output	用于补偿过滤效果之后造成频率波段的增加或减少

2．低通和低音

【低通】音频效果的作用是去除高于指定频率的声波。该音频效果仅有【屏蔽度】一项选项，其作用在于指定可通过声音的最高频率。

【低音】音频效果主要调整音频素材中的低音部分，该音频效果仅有【提升】一项选项，主要用于对声音的低音部分进行提升或降低，其取值范围为-24~24。当【提升】选项的参数为正时，表示提升低音，负值则表示降低低音。

3．多功能延迟

该音频效果能够对音频素材播放时的延迟进行更高层次的控制，对于在电子音乐内产生同步、重复的回声效果非常有用。

在【效果控件】面板中，【多功能延迟】音频效果的属性参数名称及其作用如下表所示。

名称	作用
延迟	该音频特效的【效果控制】面板中，含有 4 个【延迟】选项，用于设置原始音频素材的延时时间，最大的延时为 2 秒
反馈	该选项用于设置有多少延时音频反馈到原始声音中
级别	该选项用于设置每个回声的音量大小
混合	该选项用于设置各回声之间的融合状况

4．Reverb（混响）

Reverb 音频效果用于模拟在室内播放音乐时的效果，从而能够为原始音频素材添加环境音效。也就是说，该音频特效能够添加家庭环绕式立体声效果。

在【效果控件】面板中，用户可通过调整各属性选项参数值，来设置音频效果。除此之外，单击【编辑】按钮，可在弹出的对话框中通过拖动图形控制器中的控制点，来调整房间大小、混音、衰减、漫射以及音色等内容。

5．延迟

该效果用来设置原始音频和回声之间的时间间隔声道的高音部分。为素材添加【延迟】效果后，在【效果控件】面板中，展开【延迟】效果，出现【延迟】、【反馈】、【混合】3 个选项。

其中，【效果控件】面板中各选项的具体功能，如下所述。

- ❏ **延迟**　用于指定在回声播放之前的时间量，最大值为 2 秒。
- ❏ **反馈**　用于指定往回添加到延迟（以创建多个衰减回声）的延迟信号百分比。
- ❏ **混合**　用于控制回声的量。

15.3.4　不同的音频效果

根据声道类型的不同，Premiere 还具有一些独特的音频特效，这些音频特效只能应用于对应的音频轨道内。

1．平衡

【平衡】音频效果是立体声音频轨道独有的音频效果，其作用在于平衡音频素材内的左右声道。在【效果控件】面板中，调节【平衡】滑块，可以设置左右声道的效果。向右调节【平衡】滑块，推进音频均衡向右声道倾斜，向左调节，则音频均衡向左声道倾斜。

而当【平衡】音频效果的参数值为正值时，Premiere 将对右声道进行调整，而为负值时则会调整左声道。

2．用右侧填充左侧

【用右侧填充左侧】音频效果仅用于立体声轨道中，功能是将右声道中的音频信号复制并替换左声道中的音频信号。另外，该音频效果并不包含参数。

> **提示**
>
> 与【用右侧填充左侧】音频效果相对应的是，Premiere 还提供了一个【用左侧填充右侧】的音频效果，两者的使用方法虽然相同，但功能完全相反。

3．互换声道

【互换声道】音频效果可以使立体声音频素材

内的左右声道信号相互交换。由于功能的特殊性，该音频效果多用于原始音频的录制、处理过程中。

由于该音频效果不包含参数，因此用户直接应用该效果即可实现声道互换效果。

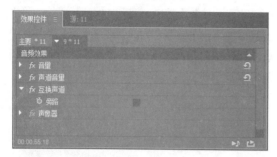

4. 声道音量

【声道音量】音频效果适用于 5.1 和立体声音频轨道，其作用是控制音频素材内不同声道的音量大小。

15.4 练习：制作混合音效

在一些影视作品中，经常可以听到讲解和背景音乐都有回音，或者左右声道变换的效果。在 Premiere 中能够轻松方便地完成这样的效果制作。本练习为用户介绍制作影视作品中音频混合的特效效果的方法。

> **练习要点**
> - 新建项目
> - 导入素材
> - 设置声道音量关键帧
> - 应用延迟音频效果

操作步骤 》》》》

STEP|01 新建项目。启动 Premiere，在弹出的【欢迎使用 Adobe Premiere Pro CC 2015】对话框中，选择【新建项目】选项。

STEP|02 在弹出的【新建项目】对话框中，设置相应选项，并单击【确定】按钮。

STEP|03 导入素材。执行【文件】|【导入】命令，在弹出的【导入】对话框中，选择素材文件，单击【打开】按钮。

STEP|04 取消链接。将素材添加到【时间轴】面板中，右击素材执行【取消链接】命令，取消音视频之间的链接。

STEP|05 设置音量关键帧。选择音频素材，将【当前时间指示器】调整至 00:00:02:00 位置处，在【效果控件】面板中，设置【左】和【右】选项参数。

STEP|06 将【当前时间指示器】调整至 00:00:03: 00 位置处，在【效果控件】面板中，设置【左】

和【右】选项参数。

STEP|07 将【当前时间指示器】调整至 00:00:08:00 位置处，在【效果控件】面板中，设置【左】和【右】选项参数。

STEP|08 应用音频效果。在【效果】面板中，展开【音频效果】效果组，双击【延迟】效果，将其添加到音频素材中。

STEP|09 将【当前时间指示器】调整至 00:00:08: 00 位置处，在【效果控件】面板中，单击【延迟】和【反馈】选项左侧的【切换动画】按钮，并设置其选项。

【反馈】选项参数。

STEP|10 将【当前时间指示器】调整至 00:00:11:00 位置处,在【效果控件】面板中,设置【延迟】和

15.5 练习:制作音频特效

影视作品在后期声音的处理上,效果和方法有很多,如音质调整、延迟、高音低音等。而在 Premiere 中进行音频特效处理的方法主要是使用音频转场和音频特效两种。本练习就为用户介绍在 Premiere 中使用音频转场制作影视作品特效的方法。

练习要点
● 新建项目
● 导入素材
● 分割素材
● 应用音频过渡效果
● 应用低通效果
● 应用高通效果
● 应用高音效果
● 应用关键帧

操作步骤 ▶▶▶▶

STEP|01 新建项目。启动 Premiere,在弹出的【欢迎使用 Adobe Premiere Pro CC 2015】对话框中,选择【新建项目】选项。

STEP|02 在弹出的【新建项目】对话框中,设置相应选项,并单击【确定】按钮。

STEP|03 导入素材。执行【文件】|【导入】命令，选择素材文件，单击【打开】按钮。

STEP|04 分割视频。将【当前时间指示器】调整至 00:00:20:00 位置处，使用【剃刀工具】单击该位置处，分割视频并删除左侧的视频片段。

STEP|05 将【当前时间指示器】调整至 00:01:49:00 位置处，使用【剃刀工具】单击该位置处，分割视频并删除右侧的视频片段。

STEP|06 取消链接。将视频的中间部分拖至 00:00:00:00 位置，右击素材执行【取消链接】命令，取消音视频之间的链接。

STEP|07 应用音频过渡。在【效果】面板中，展开【音频过渡】下【交叉淡化】效果组，将【指数淡化】效果拖到音频素材的开始处。

STEP|08 在【效果控件】面板中，将【持续时间】选项设置为 00:00:03:00。使用同样方法，在音频末尾处添加该音频过渡效果。

STEP|09 应用音频效果。选择音频素材，在【效果】面板中，展开【音频效果】效果组，双击【低通】效果，将其添加到音频素材中。

STEP|10 将【当前时间指示器】调整至 00:00:09:24 位置处，在【效果控件】面板中单击【屏蔽度】选项左侧的【切换动画】按钮，并设置其选项参数。

STEP|11 将【当前时间指示器】调整至 00:00:10:00 位置处，在【效果控件】面板中设置【屏蔽度】选项参数。

STEP|12 将【当前时间指示器】调整至 00:00:11:10 位置处，在【效果控件】面板中设置【屏蔽度】选项参数。

STEP|13 将【当前时间指示器】调整至 00:00:12:20 位置处，在【效果控件】面板中设置【屏蔽度】选

项参数。

STEP|14 在【效果】面板中，展开【音频效果】效果组，双击【高音】效果，将其添加到音频素材中。

STEP|15 将【当前时间指示器】调整至 00:00:53:13 位置处，在【效果控件】面板中单击【提升】选项左侧的【切换动画】按钮，并设置其选项参数。

STEP|16 将【当前时间指示器】调整至 00:00:54:00 位置处，在【效果控件】面板中设置【提升】选项参数。

STEP|17 将【当前时间指示器】调整至 00:00:54:12 位置处,在【效果控件】面板中设置【提升】选项参数。

STEP|18 在【效果】面板中,展开【音频效果】效果组,双击【高通】效果,将其添加到音频素材中。

STEP|19 将【当前时间指示器】调整至 00:01:15:00 位置处,在【效果控件】面板中单击【屏蔽度】选项左侧的【切换动画】按钮,并设置其选项参数。

STEP|20 将【当前时间指示器】调整至 00:01:20:00 位置处,在【效果控件】面板中设置【屏蔽度】选项参数。同样方法,设置其他【屏蔽度】选项关键帧。

15.6 新手训练营

练习 1:左右声道动态音量

downloads\15 新手训练营\左右声道动态音量

提示:本练习中,首先将音频素材添加到【时间轴】轨道中,并将【当前时间指示器】调整至开始处。然后,在【效果控件】面板中,将【左】和【右】选项参数分别设置为 0 dB,创建第 1 个关键帧。

最后，将【当前时间指示器】调整至 00:00:51:00 位置处，在【效果控件】面板中，将【左】和【右】选项参数分别设置为 6 dB 和–6，创建第 2 个关键帧。

练习 2：制作变化音量

downloads\15 新手训练营\制作变化音量

提示：本练习中，首先将音频素材添加到【时间轴】轨道中，并将【当前时间指示器】调整至开始处，在【效果控件】面板中，将【级别】设置为–2dB，创建第 1 个关键帧。

然后，将【当前时间指示器】调整至 00:00:22:05 位置处，在【效果控件】面板中，将【级别】设置为 2 dB，创建第 2 个关键帧。

最后，将【当前时间指示器】调整至 00:00:32:03 位置处，在【效果控件】面板中，将【级别】设置为 6 dB，创建第 3 个关键帧。

练习 3：设置延迟效果

downloads\15 新手训练营\设置延迟效果

提示：本练习中，首先双击【音频效果】效果组中的【延迟】效果，将其添加到该素材中。在【效果控件】面板中，将【当前时间指示器】调整至开始处，单击【延迟】和【反馈】左侧的【切换动画】按钮，创建第 1 个关键帧。

然后，将【当前时间指示器】调整至 00:00:18:22 位置处，将【延迟】和【反馈】分别设置为 1.500 秒和 10%。

最后，将【当前时间指示器】调整至 00:00:39:17 位置处，将【延迟】和【反馈】分别设置为 2.000 秒和 80%。

练习 4：单声道播放效果

downloads\15\新手训练营\单声道播放效果

提示：本练习中，首先将音频素材添加到【时间轴】面板中，并选中该素材。然后，在【效果】面板中，双击【音频效果】效果组中的【静音】效果，将其添加到音频素材中。最后，在【效果控件】面板中，将【静音 2】选项设置为【1.0 静音】。

最后，将【当前时间指示器】调整至 00:01:06:03 位置处，将【提升】设置为 24.0 dB。

练习 5：设置高音提升效果

downloads\15\新手训练营\高音提升效果

提示：本练习中，首先双击【音频效果】效果组中的【高音】效果，将其添加到该素材中。然后，在【效果控件】面板中，将【当前时间指示器】调整至开始处，将【提升】设置为–15.0 dB。

第 16 章

应用音频混合器

　　在现代电台广播、舞台扩音等系统中，调音台是播送和录制节目时必不可少的重要设备之一。在整套音响系统中，调音台的作用是对多路输入信号进行放大、混合、分配及音质的修饰和音响效果的加工等。Premiere 中的音频混合器类似于实际工作中的调音台，同样可以调整素材的音量大小、渐变效果、均衡立体声、录制旁白等。在本章中，将详细介绍 Premiere 中各种音频混合器的具体功能及使用方法。

16.1　音轨混合器

Premiere 中的【音轨混合器】面板，可在听取音频轨道和查看视频轨道时调整设置。其中，每条音频轨道混合器轨道均对应于活动序列时间轴中的某个轨道，并会在音频控制台布局中显示时间轴音频轨道。

16.1.1　音轨混合器概述

音轨混合器是 Premiere 为用户制作高质量音频所准备的多功能音频素材处理平台，方便用户在现有音频素材的基础上创建复杂的音频效果。

执行【窗口】|【音轨混合器】命令，即可打开【音轨混合器】面板。【音轨混合器】面板是由若干音频轨道控制器和播放控制器所组成，而每个轨道控制器内又由对应轨道的控制按钮和音量控制器等控件组成。

显示/隐藏效果与发送　轨道输入声道　音轨输出分配　声道调节滑轮　自动模式　主音量控制器　轨道控制按钮　音量控制器　播放控制按钮　轨道名称

> **提示**
>
> 默认情况下，【音轨混合器】面板内仅显示当前所激活序列的音频轨道。因此，如果希望在该面板内显示指定的音频轨道，就必须将序列嵌套至当前被激活的序列内。

1. 自动模式

在【音轨混合器】面板中，自动模式控件对音频的调节作用主要分为调节音频素材和调节音频轨道两种方式。当调节对象为音频素材时，音频调节效果仅对当前素材有效，且调节效果会在用户删除素材后一同消失。如果是对音频轨道进行调节，则音频效果将应用于整个音频轨道内，即所有处于该轨道的音频素材都会在调节范围内受到影响。

首先，将音频素材添加至【时间轴】面板中的音频轨道。然后，在【音轨混合器】面板中单击相应轨道中的【自动模式】下拉按钮，即可选择所要应用的自动模式选项。

①单击　②选择

> **提示**
>
> 【音轨混合器】面板中的轨道数量与【时间轴】面板内的音频轨道数量相对应，当用户在【时间轴】面板中添加或删除音频轨道时，【音轨混合器】面板也会自动做出相应的调整。

2. 轨道控制按钮

在【音轨混合器】面板中，【静音音轨】 M、【独奏轨道】 S、【启用轨道以进行录制】 R 等按钮的作用是在用户预听音频素材时，让指定轨道以完全静音或独奏的方式进行播放。

例如，在【音频 1】、【音频 2】和【音频 3】轨道都存在音频素材的情况下，单击【播放-停止切换】按钮，在预听播放时的【音轨混合器】面板中相应轨道均会显示素材的波形变化。此时，单击【音频 2】轨道中的【静音音轨】按钮 M 后再预听音频素材，则【音频 2】轨道内将不再显示素材波形，这表示该音频轨道已被静音。

在包含众多音频轨道的情况下，预听音频前在【音轨混合器】面板中单击相应轨道中的【独奏轨】按钮，即可只试听某一音频轨道中的素材播放效果。

3. 声道调节滑轮

当音频素材只存在左、右两个声道时，声道调节滑轮则可用来切换音频素材的播放声道。此时，向左拖动声道调节滑轮，相应轨道音频素材的左声道音量将会得到提升，而右声道音量会降低；而向右拖动声道调节滑轮，则右声道音量得到提升，而左声道音量降低。

4. 音量控制器

音量控制器用于调节相应轨道内的音频素材播放音量，由左侧的 VU 仪表和右侧的音量调节滑杆所组成，根据类型的不同分为主音量控制器和普通音量控制器。其中，普通音量控制器的数量由相应序列内的音频轨道数量所决定，而主音量控制器只有一项。

在预览音频素材播放效果时，VU 仪表会显示音频素材音量大小的变化。此时，利用音量调节滑杆即可调整素材的声音大小,向上拖动滑块可增大素材音量,反之则可降低素材音量。

调整音频素材的效果之后,单击【音轨输出分配】下拉按钮,选择将音频效果输出到子混合音轨内。

5. 播放控制按钮

播放控制按钮位于【音轨混合器】面板的正下方,其功能是控制音频素材的播放状态。其中,各个控制按钮的具体作用,如下表所述。

按钮	名 称	作 用
	转到入点	将【当前时间指示器】移至音频素材的开始位置
	转到出点	将【当前时间指示器】移至音频素材的结束位置
	播放-停止切换	播放音频素材,单击后按钮图案将变为"方块"形状
	从入点播放到出点	播放音频素材入点与出点间的部分
	循环	使音频素材不断进行循环播放
	录制	单击该按钮后,即可开始对音频素材进行录制操作

16.1.2 摇动和平衡

在为影片创建背景音乐或旁白时,可以通过为声音添加摇动或平衡效果,来实现突出指定声道中的声音或均衡音频播放效果的目的。

1. 摇动/平衡单声道及立体声

在对某个单声道/立体声道进行摇动或平衡操作时,可将其输出目标设置为【主声道】选项,并使用声道调节滑轮来调整效果。另外,用户也可在

> **提示**
>
> 当为单声道或立体声道创建摇动和平衡效果之后,即可在【时间轴】面板内观察相应的关键帧效果。

2. 摇动 5.1 声道素材

在 Premiere 中,只有当序列的主音轨为 5.1 声道时,才能够创建 5.1 声道的摇动和平衡效果。此时,用户在创建序列时,需要在【新建序列】对话框【轨道】选项卡内,将【主】音轨选项设置为 5.1。

由于声道类型的差异,5.1 声道【音轨混合器】内的声道调节滑轮将被摇动/平衡托盘所代替。

在摇动/平衡托盘中，沿着边缘分别放置了 5 个环绕声扬声器，调整时只需要将摇动/平衡托盘中心位置的黑色控制点置于不同的位置，即可产生不同的音频效果。预览时，还可在【音轨混合器】面板内通过主音轨下的 VU 仪表来查看其变化。

提示

在摇动/平衡托盘中，可以将黑色控制点移动到托盘内的任意位置。

另外，使用摇动/平衡托盘右侧的【中心百分比】旋钮，可以快速调整音频素材的中间通道。调整时，向左拖动旋钮可减小其取值，而向右拖动旋钮则会增大其取值。完成中心百分比的取值调整

后，同样可通过 VU 仪表来查看波形的变化。

提示

当调整【中心百分比】旋钮的值时，将鼠标置于该控件之上，即可查看当前取值的大小。

16.1.3 设置效果与发送

默认情况下，效果与发送选项被隐藏在【音轨混合器】面板中。用户可通过单击【显示/隐藏效果与发送】按钮▶，来显示效果与发送选项。

1. 添加效果与发送

在为音频素材添加特效或创建发送时，只需单

击效果列表或发送列表右侧的任务中的下拉按钮，在弹出的列表内选择所需选项即可。

在为音频轨道内的素材设置合适的效果与发送后，【效果与发送】调整区域内便会显示相应的名称，以及发送至音频的轨道信息。

提示

在【音轨混合器】面板中，在【轨道名称】文本框中输入文本，即可更改轨道名称。

2．设置和删除效果

在音频效果的参数控件中，即可通过单击参数值的方式来更改选项参数，也可通过拖动控件上的

指针来更改相应的参数值。

如果需要更改音频滤镜内的其他参数，只需单击控件下方的下拉按钮后，在其下拉列表内选择相应的选项即可。

当用户需要在效果与发送区域内清除音频效果时，只需单击音频效果右侧的下拉按钮，在其下拉列表中选择【无】选项即可。

3．绕开效果

绕开效果的作用就是在不删除音频效果的情况下，暂时屏蔽音频轨道内的指定音频效果。设置绕开效果时，只需在【音轨混合器】面板中，单击音频效果参数控件右上角的【绕开】按钮即可。

16.2 音频剪辑混合器

音频剪辑混合器是 Premiere Pro 中混合音频的新方式，不仅可以控制混合器界面中的单个剪辑，而且还可以创建更为平滑的音频淡化效果。

16.2.1 音频剪辑混合器概述

执行【窗口】|【音频剪辑混合器】命令，即可弹出【音频剪辑混合器】面板，它与【音轨混合器】面板之间是相互关联的，既可以监视并调整序列中剪辑的音量和声响，又可以监视【源监视器】中的剪辑。

默认情况下，【音频剪辑混合器】面板中是处于监视序列的状态。当用户选择【源监视器】面板中的音频素材时，【音频剪辑混合器】面板将自动切换到监视【源监视器】中的剪辑状态。

Premiere 中的【音频剪辑混合器】具有检查器的作用。其增益调节器会映射至剪辑的音量水平，而声像控制会映射至剪辑声像器。

当【时间轴】面板处于焦点状态时，播放指示器会将当前位置下方的每个剪辑都映射到【音频剪辑混合器】的声道中。例如，时间轴面板的 A1 轨道上的剪辑，会映射到剪辑混合器的 A1 声道。

只有当播放指示器下存在音频剪辑时，【音频剪辑混合器】才会显示剪辑音频。而当轨道包含间隙时，如果间隙在播放指示器下方，则剪辑混合器中相应的声道将不会显示音频剪辑。

16.2.2 声道音量与关键帧

在【音频剪辑混合器】面板中，除了可以进行音量的设置外，还可以进行声道音量以及关键帧的设置。

1. 设置声道音量

通过【音频剪辑混合器】面板，用户不仅可以设置音频轨道中的总体音量，还可以单独设置声道音量。

默认情况下，系统禁用了声道音量。此时，用户可右击音量表，在弹出的菜单中选择【显示声道音量】选项，即可显示出声道衰减器。

此时，将鼠标指向【音频剪辑混合器】面板中的音量表时，衰减器则会变成按钮形式。上下并拖动衰减器，即可单独控制声道音量。

2. 设置关键帧

运用【音频剪辑混合器】面板中的关键帧按钮不仅可以设置音频轨道中音频总体音量与声道音量，而且还可以设置不同时间段的音频音量，从而达到更改音量性质的目的。

当用户需要在不同的时间段中设置不同的音量时，首先需要在【时间轴】面板中，调整【当前时间指示器】所显示的位置。然后，在【音频剪辑混合器】面板中单击【写关键帧】按钮◇。

按 Space 键继续播放音频片段，并在不同的时间段中拖动控制音量的衰减器，从而创建关键帧，设置音量高低。

当再次播放音频时，用户会发现声音时高时低，并且【音频剪辑混合器】面板中的衰减器会跟随【时间轴】面板中的关键帧来回移动。

16.3 实现高级混音

混合音频是【音轨混合器】面板的重要功能之一，该功能可以让用户实时混合不同轨道内的音频素材，从而实现单一素材无法实现的特殊音频效果。

16.3.1 自动化控制

制作混音是可以将多个轨道内的音频信号发送至一个混合音频轨道内，并对该混合音频应用音频效果。

在 Premiere 中，自动模式的设置直接影响着混合音频效果的制作是否成功。在认识【音轨混合器】面板的各控件时，我们已经了解到每个音频轨道的自动模式列表中，各包含了 5 种模式。

其中，5 种自动模式的具体功能，如下所述。

❏ **关** 选择该选项后，Premiere 将会忽略当前音频轨道中的音频效果，而只按照默认设置来输出音频信号。

❏ **读取** 这是 Premiere 的默认选项，作用是在回放期间播放每个轨道的自动模式设置。例如，在调整某个音频素材的音量级别后，我们即能够在回放时听到差别，又

能够在 VU 仪表内看到波形变化。

❏ **闭锁** 【闭锁】模式会保存用户对音频素材做出的调整，并将其记录在关键帧内。用户每调整一次，调节滑块的初始位置就会自动转为音频素材在进行当前编辑前的参数。

❏ **触动** 该模式与【闭锁】模式相同，也是将做出的调整记录到关键帧。

❏ **写入** 【写入】模式可以立即保存用户对音频轨道所做出的调整，并且在【时间轴】面板内创建关键帧。通过这些关键帧，即可查看对音频素材的设置。

16.3.2 创建子混音轨道

为混音效果创建独立的混音轨道是编辑音频素材时的良好习惯，这样做能够使整个项目内的音频编辑工作看起来更具条理性，从而便于进行修改或其他类似操作。

执行【序列】|【添加轨道】命令，在弹出对话框内将【音频子混合轨道】选项组内的【添加】选项设置为 1。

提示

在创建子混合音频轨道时,也可以选择创建单声道子混合音轨或者 5.1 声道子混合音轨。

在【添加轨道】对话框中,单击【确定】按钮。此时,在【音轨混合器】面板内将会多出一条名为"子混合 1"的混合音频轨道。

创建子混合音频轨道后,即可将其他轨道内的音频信号发送至混音轨道内。

在混音轨道包含至少两条音频轨道内的信号后,Premiere 便会自动对其进行混音处理。与此同时,用户还可为混合音轨添加各种音频特效。

16.3.3　混合音频

在了解自动模式列表内各个选项的作用后,即可开始着手进行音频素材的混音处理工作。首先需要将待合成的音频素材分别放置在不同音频轨道内,并将【当前时间指示器】移至音频素材的开始位置。

然后在【音轨混合器】面板中为音频轨道选择相应的自动模式,如【写入】模式。这时,音频轨道底部将显示信号被发送到的位置。默认情况下,音轨输出会发送到主音轨中。

提示

要制作混合音频效果,【时间轴】面板内至少应当包括两个音频轨道。而根据制作需要,用户也可以将音轨输出发送到子混合音频轨道中。

单击【音轨混合器】面板内的【播放-停止切换】按钮 ▶ 后,即可在播放音频素材的同时对相应控件进行设置,例如调整音频轨道中的素材音量。

帧】|【音量】选项。

在完成对音频轨道的设置后，单击【播放-停止切换】按钮。然后，在【时间轴】面板中，单击【显示关键帧】按钮，在其列表中执行【轨道关键

> **提示**
>
> 在使用【音轨混合器】面板制作混合音效时，若要撤销某操作，可以利用【历史记录】面板恢复之前的操作记录。

完成混合音效的制作之后，将【当前时间指示器】移至音频素材的开始位置，单击【播放-停止切换】按钮，即可试听制作完成的混音效果。

16.4 练习：制作超重低音效果

在 Premiere 中，可通过设置音频的入点和出点，调整音频素材的播放时间，以及为素材添加【低通】音频效果，并设置效果参数，来制作超重低音效果。

操作步骤 ▶▶▶▶

STEP|01 新建项目。启动 Premiere，在弹出的【欢迎使用 Adobe Premiere Pro CC 2015】对话框中，选择【新建项目】选项。

STEP|02 在弹出的【新建项目】对话框中，设置相应选项，并单击【确定】按钮。

STEP|03 新建序列。执行【文件】|【新建】|【序列】命令，在弹出的【新建序列】对话框中，保持

默认设置，并单击【确定】按钮。

STEP|04 导入素材。执行【文件】|【导入】命令，在弹出的【导入】对话框中，选择素材文件，单击【打开】按钮。

STEP|05 设置出入点。在【项目】面板中双击素材，打开【源监视器】面板。将【当前时间指示器】调整至 00:00:12:00 位置处，单击【标记入点】按钮。

STEP|06 将【当前时间指示器】调整至 00:01:12:00 位置处，单击【标记出点】按钮。

STEP|07 插入素材。在【源监视器】面板中，单击【插入】按钮，将音频素材插入到【时间轴】面板中。

STEP|08 在【时间轴】面板中，将 A1 轨道中的素材移动到 A2 轨道中，同时在【源监视器】面板中，再次单击【插入】按钮，插入并调整音频素材。

STEP|09 重命名素材。右击 A2 轨道中的音频素材，执行【重命名】命令，在弹出的【重命名剪辑】对话框中设置音频素材名称。

STEP|10 应用低通效果。在【效果】面板中，展开【音频特效】效果组，双击【低通】效果，将其添加到 A2 轨道的音频素材上。

STEP|13 在弹出的【音频增益】对话框中，将【将增益设置为】选项设置为 10 dB，并单击【确定】按钮。

STEP|11 在【效果控件】面板中，将【屏蔽度】选项设置为 300.0 Hz。

STEP|12 音频增益。在【时间轴】面板中，右击 A2 轨道中的素材，执行【音频增益】命令。

16.5 练习：制作回声效果

　　在观赏影视作品的过程中，经常会出现为渲染某个震撼的场景而在配音中添加回音的效果，如呼叫或爆炸等。在 Premiere 中，利用音频混合器中的音频特效，也可以创建出类似的回声效果。在本练习中，将通过【音频混合器】面板为音频轨道添加【多功能延迟】音频特效，来制作回声效果。

操作步骤 〉〉〉〉

STEP|01 新建项目。启动 Premiere，在弹出的【欢迎使用 Adobe Premiere Pro CC 2015】对话框中，选择【新建项目】选项。

STEP|02 在弹出的【新建项目】对话框中，设置相应选项，并单击【确定】按钮。

STEP|06 单击【音频 1】轨道的【效果选择】下拉按钮，在其下拉列表中选择【延迟与回声】|【多功能延迟】选项。

STEP|03 导入素材。执行【文件】|【导入】命令，在弹出的【导入】对话框中，选择素材文件，单击【打开】按钮。

STEP|07 此时，在其下方将出现【多功能延迟】音频特效控件，将其参数设置为 1.000 秒。

STEP|04 添加素材。在【项目】面板中，将音频素材添加到【时间轴】面板中的 A1 轨道中。

STEP|05 设置回声效果。在【音频混合器】面板中，单击【显示/隐藏效果与发送】按钮▶，来显示效果与发送选项。

STEP|08 在【多功能延迟】音频特效控件中，单击参数列表下拉按钮，选择【反馈 1】选项，并将

其选项参数设置为 10.00%。

STEP|09 在【多功能延迟】音频特效控件中，单击参数列表下拉按钮，选择【混合】选项，并将其选项参数设置为 60.00%。

STEP|10 在【多功能延迟】音频特效控件中，单击参数列表下拉按钮，选择【延迟 2】选项，并将其选项参数设置为 1.500 秒。

STEP|11 在【多功能延迟】音频特效控件中，单击参数列表下拉按钮，选择【延迟 3】选项，并将其选项参数设置为 1.800 秒。

STEP|12 在【多功能延迟】音频特效控件中，单击参数列表下拉按钮，选择【延迟 4】选项，并将其选项参数设置为 2.000 秒。

16.6 练习：制作左右声道各自播放效果

用户在显示观看某些影片时，会经常遇到左右声道各自播放的效果，例如左声道为英文播放效果，而右声道则为中文播放效果。在 Premiere 中，可以通过【用右侧填充左侧】和【用左侧填充右侧】等

音频特效功能，来实现左右声道各自播放效果。在本练习中，将详细
介绍制作一个左右声道各自播放效果音频的操作方法。

STEP|01 新建项目。启动 Premiere，在弹出的【欢迎使用 Adobe Premiere Pro CC 2015】对话框中，选择【新建项目】选项。

STEP|02 在弹出的【新建项目】对话框中，设置相应选项，并单击【确定】按钮。

STEP|03 导入素材。执行【文件】|【导入】命令，在弹出的【导入】对话框中，选择素材文件，单击【打开】按钮。

STEP|04 添加素材。将"素材 1.mp3"添加到 A1 轨道上，将"素材 2.mp3"添加到 A2 轨道上。

STEP|05 添加音频效果。在【时间轴】面板中，选择 A1 轨道中的素材，在【效果】面板中，双击【音频效果】效果组中的【用左侧填充右侧】效果。

STEP|06 在【时间轴】面板中，选择 A1 轨道中的素材，在【效果】面板中，双击【音频效果】效果组中的【用右侧填充左侧】效果。

STEP|07 在【时间轴】面板中，选择 A1 轨道中的素材，在【效果】面板中，双击【音频效果】效

果组中的【平衡】效果。

STEP|08 在【效果控件】面板中，将【平衡】选项参数设置为-100。

STEP|09 为"素材 2.mp3"添加【平衡】音频特

效，在【特效控制台】面板中，将【平衡】选项参数设置为 100。

STEP|10 在【节目监视器】面板中，单击【播放-停止切换】按钮，试听音频效果。

16.7 新手训练营

练习 1：设置声音关键帧

提示：本练习中，首先需要在【时间轴】面板中，调整【当前时间指示器】所显示的位置。

然后，在【音频剪辑混合器】面板中单击【写关键帧】按钮 。

最后，按 Space 键继续播放音频片段，并在不同

的时间段中拖动控制音量的衰减器，从而创建关键帧，设置音量高低。

练习 2：消除齿音

提示：本练习中，首先在【音轨混合器】面板中，单击【显示/隐藏效果和发送】按钮，显示效果和发送界面。然后，单击【轨道 1】中的【效果选择】下拉按钮，在其下拉列表中选择【振幅与压限】|【消除齿音】选项。

最后，在下方的【消除齿音】效果控制中，将参数设置为-61.20 dB 即可。

练习 3：设置绕开效果

downloads\16\新手训练营\设置绕开效果选项

提示：绕开效果的作用就是在不删除音频效果的

情况下，暂时屏蔽音频轨道内的指定音频效果。设置绕开效果时，只需在【音轨混合器】面板中，单击音频效果参数控件右上角的【绕开】按钮 即可。

练习 4：制作混合音频

提示：本练习中，首先将待合成的音频素材分别放置在不同音频轨道内，并将【当前时间指示器】移至音频素材的开始位置。然后，在【音轨混合器】面板中为音频轨道选择【写入】模式。

最后，单击【音轨混合器】面板内的【播放-停止切换】按钮 后，即可在播放音频素材的同时调整音频轨道中的素材音量。

第 **17** 章

输 出 影 片

　　输出是影视节目制作的最后一个阶段，当用户在 Premiere 中将影片编辑完成后，导出所需要的视频文件，以便用户进行欣赏和保存。在本章中，将详细介绍影片输出格式、输出参数等基础知识和操作技巧，使用户掌握更加丰富的视频编辑知识，在影视节目的后期创作过程中如鱼得水。

17.1 设置影片参数

在完成整个影视项目的编辑操作后,便可以将项目内所用到的各种素材整合在一起输出为一个独立的、可直接播放的视频文件。

17.1.1 设置输出范围

执行【文件】|【导出】|【媒体】命令(快捷键 Ctrl+M),在弹出的【导出设置】对话框中,需要设置视频文件的最终尺寸、文件格式和编辑方式等参数。

1. 调整输出内容

【导出设置】对话框的左半部分为视频预览区域,右半部分为参数设置区域。在左半部分的视频预览区域中,可分别在【源】和【输出】选项卡内查看项目的最终编辑和最终输出画面。

在视频预览区域的底部,调整滑杆上方的滑块可控制当前画面在整个影片中的位置,而调整滑杆下方的两个"三角"滑块则能够控制导出时的入点与出点,从而起到控制导出影片持续时间的作用。

2. 调整画面大小

在【导出设置】对话框中,激活【源】选项卡,单击【裁剪】按钮。此时,在预览区域四周将出现 4 个锚点,用户可拖动锚点或在【裁剪】按钮右侧直接调整相应参数,来达到更改画面输出范围的目的。

完成裁剪操作后,切换至【输出】选项卡,即可在【输出】选项卡内查看调整结果。

提示

调整画面的输出范围后,由于画面的长宽比例出现了变化,且仍旧与输出长宽比例不匹配。因此,画面内出现黑边的位置及大小会出现一定的变化。

17.1.2 设置输出参数

设置输出范围之后,用户还需要根据导出需求来设置影片的输出格式、输出方案等一些基本参数。

1. 设置输出格式

在【导出设置】对话框的右半部分中,启用【与序列设置匹配】复选框,系统将直接使用与序列相匹配的导出设置。而禁用【与序列设置匹配】复选框,则需要单击【格式】下拉按钮,选择相应的文件格式。

2. 设置预设方案

根据导出影片格式的不同,用户还需要单击【预置】下拉按钮,在其下拉列表中,选择一种Premiere 内置的预设导出方案,完成后即可在【导出设置】选项组内的【摘要】区域内查看部分导出设置内容。

提示

用户还可以在【注释】文本框中,输入对该影片的描述性文本。

3. 设置输出名称

在【导出设置】对话框的右半部分中,单击【输出名称】选项右侧的文件名称,在弹出的【另存为】对话框中,设置保存名称和保存位置,单击【保存】按钮即可。

17.1.3 设置视频和音频参数

在【导出设置】对话框中,除了基本参数之外,用户还需要设置视频和音频参数，以避免在输出时占用大量的输出时间，或者输出影片后产生无法正常播放的情况。

1. 设置视频参数

在输出影片时，用户可以在【导出设置】对话框的【视频】选项卡中，更改视频设置，从而改善影片的色彩度和输出速度。

由于视频文件的格式众多，因此输出不同类型视频文件时，其设置方法也各不相同。

2. 设置音频参数

一部优秀的影片不但需要优质的画面，还要具备合适的音频与其进行组合。在输出项目时，在【导出设置】对话框中，激活【音频】选项卡设置输出影片的音频，从而实现更好的音频效果。

音频的设置方式与视频基本类似，不同的音频格式有着不同的设置方法。

17.2 输出为常用视频格式

Premiere 支持多种视频输出格式，包括 AVI、WMA、MPEG 等视频格式。但是，由于 Premiere 根据不同类型内置了不同的设置参数，因此在导出影片时，还需要根据自身所设置的输出文件类型，来调整相应的视频输出选项。

17.2.1 输出 AVI 文件

在【导出设置】对话框中，单击右侧的【格式】下拉按钮，在其下拉列表中选择 AVI 选项。此时，相应的视频输出设置将显示在下方的【视频】选项卡中。

在 AVI 视频输出选项中，并不是所有的参数都需要调整。通常情况下，所需调整部分的选项功能和含义如下：

❑ **视频编解码器** 在输出视频文件时，压缩程序或者编解码器（压缩/解压缩）决定了计算机该如何准确地重构或者剔除数据，

从而尽可能地缩小数字视频文件的体积。

❑ **场序** 该选项决定了所创建视频文件在播放时的扫描方式，即采用隔行扫描式的【高场优先】、【低场优先】，还是采用逐行

扫描进行播放的【无场】。

17.2.2 输出 WMV 文件

WMV 是由微软推出的视频文件格式，由于具有支持流媒体的特性，因此也是较为常用的视频文件格式之一。

在【导出设置】对话框中，单击右侧的【格式】下拉按钮，在其下拉列表中选择 Windows Media 选项。此时，相应的视频输出设置将显示在下方的【视频】选项卡中。

1．1 次编码时的参数设置

1 次编码是指在渲染 WMV 时，编解码器只对视频画面进行 1 次编码分析，优点是速度快，缺点是往往无法获得最为优化的编码设置。

当选择 1 次编码时，【比特率模式】会提供【固定】和【可变品质】两种设置项供用户选择。其中，【固定】模式是指整部影片从头至尾采用相同的比特率设置，优点是编码方式简单，文件渲染速度较快。

至于【可变品质】模式，则是在渲染视频文件时，允许 Premiere 根据视频画面的内容来随时调整编码比特率。这样一来，便可以在画面简单时采用低比特率进行渲染，从而降低视频文件的体积；在画面复杂时采用高比特率进行渲染，从而提高视频文件的画面质量。

2．2 次编码时的参数设置

与 1 次编码相比，2 次编码的优势在于能够通

过第 1 次编码时所采集到的视频信息，在第 2 次编码时调整和优化编码设置，从而以最佳的编码设置来渲染视频文件。

在使用 2 次编码渲染视频文件时，比特率模式将包含【CBR,1 次】、【VBR,1 次】、【CBR,2 次】、【VBR,2 次约束】与【VBR,2 次无约束】5 种不同模式。

17.2.3 输出 MPEG 文件

作为业内最为重要的一种视频编码技术，MPEG 为多个领域不同需求的使用者提供了多种样式的编码方式。

在【导出设置】对话框中，单击右侧的【格式】下拉按钮，在其下拉列表中选择 MPEG2 Blue-ray 选项。此时，相应的视频输出设置将显示在下方的【视频】选项卡中。

其中，【视频】选项卡中，部分常用选项的功能及含义如下所述：

- □ **质量** 所渲染视频文件的画面质量，取值越高，画面质量越高，但文件体积也会相应增加。
- □ **视频尺寸** 设定画面尺寸，预置有 720×576、1280×720、1440×1080 和 1920×1080 四种尺寸供用户选择。
- □ **比特率设置** 确定比特率的编码方式，共包括 CBR、VBR 1 次和 VBR 2 次 3 种模式。其中，CBR 指固定比特率编码，VBR 指可变比特率编码方式。

此外，根据所采用编码方式的不同，编码时所采用比特率的设置方式也有所差别。

- □ **比特率** 当设置【比特率编码】选项为"CBR"时，会出现【比特率】选项，它用于确定固定比特率编码所采用的比特率。
- □ **最小比特率** 仅当【比特率编码】选项为 VBR 1 次或 2 次时出现，用于在可变比特率范围内限制比特率的最低值。
- □ **最大比特率** 该选项与【最小比特率】选项相对应，作用是设定比特率所采用的最大值。

17.3 导出为交换文件

Premiere 在为用户提供强大的视频编辑功能的同时，还内置了输出多种交换文件的功能，以便用户能够方便地将 Premiere 编辑操作的结果导入至其他非线性编辑软件内，从而在多款软件协同编辑后获得高质量的影音播放效果。

17.3.1 输出 EDL 文件

EDL（Edit Decision List）是一种广泛应用于视频编辑领域的编辑交换文件，其作用是记录用户对素材的各种编辑操作。这样一来，用户便可在所有支持 EDL 文件的编辑软件内共享编辑项目，或通过替换素材来实现影视节目的快速编辑与输出。

1．了解 EDL 文件

EDL 最初源自于线性编辑系统的离线编辑操作，这是一种用源素材拷贝替代源素材进行初次编辑，而在成品编辑时使用源素材进行输出，从而保证影片输出质量的编辑方法。在非线性编辑系统中，离线编辑的目的已不再是为了降低素材的磨损，而是通过使用高压缩率、低质量的素材提高初次编辑的效率，并在成品输出替换为高质量的素材，以保证影片的输出质量。为了完成这一目的，非线性编辑软件需要将初次编辑时的各种编辑操作记录在一种被称为 EDL 的文本类型文件内，以

便在成品编辑时快速确立编辑位置与编辑操作，从而加快编辑速度。

不过，EDL 文件在非线性编辑系统内的使用仍有一些限制。下面是一些经常会出现的问题及其解决方法。

- □ **部分轨道的编辑信息丢失** EDL 文件在存储时只保留 2 轨的初步信息，因此在用到 2 轨以上的视频时，2 轨以上的视频信息便会丢失。

要解决此问题，只能在初次编辑时将视频素材尽量安排在 2 轨以内，以便 EDL 文件所记录的信息尽可能全面。

- □ **部分内容的播放效果与初次编辑不符** 当初次编辑内包含多种效果与过渡效果时，EDL 文件将无法准确记录这些编辑操作。例如，在初次编辑时为素材添加慢动作，并在每个素材间添加叠化效果后，编辑软件会在成品编辑时从叠化部分将素材切断，从而形成自己的长度，最终造成镜头跳点和混乱的情况。

要解决此问题，只能是在保留叠化所切断素材片段的基础上，分别从叠化部分的前后切点处向外拖动素材，直至形成原来的素材长度与序列的原貌。

2. 输出 EDL 文件

执行【文件】|【导出】|EDL 命令，在弹出【EDL 输出设置】对话框中，调整 EDL 所要记录的信息范围后，单击【确定】按钮。

此时，系统将自动弹出【将序列另存为 EDL】对话框，设置保存名称和位置，并单击【保存】按钮。

17.3.2 输出其他格式文件

在 Premiere 中，除了可以输出为 EDL 文件之外，还可以将影片项目输出为 OMF、AAF 等其他格式。

1. 输出 OMF 文件

OMF（Open Media Framework）最初是由 Avid 推出的一种音频封装格式，能够被多种专业的音频编辑与处理软件所读取。

执行【文件】|【导出】|OMF 命令，在打开的【OMF 导出设置】对话框中，设置各项选项，单击

【确定】按钮。

此时，系统将自动弹出【将序列另存为 OMF】对话框，设置保存名称和位置，并单击【保存】按钮。

2. 输出 AAF 文件

执行【文件】|【导出】|AAF 命令，系统会自动弹出【将转换的序列另存为-AAF】对话框，用户只需设置保存名称和位置，单击【保存】按钮即可。

提示

用户还可以执行【文件】|【导出】|【将选择项导出为 Premiere 项目】命令，将影片导出为 Premier 项目文件。

17.4　练习：输出定格效果

在影视作品中，经常会看到正在播放的画面突然静止，停留一段时间后继续播放，这就是定格画面效果。在本练习中，将通过一个输出单帧图片效果，来详细介绍制作画面定格效果的操作方法。

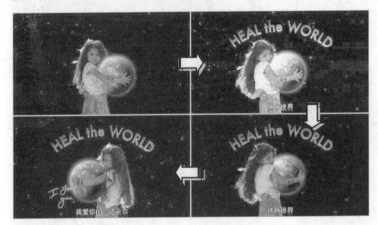

练习要点
- 新建项目
- 导入素材
- 分割素材
- 导出静止图片
- 导入媒体文件
- 应用视频效果

操作步骤 >>>>

STEP|01 新建项目。启动 Premiere，在弹出的【欢迎使用 Adobe Premiere Pro CC 2015】对话框中，选择【新建项目】选项。

STEP|02 在弹出的【新建项目】对话框中，设置相应选项，并单击【确定】按钮。

STEP|03 导入素材。执行【文件】|【导入】命令，在弹出的【导入】对话框中，选择素材文件，单击【打开】按钮。

STEP|04 添加素材。将【项目】面板中的"小女孩.avi"素材直接添加到【时间轴】面板中，添加素材并创建序列。

STEP|05 导出静止素材。执行【文件】|【导出】|【媒体】命令，在弹出的【导出设置】对话框中，将【格式】设置为 Targa，并单击【输出名称】选项。

STEP|06 在弹出的【另存为】对话框中，设置保存名称和位置，并单击【保存】按钮。

STEP|07 在【导出设置】对话框中，将【当前时间指示器】调整至 00:00:06:06 位置处，单击【设置入点】按钮。

STEP|08 将【当前时间指示器】调整至 00:00:06:07 位置处，单击【设置出点】按钮，同时单击【导出】按钮。

STEP|09 添加静止素材。在【时间轴】面板中，将【当前时间指示器】调整至 00:00:06:06 位置处，使用【剃刀工具】单击该位置处，分割视频。

STEP|10 使用【移动工具】移动右侧的视频片段，将静止图片导入并添加到中间位置处。

STEP|11 添加视频效果。选择静止图片素材，在

【效果】面板中,双击【视频效果】下【图像控制】效果组中的【颜色平衡(RGB)】效果。

STEP|12 在【效果控件】面板中,分别将【红色】、【绿色】和【蓝色】选项设置为 200。

STEP|13 导出影片。执行【文件】|【导出】|【媒体】命令,在弹出的【导出设置】对话框中,设置【格式】和【预设】选项,单击【导出】按钮,导出视频。

17.5 练习:制作梦幻艺术相册

    Premiere 是一款常用于视频组合和拼接的非线性视频编辑软件,除了可以组合视频和音频素材之外,还可以运用静态图片来制作梦幻般的电子相册。在本练习中,将通过为图片素材添加音频和视频效果、过渡效果,以及创建字幕等功能,来制作一个具有梦幻色彩的电子相册。

练习要点
- 新建项目
- 应用视频过渡效果
- 应用音频过渡效果
- 分割素材
- 设置动画关键帧
- 应用视频效果

操作步骤 ▶▶▶▶

STEP|01 新建项目。启动 Premiere,在弹出的【欢迎使用 Adobe Premiere Pro CC 2015】对话框中,选择【新建项目】选项。

STEP|02 在弹出的【新建项目】对话框中,设置

相应选项,并单击【确定】按钮。

STEP|03 新建序列。执行【文件】|【新建】|【序列】命令,在弹出的【新建序列】对话框中,保持默认设置,并单击【确定】按钮。

STEP|04 导入素材。执行【文件】|【导入】命令，在弹出的【导入】对话框中，选择素材文件，单击

【打开】按钮。

STEP|05 创建字幕。执行【字幕】|【新建】|【默认静态字幕】命令，在弹出的【新建字幕】对话框中，设置字幕选项，并单击【确定】按钮。

STEP|06 在【字幕】面板中，输入垂直字幕文本并调整其位置。并在【字幕属性】面板中的【属性】效果组中，设置字幕文本的基本属性。

STEP|07 启用【填充】复选框，将【填充类型】设置为【实底】，将【颜色】设置为 # 960000。

STEP|08 启用【阴影】复选框，设置各阴影效果选项，并将【颜色】设置为#180020。使用同样的方法，制作竖排英文文本。

STEP|09 使用【直线工具】在竖排文本中间绘制一条直线，在【字幕属性】面板中的【属性】和【填充】效果组中，设置形状的基本属性。

STEP|10 启用【阴影】复选框，设置各阴影效果选项，并将【颜色】设置为# 180020。

STEP|11 添加视频素材。将【项目】面板中的各个素材，按照播放顺序分别添加到 V1~V3 轨道中，并设置其持续播放时间。

STEP|12 设置缩放属性。选择 V1 轨道中的第 1 个素材，在【效果控件】面板中设置【缩放】选项参数。使用同样方法，设置其他素材的缩放属性。

STEP|13 设置透明属性。选择 V2 轨道中的第 1 个素材，将【当前时间指示器】调整至 00:00:00:00 位置处，在【效果控件】面板中设置【不透明度】选项参数。

STEP|14 将【当前时间指示器】调整至 00:00:05:00 位置处，在【效果控件】面板中设置【不透明度】选项参数。使用同样方法，设置其他素材的透明属性。

STEP|15 设置位置属性。选择 V3 轨道中的素材，将【当前时间指示器】调整至 00:00:01:00 位置处，单击【位置】选项左侧的【切换动画】按钮，并设置各选项参数。

STEP|16 将【当前时间指示器】调整至 00:00:03:00 位置处，在【效果控件】面板中，设置【位置】选项参数。

STEP|17 将【当前时间指示器】调整至 00:00:04:05 位置处，在【效果控件】面板中，设置【位置】选项参数。

STEP|18 将【当前时间指示器】调整至 00:00:04:15 位置处，在【效果控件】面板中，设置【位置】选

项参数。使用同样方法，设置其他素材的位置属性。

STEP|19 应用视频效果。选择 V3 轨道中的素材，在【效果】面板中，展开【视频效果】下的【变换】效果组，双击【水平翻转】效果，将其应用到所选素材中。

STEP|20 选择 V1 轨道中的第 3 个素材，为其添加【曝光过度】效果。将【当前时间指示器】调整至 00:00:13:10 位置处，单击【阈值】选项左侧的【切换动画】按钮，并设置其选项参数。

STEP|21 将【当前时间指示器】调整至 00:00:13:20 位置处，在【效果控件】面板中，设置【阈值】选项参数。

STEP|22 将【当前时间指示器】调整至 00:00:14:24 位置处，在【效果控件】面板中，设置【阈值】选项参数。

STEP|23 选择 V1 轨道中的 "3.jpg" 素材，为其添加【快速模糊】效果。将【当前时间指示器】调整至 00:00:28:00 位置处，单击【模糊度】选项左侧的【切换动画】按钮，并设置其选项参数。

STEP|24 将【当前时间指示器】调整至 00:00:30:00 位置处，在【效果控件】面板中，设置【模糊度】选项参数。使用同样的方法，应用其他视频效果。

STEP|25 应用视频过渡效果。在【效果】面板中，展开【视频过渡】下的【溶解】效果组，将【交叉溶解】效果拖到 V1 轨道中第 1 个和第 2 个素材中间。

STEP|26 在【效果控件】面板中设置【持续时间】和【对齐】选项。使用同样的方法，分别为其他素材添加视频过渡效果。

STEP|27 添加音频素材。将音频素材添加到 A1 轨道中，将【当前时间指示器】调整至视频末尾处，使用【剃刀工具】单击该位置，分割音乐素材。

STEP|29 在【节目监视器】面板中，单击【播放-停止切换】按钮，预览视频效果。

STEP|28 删除右侧的素材片段，在【效果】面板中，展开【音频过渡】下的【交叉淡化】效果组，将【指数淡化】效果拖到音频的末尾处。

17.6 练习：制作旅游宣传片

在 Premiere 中，只有将视频和音频完美结合，并配以增加影片色彩和音质的音视频效果，才能够创作出一部出色的影片。在本练习中，将通过制作一部有关厦门旅游的宣传片，来详细介绍组合视频、音频和字幕，以及应用各类音视频效果的操作方法和实用技巧。

练习要点

- 创建静态字幕
- 创建滚动字幕
- 创建嵌套序列
- 应用视频效果
- 应用音频过渡效果
- 分割素材
- 应用动画关键帧

操作步骤 >>>>>

STEP|01 新建项目。启动 Premiere，在弹出的【欢迎使用 Adobe Premiere Pro CC 2015】对话框中，选择【新建项目】选项。

STEP|02 在弹出的【新建项目】对话框中，设置相应选项，并单击【确定】按钮。

STEP|03 新建序列。执行【文件】|【新建】|【序列】命令，在弹出的【新建序列】对话框中，保持默认设置，并单击【确定】按钮。

STEP|04 导入素材。执行【文件】|【导入】命令，在弹出的【导入】对话框中，选择素材文件，单击【打开】按钮。

STEP|05 创建静态字幕。执行【字幕】|【新建字幕】|【默认静态字幕】命令，在弹出的【新建字幕】对话框中，设置字幕选项并单击【确定】按钮。

STEP|06 在【字幕】面板中输入字幕文本，并在【字幕属性】面板中的【属性】效果组中，设置文本的基本属性。

STEP|07 启用【填充】复选框，将【填充类型】设置为【实底】，将【颜色】设置为#DEFF02。

STEP|08 启用【阴影】复选框，将【颜色】设置为#FD1F00，并设置其他阴影效果选项。使用同样

的方法，制作其他静态字幕。

STEP|09 创建动态字幕。执行【字幕】|【新建字幕】|【默认滚动字幕】命令，在弹出的【新建字幕】对话框中，设置字幕选项并单击【确定】按钮。

STEP|10 在【字幕】面板中输入字幕文本，并在【字幕属性】面板中的【属性】效果组中，设置文本的基本属性。

STEP|11 启用【填充】复选框，设置填充选项并将【颜色】设置为【白色】。

STEP|12 启用【阴影】复选框，将【颜色】设置为# FD1F00，并设置其他阴影效果选项。

STEP|13 执行【字幕】|【滚动/游动选项】命令，设置相应选项，并单击【确定】按钮。使用同样的方法，制作其他静态字幕。

STEP|14 创建嵌套序列。将【图片】素材箱中的"5.jpg""6.jpg""7.jpg""8.jpg"素材添加到轨道V1~V4中。

STEP|15 选择 V3 轨道中的素材，右击执行【速度/持续时间】命令，在弹出的对话框中设置素材的持续时间。

STEP|16 调整 V3 轨道中素材的播放位置，使用同样的方法调整 V4 轨道中素材的持续播放时间和播放位置。

STEP|17 选择 V1 轨道中的素材，将【当前时间指示器】调整至 00:00:03:00 位置处，单击【效果控件】面板中【位置】选项左侧的【切换动画】按钮，并设置【位置】和【缩放】选项参数。

STEP|18 将【当前时间指示器】调整至 00:00:03:05 位置处，在【效果控件】面板中设置【位置】选项参数。

STEP|19 在【效果】面板中，展开【视频效果】下的【通道】效果组，双击【反转】效果，将其添加到 V1 轨道素材中。

STEP|20 将【当前时间指示器】调整至 00:00:01:03 位置处，单击【效果控件】面板中【与原始图像混合】选项左侧的【切换动画】按钮，并设置其选项参数。

STEP|21 将【当前时间指示器】调整至 00:00:01:15

位置处，在【效果控件】面板中设置【与原始图像混合】选项参数。

STEP|22 将【当前时间指示器】调整至 00:00:01:24 位置处，在【效果控件】面板中设置【与原始图像混合】选项参数。

STEP|23 选择 V2 轨道中的素材，在【效果控件】面板中设置【位置】和【缩放】选项参数。

STEP|24 将【当前时间指示器】调整至 00:00:00:00 位置处，在【效果控件】面板中设置【不透明度】选项参数。

STEP|25 将【当前时间指示器】调整至 00:00:00:24 位置处，在【效果控件】面板中设置【不透明度】选项参数。

STEP|26 将【当前时间指示器】调整至 00:00:01:11 位置处，在【效果控件】面板中设置【不透明度】选项参数。

STEP|27 选择 V3 轨道中的素材，将【当前时间指示器】调整至 00:00:00:15 位置处，在【效果控件】面板中单击【位置】选项左侧的【切换动画】按钮，并设置【位置】和【缩放】选项参数。

STEP|28 将【当前时间指示器】调整至
00:00:02:10 位置处,在【效果控件】面板中设置【位
置】选项参数。

STEP|29 将【当前时间指示器】调整至
00:00:02:14 位置处,在【效果控件】面板中设置【位
置】选项参数。

STEP|30 将【视频效果】下【调整】效果组中的
【色阶】效果添加到该素材中,并在【效果控件】
面板中设置各选项参数。

STEP|31 选择 V4 轨道中的素材,在【效果控件】
面板中设置【位置】和【缩放】选项参数。

STEP|32 将【当前时间指示器】调整至 00:00:01:05
位置处,在【效果控件】面板中设置【不透明度】
选项参数。

STEP|33 将【当前时间指示器】调整至
00:00:02:00 位置处,在【效果控件】面板中设置【不
透明度】选项参数。使用同样的方法,制作其他嵌
套序列。

STEP|34 添加素材。将【项目】面板中的图片素材、视频素材、字幕素材和嵌套序列素材，按照设计顺序和位置，依次添加到【时间轴】面板中，并设置其持续播放时间。

提示

在添加"开头"素材时，还需要取消音频和视频之间的链接，并删除其音频素材。

STEP|35 调整素材。选择 V1 轨道中的第 1 个素材，在【效果控件】面板中，设置素材的【缩放】选项参数。使用同样的方法，设置其他素材的缩放选项。

STEP|36 分割素材。将【当前时间指示器】调整至 00:00:14:24 位置处，使用【剃刀工具】单击该

位置处，分割图片素材。使用同样方法，分割其他素材。

STEP|37 设置动画关键帧。选择 V1 轨道中的图片 8 素材的左侧片段，将【当前时间指示器】调整至 00:00:14:00 位置处，单击【位置】和【旋转】选项左侧的【切换动画】按钮，并设置其选项参数。

STEP|38 将【当前时间指示器】调整至 00:00:14:24 位置处，在【效果控件】面板中设置【位置】和【旋转】选项参数。使用同样的方法，设置其他素材的动画关键帧。

STEP|39 应用视频效果。选择 V1 轨道中的图片 8 素材，将【RGB 差值键】效果应用到该素材中，

并在【效果控件】面板中设置效果选项。使用同样的方法，为其他素材应用视频效果。

STEP|40 添加音频效果。将音频素材分别添加到 A1 和 A2 轨道中，分割 A2 轨道中的素材，删除多余素材并调整素材的播放位置。

STEP|41 在【效果】面板中，展开【音频过渡】下的【交叉淡化】效果组，将【指数淡化】效果拖到 A2 轨道素材的末尾处。

17.7 新手训练营

练习 1：输出为 AVI 文件

downloads\17\新手训练营\AVI 文件

提示：本练习中，首先打开 Premiere 软件，并打开所需导出文件的影片。然后，执行【文件】|【导出】|【媒体】命令，在弹出的【导出设置】对话框中，单击右侧的【格式】下拉按钮，在其下拉列表中选择 AVI 选项。单击【输出名称】选项后面的文件名称，在弹出的【另存为】对话框中，设置保存位置，单击【保存】按钮。最后，单击【导出】按钮即可。

练习 2：输出为 WMV 文件

downloads\17\新手训练营\WMV 文件

提示：本练习中，首先打开 Premiere 软件，并打开所需导出文件的影片。然后，执行【文件】|【导出】|【媒体】命令，在弹出的【导出设置】对话框中，在【导出设置】对话框中，单击右侧的【格式】下拉按钮，在其下拉列表中选择 Windows Media 选项。单击【输出名称】选项后面的文件名称，在弹出的【另存为】对话框中，设置保存位置，单击【保存】按钮。最后，单击【导出】按钮即可。

练习 3：输出为 EDL 文件

downloads\17\新手训练营\EDL 文件

提示：本练习中，首先执行【文件】|【导出】|EDL 命令，在弹出【EDL 导出设置】对话框中，调整 EDL 所要记录的信息范围后，单击【确定】按钮。

然后，在弹出【将序列另存为 EDL】对话框中设置保存名称和位置，并单击【保存】按钮即可。

练习 4：输出为 OMF 文件

downloads\17\新手训练营\OMF 文件

提示：本练习中，首先执行【文件】|【导出】|OMF 命令，在打开的【OMF 导出设置】对话框中，设置各项选项，单击【确定】按钮。

然后，在弹出【将序列另存为 OMF】对话框，设置保存名称和位置，并单击【保存】按钮。